数据库
技术丛书

U0274251

MongoDB游记

之轻松入门到进阶

张泽泉 著

清华大学出版社

北京

内 容 简 介

MongoDB 作为最受欢迎的文档存储类型的 NoSQL 数据库，越来越多的公司在使用它。本书以符合初学者的思维方式，系统全面、层层递进地介绍了 MongoDB 数据库，通过本书的学习，读者能够胜任实际工作环境中 MongoDB 的相关开发管理工作。

本书共分四个部分 23 章，第一部分讲解了 MongoDB 的相关概念和原理以及其内部工作机制，可以让读者对 MongoDB 有一个全面的认识。第二部分和第三部分从应用角度，结合实例讲解了 MongoDB 的安装、配置、部署、开发、集群部署和管理等在实际工作中会用到的技能。第四部分是经验部分，这部分是作者多年使用 MongoDB 后总结的技巧，对读者在工作中使用 MongoDB 有极大的参考价值。

本书适合 MongoDB 的初学者，希望深入了解 MongoDB 安装部署、开发优化的软件工程师，希望深入了解 MongoDB 管理、集群扩展的数据运维管理员，以及任何对 MongoDB 相关技术感兴趣的读者。

图书在版编目（CIP）数据

MongoDB 游记之轻松入门到进阶 / 张泽泉著. — 北京：清华大学出版社，2017（2023.8重印）
（数据库技术丛书）

ISBN 978-7-302-47860-7

I. ①M… II. ①张… III. ①关系数据库系统 IV.①TP311.138

中国版本图书馆 CIP 数据核字（2017）第 181049 号

责任编辑：夏毓彦
封面设计：王　翔
责任校对：闫秀华
责任印制：杨　艳

出版发行：清华大学出版社
　　　　网　　址：http://www.tup.com.cn，http://www.wqbook.com
　　　　地　　址：北京清华大学学研大厦 A 座　　　　邮　　编：100084
　　　　社 总 机：010-83470000　　　　　　　　　邮　　购：010-62786544
　　　　投稿与读者服务：010-62776969，c-service@tup.tsinghua.edu.cn
　　　　质量反馈：010-62772015，zhiliang@tup.tsinghua.edu.cn
印 装 者：天津鑫丰华印务有限公司
经　　销：全国新华书店
开　　本：190mm×260mm　　　　印　张：19　　　　字　数：486 千字
版　　次：2017 年 9 月第 1 版　　　　　　　　印　次：2023 年 8 月第 6 次印刷
定　　价：59.00 元

产品编号：070704-01

前 言

我思考了很长时间，到底要写一本什么样的书，才能让读者轻松、全面地认识 MongoDB。

从 2012 年有幸开始接触 MongoDB 并在实际工作环境中使用它，不知不觉已经过了 5 年多的时间。在这 5 年中，大数据兴起，NoSQL 来势汹汹。

"有 MongoDB 使用经验优先""精通 MongoDB 等 NoSQL 数据库"这样的要求也渐渐出现在招聘要求中。MongoDB 作为 NoSQL 数据库的典型代表，越来越多的公司在使用它。

在开始学习使用 MongoDB 的过程中，因为相关书籍资料太少，一路走来确实算是翻山越岭，跋山涉水。这也是本书名的由来。

本书定位

关于本书的定位，在我的想象中应该有如下几点。

1. 这不是一本严肃的教科书

在轻松的氛围中快速学习知识才能达到比较好的效果，所以我会在书中尽可能多地加入图画以帮助读者加深理解。

2. 它能让读者从零开始学习数据库

笔者阅读了很多有关 MongoDB 的书籍，我发现大多数 MongoDB 的书籍在讲解时都喜欢拿关系型数据库进行类比学习，这样会对一个数据库的初学者（不了解关系型数据库的读者）造成困扰，所以我会尽量少用关系型数据库的用法来解释 MongoDB，让没有关系型数据库基础的读者也能独立地理解学习 MongoDB，而对有关系型数据库基础的读者能抛开关系型数据的用法学习 MongoDB。

3. 这是一本入门的书，但不代表它不全面

请原谅我没有在本书中进行深入的原理讲解，因为我一直认为对于学习一个技术来说踏出

第一步尤其重要。一旦你开始使用它，随着解决以后遇到的问题，你自然而然地就会更深入地理解它。

当然，为了让初学者对 MongoDB 有个全面的了解，我会尽可能地把它写得全面。

4. 它能够帮助读者建立 NoSQL 的思维

随着本书从理论到实战的讲解，读者能初步了解并且适应 NoSQL 的思维，或者说脱离关系型数据库的束缚。在之后的实际开发应用中读者会感受到 NoSQL 数据库的魅力——自由（对之前经常使用关系型数据库的读者而言这一点感受会尤其深刻）。

5. 阅读完本书后读者能够胜任实际工作环境中 MongoDB 的相关开发管理工作

这是本书唯一且最终的目的。只要跟着书中的思路一步一步走，读者就能达到相关工作的要求。

6. 一本好书应该包含作者的思想，一些不会过时的东西

当我开始写这本书的时候，MongoDB 的版本是 3.4，当这本书写完发行的时候，我不能确保软件版本还是 3.4，这也是计算机方面的书籍总是容易过时的原因。考虑到这一点，我在写本书时会讲解一些我获取更新知识的途径、我的学习思路以及分享一些有趣的网站，以确保当本书中的例子因为版本原因有些不再适用时，读者能很快地获取到最新的软件用法在哪里。希望这些方法不仅仅为读者在学习 MongoDB 上，也能在学习其他计算机技术时有所帮助。

本书特点

- 内容全面：对 MongoDB 相关知识进行全面讲解，让读者对 MongoDB 有全面的认识。
- 轻松入门：以最直接、最细致的方式指导读者轻松掌握 MongoDB 安装、部署与使用。
- 层次清晰：理论与实践部分分离，4 个部分由浅入深，层层递进，学习路线清晰。
- 实战引导：以实际工作框架为例子，讲解 MongoDB 的运用，让读者真正能胜任 MongoDB 的开发管理工作。

本书适合读者

本书适合 MongoDB 的初学者，希望深入了解 MongoDB 安装部署、开发优化的软件工程师，希望深入了解 MongoDB 管理、集群扩展的数据运维管理员，以及任何对 MongoDB 相关技术感兴趣的读者。

注意事项

本书中所用示例以及操作步骤全部经过作者实际操作，检验有效，请读者在学习时按照本

书选用的软件版本进行操作，已经在使用 MongoDB 软件的开发者在查阅本书示例时，请注意
MongoDB 版本和驱动版本以及环境配置。

本书使用方式

初学者

希望初学者能够通读本书，理论部分快速阅读，实践部分动手操作。

初学者如果时间充裕，建议按本书章节先后顺序进行学习，先通读理论，如有不懂的地方
可以不必深究，然后实战，接着进阶架构，最后学习经验篇。

初学者如果时间紧迫，可以从实战部分开始学习，直接上手使用 MongoDB 参与到工作
中，闲暇时再学习理论会有更深刻的理解，接着进阶架构，最后再学习经验篇。

有相关经验的技术人员

有相关经验的技术人员可以根据自身需求和薄弱环节选择性阅读。闲暇时可阅读理论部分
和经验部分，本书理论部分和经验部分是作者结合自身工作经验对 MongoDB 的理解，希望能
与有经验读者的看法相互印证碰撞，让读者形成自己的理解。

工作时也可参考本书相关章节，基本命令章节、Java 驱动操作章节、Spring Data MongoDB
驱动操作章节，管理维护命令、集群构建章节等，可以作为读者身边的速查手册。

祝大家开卷有益！

本书示例代码

本书示例代码以及软件开发包下载地址（注意数字与字母大小写）如下：
http://pan.baidu.com/s/1boKG28R
如果下载有问题，请联系 booksaga@163.com，邮件主题为"MongoDB 代码"。

致谢

感谢 23 魔方公司和大厂开发组，让我在 MongoDB 实战中积累了宝贵的经验。

玩网络游戏，最害怕的是游戏公司不再对游戏进行维护，玩家对游戏失去信心，游戏区变
成鬼区。10gen 公司在 2013 年正式更名为 MongoDB Inc，感谢 MongoDB Inc 公司技术人员不
断地完善 MongoDB，让我们能够用上更快、更方便、更安全的 MongoDB。没有程序是没有
bug 的，MongoDB 在发布初期确实存在很多问题，感谢那些能够正视 MongoDB 并伴随它成
长的人，让一款经典的数据库和一种新的数据思维没有被埋没。好在 MongoDB 已经长成了一
颗参天大树，在数据库领域占据了一席之地。

本书在写作期间，参考了大量的 MongoDB 相关书籍，以及 MongoDB 官网、MongoDB
中文社区、CSDN 博客等网站的大量文章，感谢这些使用 MongoDB 并乐于分享的大神们。作

者已经尽力对书中的知识点用词用语做了各种查证，但由于时间仓促，难免有错误和遗漏之处，恳请广大读者提出宝贵意见。

奋斗在一线的程序员，加班加点是常有的事情。编写本书使用了作者一年的周末和假期时间以及很多个 10 小时以后的美好时光。没有家人的鼓励和支持是很难坚持下来的。在此特别感谢我的家人刘悦梦露的陪伴和谅解，以及好朋友杨娅苏、古曙强、姚思伶对我的鼓励。

最后特别感谢清华大学出版社的夏毓彦老师和他的同事们，正因为有了他们的辛勤工作，这本书才能顺利出版。

张泽泉
2017 年 7 月于成都

目　录

第四部分　管理与开发经验篇

第一部分

基础与架构理论篇

第 1 章
◂ 初识MongoDB ▸

1.1 MongoDB 简介

1.1.1 MongoDB 是什么

MongoDB（源自单词 humongous 巨大的）是由 C++语言编写的数据库，目的是为 Web 应用程序[1]提供高性能、高可用性且易扩展的数据存储解决方案，如图 1-1 所示。

图 1-1　MongoDB 为 Web 提供数据服务

MongoDB 是当前 NoSQL 数据库产品中最热门的一种，是一种开源[2]（目前免费）、容易扩展、表结构自由（模式自由）、高性能且面向文档的数据库。

MongoDB 的官方网址是 https://www.mongodb.com/ 。读者可以在官方网址中获取更多 MongoDB 的相关介绍和更新信息。

1.1.2 MongoDB 的历史

关系型的数据库已经出现了近 40 年，并且在很长一段时间里一直是数据库领域当之无愧的王者，例如 SQL Server、MySQL 和 Oracle 等，目前在数据库领域中仍处于主导地位。但随着信息时代数据量的增大以及 Web2.0 的数据结构复杂化，关系型数据库的一些缺陷也逐渐显现出来，主要包括以下几项。

（1）大数据处理能力差。关系型数据库被设计为单机运行，在处理海量数据方面代价高

---

[1] Web 应用程序是一种可以通过 Web 访问的应用程序。Web 应用程序的一个最大好处是用户很容易访问应用程序。用户只需要有浏览器即可，不需要再安装其他软件。我们平时所说的网站 Web 站点主要提供信息，而 Web 应用程序与用户互动性更强，但二者的界限已越来越模糊。

[2] 开源就是源代码公开，有利于改进代码，开源的不一定免费，需要看采用哪种开源协议才能确定是否免费。

昂，甚至无法承担重任。

（2）程序产出效率低。我们在开发程序使用关系型数据库过程中会发现，更多的精力被用在了建立关系型数据库表的数据结构与开发语言数据结构的映射上。使用关系型数据库时，为了实现系统中某个实体的存储查询操作，我们首先需要设计表的结构和字段以及数据类型。于是无论是创建、删除还是更新，我们要涉及的操作增加了许多。

（3）数据结构变动困难。互联网项目时刻都在发展和变动，改变一个存储单元的结构是常事，但是生产环境中关系型数据库要增加或减少一个字段无疑是非常严肃、重要并且是容易产生意外的事情。

为了解决这些存在的问题，一个更好的数据存储方案，NoSQL 数据库应运而生。所谓NoSQL，并不是指没有 SQL，而是指"Not Only SQL"，即非传统关系型数据库。这类数据库的主要特点包括非关系型、水平可扩展、分布式与开源；另外，它还具有模式自由、最终一致性（不同于 ACID[3]）等特点。正是由于这些有别于关系型数据库的特点，它更能适用于当前海量数据的环境。NoSQL 常用的存储模式有 key-value 存储、文档存储、列存储、图形存储、XML 存储等，MongoDB 正是文档数据库的典型代表。

带着建立一种灵活、高效、易于扩展、功能完备的数据库的愿景，10gen 团队于 2007 年10 月开发了 MongoDB 数据库，并于 2009 年 2 月首度推出。经过这几年的发展，MongoDB数据库已经逐渐趋于稳定，更多的公司开始使用 MongoDB。

1.1.3　MongoDB 的发展情况

MongoDB 发展迅速，无疑是当前 NoSQL 领域的人气王，就算与传统的关系数据库比较也不甘落后，数据库知识网站 DB-Engines 根据搜索结果对 308 个数据库系统进行了流行度排名，2016 年 7 月的数据库流行度排行榜前 10 名如图 1-2 所示。

Rank					Score		
Jul 2016	Jun 2016	Jul 2015	DBMS	Database Model	Jul 2016	Jun 2016	Jul 2015
1.	1.	1.	Oracle	Relational DBMS	1441.53	-7.72	-15.20
2.	2.	2.	MySQL ➕	Relational DBMS	1363.29	-6.85	+79.95
3.	3.	3.	Microsoft SQL Server	Relational DBMS	1192.89	+27.08	+89.83
4.	4.	4.	MongoDB ➕	Document store	315.00	+0.38	+27.61
5.	5.	5.	PostgreSQL	Relational DBMS	311.15	+4.55	+38.33
6.	6.	6.	DB2	Relational DBMS	185.08	-3.49	-13.04
7.	↑8.	8.	Cassandra ➕	Wide column store	130.70	-0.42	+17.99
8.	↓7.	7.	Microsoft Access	Relational DBMS	124.90	-1.32	-19.40
9.	9.	9.	SQLite	Relational DBMS	108.53	+1.75	+2.66
10.	10.	10.	Redis ➕	Key-value store	108.03	+3.54	+12.96

308 systems in ranking, July 2016

图 1-2　2016 年 7 月 DB-Engines 上的数据库排行榜

---

[3] ACID 是指数据库事务正确执行的 4 个基本要素的缩写，包含原子性（Atomicity）、一致性（Consistency）、隔离性（Isolation）、持久性（Durability）。事务是指访问并更新数据库中各种数据项的一个程序执行单元（unit）。一个支持事务（Transaction）的数据库，必须要具有这 4 种特性，否则在事务过程（Transaction processing）当中无法保证数据的正确性，交易过程极可能达不到交易方的要求，也就是说 MongoDB 目前不支持事务。

我们可以看到前 3 名依然是 Oracle 、MySQL 和微软的 SQL Server，值得关注的是，第 4 名 MongoDB 已经超越了很多传统关系型数据库。前 3 名都是关系数据库，由于历史原因，许多大型的垄断行业仍然在使用这些关系数据库。关系型数据库已经发展了 40 多年，而 MongoDB 距离 2009 年首度推出至今只用了 8 年时间，就达到了如此高度，可见其发展之迅猛。

MongoDB 作为 NoSQL 数据库，产品性能、稳定性和生态系统逐渐走向成熟。在 2014年流行度榜单中，它是流行度最高的非关系型数据库。2015 年 1 月 DB-engines 网站首次推出了年底评奖，2014 年最佳数据库的荣誉归于 MongoDB，如图 1-3 所示。

图 1-3　MongoDB 获 2014 年度最佳数据库奖

1.1.4　哪些公司在用 MongoDB

目前正在使用 MongoDB 的网站或者企业已经非常多了，如阿里巴巴、腾讯、百度、京东、58 同城、360、视觉中国、大众点评、盛大、Google、Facebook、Ebay、FourSquare、Wordnik、OpenShift、SourceForge、Github 等，很多创业型公司也把 MongoDB 当作首选。更多使用 MongoDB 的网站及企业可查看官网 https://www.mongodb.com/who-uses-mongodb。

1.2　MongoDB 的特点

（1）数据文件存储格式为 BSON（一种 JSON 的扩展）

{"name":"joe"} 这是一个 BSON 的例子，其中"name"是键，"joe"是值。键值对组成了BSON 格式。

（2）面向集合存储，易于存储对象类型和 JSON 形式的数据

所谓集合（collection）有点类似一张表格，区别在于集合没有固定的表头。

（3）模式自由

一个集合中可以存储一个键值对的文档，也可以存储多个键值对的文档，还可以存储键

不一样的文档，而且在生产环境下可以轻松增减字段而不影响现有程序的运行。

（4）支持动态查询

MongoDB 支持丰富的查询表达式，查询语句使用 JSON 形式作为参数，可以很方便地查询内嵌文档和对象数组。

（5）完整的索引支持

文档内嵌对象和数组都可以创建索引。

（6）支持复制和故障恢复

MongoDB 数据库从节点可以复制主节点的数据，主节点所有对数据的操作都会同步到从节点，从节点的数据和主节点的数据是完全一样的，以作备份。当主节点发生故障之后，从节点可以升级为主节点，也可以通过从节点对故障的主节点进行数据恢复。

（7）二进制数据存储

MongoDB 使用传统高效的二进制数据存储方式，可以将图片文件甚至视频转换成二进制的数据存储到数据库中。

（8）自动分片

自动分片功能支持水平的数据库集群，可动态添加机器。分片的功能实现海量数据的分布式存储，分片通常与复制集配合起来使用，实现读写分离、负载均衡，当然如何选择片键是实现分片功能的关键。如何实现读写分离请参考第 19 章"分片+副本集部署"的介绍。

（9）支持多种语言

MongoDB 支持 C、C++、C#、Erlang、Haskell、JavaScript、Java、Perl、PHP、Python、Ruby、Scala 等开发语言。

（10）MongoDB 使用的是内存映射存储引擎。

MongoDB 会把磁盘 IO 操作转换成内存操作，如果是读操作，内存中的数据起到缓存的作用；如果是写操作，内存还可以把随机的写操作转换成顺序的写操作，总之可以大幅度提升性能。但坏处是没有办法很方便地控制 MongoDB 占多大内存，事实上 MongoDB 会占用所有能用的内存，所以最好不要把别的服务和 MongoDB 放一起。

1.3 MongoDB 应用场景

1.3.1 MongoDB 适用于以下场景

（1）网站数据

MongoDB 非常适合实时地插入、更新与查询，并具备网站实时数据存储所需的复制及高度伸缩性。如果你正考虑搭建一个网站，可以考虑使用 MongoDB，你会发现它非常适用于迭代更新快、需求变更多、以对象数据为主的网站应用。

（2）缓存

由于 MongoDB 是内存型数据库，性能很高，MongoDB 也适合作为信息基础设施的缓存层。在系统重启之后，由 MongoDB 搭建的持久化缓存可以避免下层的数据源过载。以前如果网站应用要做缓存大家都会想到 Memcached 等高性能的分布式内存缓存服务器，但现在内存型数据库 MongoDB 也可以作为选择方案之一，而且缓存数据更可靠。

（3）大尺寸、低价值的数据

使用传统的关系数据库存储一些数据会超级麻烦，首先得创建表格，再设计数据表结构，进行数据清理，得到有用的数据，按格式存入表格中；而 MongoDB 可以随意构建一个 JSON 格式的文档就能把它先保存起来，留着以后处理。

（4）高伸缩性的场景

如果网站数据量非常大，很快就会超过一台服务器能够承受的范围，那么 MongoDB 可以胜任网站对数据库的需求，MongoDB 可以轻松地自动分片到数十甚至数百台服务器。

（5）用于对象及 JSON 数据的存储

MongoDB 的 BSON 数据格式非常适合文档格式化的存储及查询。

1.3.2　MongoDB 不适合的场景

（1）高度事务性的系统

传统的关系型数据库目前还是更适用于需要大量原子性复杂事务的应用程序，例如银行或会计系统。支持事务的传统关系型数据库，当原子性操作失败时数据能够回滚，以保证数据在操作过程中的正确性，而目前 MongoDB 暂时不支持此事务。

（2）传统的商业智能应用

针对特定问题的 BI 数据库需要高度优化的查询方式。对于此类应用，数据仓库可能是更合适的选择。

（3）使用 SQL 方便时

MongoDB 的查询方式是 JSON 类型的查询方式，虽然查询也比较灵活，但如果使用 SQL 进行统计会比较方便时，这种情况就不适合使用 MongoDB。

第 2 章
◀ MongoDB的结构 ▶

要很好地使用 MongoDB，需要对它的组成结构进行了解，本章我们就来学习 MongoDB 的结构。

MongoDB 的组成结构如下：数据库包含集合，集合包含文档，文档包含一个或多个键值对，如图 2-1 所示。

```
{
  name: "sue",                        ◀── field: value
  age: 26,                            ◀── field: value
  status: "A",                        ◀── field: value
  groups: [ "news", "sports" ]        ◀── field: value
}
```

图 2-1　文档包含键值对 key:value

2.1　数据库

2.1.1　数据库的层次

MongoDB 中数据库包含集合，集合包含文档。一个 MongoDB 服务器实例可以承载多个数据库，数据库之间是完全独立的。每个数据库有独立的权限控制，在磁盘上不同的数据库放置在不同的文件中。一个应用的所有数据建议存储在同一个数据库中。当同一个 MongoDB 服务器上存放多个应用数据时，建议使用多个数据库，每个应用对应一个数据库。

2.1.2　数据的命名

数据库通过名字来标识。数据库名可以使用满足以下条件的任意 UTF-8 字符串来命名：

● 不能是空字符串（""）。
● 不能含有' '（空格）、.（点）、$、/、\和\0（空字符）。
● 应全部小写。
● 最多 64 字节。

数据库名有这么多的限制是因为数据库名最终会变成系统中的文件。

2.1.3　自带数据库

MongoDB 有一些一安装就存在的数据库，这些数据库介绍如下：

（1）admin

从权限角度来看，这是超级管理员（"root"）数据库。在 admin 数据库中添加的用户会具有管理数据库的权限。一些特定的服务器端命令也只能从这个数据库运行，如列出所有的数据库或者关闭服务器。

（2）local

这个数据库永远不会被复制，可以用来存储限于本地单台服务器的任意集合。

（3）config

当 Mongo 用于分片设置时，config 数据库在内部使用，用于保存分片的相关信息。

2.2　普通集合

2.2.1　集合是什么

集合就是一组文档。同一个应用的数据我们建议存放在同一个数据库中，但是一个应用可能有很多个对象，比如一个网站可能需要记录用户信息，也需要记录商品信息。集合解决了上述问题，我们可以在同一个数据库中存储一个用户集合和商品集合。集合类似于关系型数据库中的表。

2.2.2　集合的特点——无模式

集合是无模式的，也就是说一个集合里的文档可以是各式各样的，非常自由。集合跟表最大的差异在于表是有表头的，每一列存的什么信息需要对应，表在存储信息之前需要先设计表，每一列是什么数据类型，字符串类型的数据是不能存储进数值类型的列中的。而集合则不需要设计结构，只要满足文档的格式就可以存储，即使他们的键名不同，非常灵活。MongoDB 会自动识别每个字段的类型。

2.2.3　集合命名

集合通过名字来标识区分。集合名可以是满足下列条件的任意 UTF-8 字符串。

- 不能是空字符串（""）。
- 不能含有\0（空字符），这个字符表示集合名的结尾。
- 不能以 "system." 开头，这是为系统集合保留的前缀。
- 不能含有保留字符$。这是因为某些系统生成的集合中包含该字符。除非你要访问这种系统创建的集合，否则千万不要在名字里出现$。有些驱动程序的确支持在集合名里面包含$，但是我们不建议使用。

2.2.4　子集合

子集合是集合下的另一个集合，可以让我们更好地组织存放数据。惯例是使用"."字符分开命名来表示子集合。

在 MongoDB 中使用子集合，可以让数据的组织更清晰。例如我做一个论坛模块，按照面向对象的编程我们应该有一个论坛的集合 forum，但是论坛功能里应该还有很多对象，比如用户、帖子。我们就可以把论坛用户集合命名为 forum.user，把论坛帖子集合命名为 forum.post。

也就是我们把数据存储在子集合 forum.user 和 forum.post 里，数据 forum 集合是不存储数据的，甚至可以删除掉。也就是说 forum 这个集合跟它的子集合没有数据上的关系。子集合只是为了让数据组织结构更清晰。

2.3　固定集合（Capped）

2.3.1　Capped 简介

MongoDB 固定集合（Capped Collections）是性能出色且有着固定大小的集合，对于大小固定，我们可以想象它就像一个环形队列，如果空间不足，最早的文档就会被删除，为新的文档腾出空间。这意味着固定集合在新文档插入的时候自动淘汰最早的文档。

2.3.2　Capped 属性特点

（1）对固定集合插入速度极快。

（2）按照插入顺序的查询输出速度极快。

（3）能够在插入最新数据时，淘汰最早的数据。

（4）固定集合文档按照插入顺序储存，默认情况下查询全部就是按照插入顺序返回的，也可以使用$natural 属性反序返回。

（5）可以插入及更新，但更新不能超出 collection 的大小，否则更新失败。

（6）不允许删除，但是可以调用 drop()删除集合中的所有行，drop 后需要显式地重建集合。

（7）在 32 位机器上一个 cappped collection 的最大值约为 482.5MB，64 位机器上只受系统文件大小的限制。

2.3.3　Capped 应用场景

（1）储存日志信息。

（2）缓存一些少量的文档。

一般来说，固定集合适用于任何想要自动淘汰过期文档的场景，没有太多的操作限制。

2.4　文档

2.4.1　文档简介

文档是 MongoDB 中数据的基本单元。我们前面已经讲过 MongoDB 数据存储格式为 BSON。键值对按照 BSON 格式组合起来存入 MongoDB 就是一个文档。

2.4.2　文档的特点

（1）每一个文档都有一个特殊的键"_id"，它在文档所处的集合中是唯一的。

（2）文档中的键值对是有序的，前后顺序不同就是不同的文档。

（3）文档中的键值对，值不仅可以是字符串，还可以是数值，日期等数据类型。

（4）文档的键值对区分大小写。

（5）文档的键值对不能用重复的键。

2.4.3　文档的键名命名规则

文档的键是字符串。除了少数例外情况，键可以使用任意 UTF-8 字符。

（1）键名不能含有\0（空字符）。

（2）键名最好不含有.和$,它们存在特别含义。

（3）键名最好不使用下划线"_"开头。

2.5　数据类型

数据类型在数据结构中的定义是一个值的集合以及定义在这个值集合上的一组操作。通俗地说，数据类型的意义就是告诉计算机这个变量是用来干什么的。

比如我们有一个值是"2016-08-15"和一个值是"2016-08-16"，当它们是字符串类型时，它就是一个文本，它们的比较是没有多大意义的；而当它们都是日期类型时，它们就有了先后之分。我们在数据库的使用中，可以使用日期字段作为排序。由此可见了解数据类型可以帮助我们更好地使用 MongoDB。

更多数据类型的信息可查看官网：https://docs.mongodb.com/manual/reference/bson-types/。

2.5.1　基本数据类型

MongoDB 支持比较丰富的数据类型。如果你学过一些编程语言你会发现很多相似的类型，因为它们确实是共通的。比如我在 Java 语言中用 MongoDB 的 Java 驱动存入一个 Java

的整数，那么 MongoDB 中保存的数据类型也是一个整数。整数根据存储时分配的内存位数又分为 32 位整数和 64 位整数，它们在 MongoDB 中的表达有些特殊，会在 2.5.2 小节中详细说明。

MongoDB 支持的基本数据类型如表 2-1 所示。

表 2-1　MongoDB 的基本数据类型

数据类型	文档表示方式	说明
null	{"key":null}	Null 表示空值或者不存在该字段
布尔	{"key":true} {"key":false}	布尔类型表示真和假，有两个值分别是 true 和 false
32 位整数	{"key":8}	MongoDB 数据库可以存 32 位的整数。 但通过 shell 界面来显示的话，会自动转成 64 位的浮点数
64 位整数	{"key":{"floatApprox":8}}	floatApprox 的意思是用 64 位浮点数近似地表示了一个 64 位的整数
64 位浮点数 Double	{"key":8.21} {"key":8}	MongoDB 数据库可以存 64 位的浮点数。shell 客户端 Mongo 里数字都是这种类型
字符串	{"key":"value"} {"key":"8"}	字符串类型起到记录展示文本的作用，只要是 UTF-8 的字符串都能当作字符串类型。注意这里的字符串与浮点数类型的区别——字符串有双引号，浮点数没有双引号
对象 id	{"key":ObjectId（）}	对象 id 类型是 12 字节的唯一 ID
日期	{"key":new Date()}	日期类型用来表示时间，一般日期格式的数据存储到 MongoDB 会自动识别成日期类型。日期类型存储的是从标准纪元开始的毫秒数，不存储时区
正则表达式	{"name": /张/}	正则表达式可以作为值选出 key 对应的值符合正则规则的数据。例子中就表示 name 字段中含有"张"这个字的数据
代码	{"key":function(){}}	我们也可以用 JavaScript 代码段作为 value，表示符合代码段的数据
二进制数据		二进制主要表示文件的存储，不过在 shell 中是无法使用和表示的
未定义	{"key":undefined}	表示该值没有定义，JavaScript 中 null 和 undefined 是不同的类型
数组	{"age":[16,18,20]}	表示值的集合或者列表
内嵌文档	{"user":{"name":" 张 小 凡"}}	文档里可以包含文档
Decimal128	{ "price": NumberDecimal("2.099") }	MongoDB 3.4 版本新增对 decimal128 数据类型的支持，最多支持 34 位小数位。 跟 Double 类型不同，decimal 数据存储的是实际的数据，无精度问题，以 9.99 为例，decimal NumberDecimal("9.99") 的值就是 9.99； 而 Double 类型的 9.99 则是一个大概值 9.990000000000002131628.... 金额的操作一般都使用 Decimal 类型才不会造成精度丢失

2.5.2　数字类型说明

关于 MongoDB 数字的数据类型，理解起来可能有点绕，不过没关系。

我们只要清楚通过 JavaScript shell（MongoDB 客户端 Mongo 命令行交互界面，详见 9.4 节启动 MongoDB 客户端）存入数值在 MongoDB 中都是 64 位浮点数。

通过 Java 等语言存入 MongoDB 时会根据 Java 等语言的数据类型保存成 32 位或者 64 位整数，或者 64 位浮点数。如图 2-2 所示。

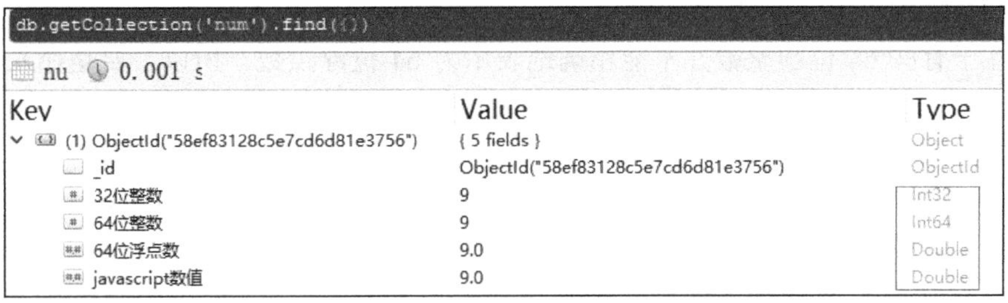

图 2-2　JavaScript shell 存入的数值和 Java 存入的数值

之所以会有这样的区别原因如下：

● 计算机在存储时使用的二进制位数有 32 位（4 字节）和 64 位（8 字节）之分。位数越多表示存储的数值范围越广，计算能力越强。

● 数据类型中所说的 32 位整数，64 位整数的区别也就是使用的二进制位数不同，64 位的位数多一些，可以表示的值域也就大一些。

32 位整数，带正负符号的话可以表示的数值范围是 $-2^{31} \sim 2^{31}-1$，也就是 $-2147483648 \sim 2147483647$；不带符号可以表示的数值范围是无符号整数的范围 $0 \sim 2^{32}-1$，也就是 $0 \sim 4294967295$。如表 2-2 所示。

表 2-2　32 位二进制数的值

二进制数	表示的值（十进制）
0000 0000 0000 0000 0000 0000 0000 0000	0
0000 0000 0000 0000 0000 0000 0000 0001	1
0000 0000 0000 0000 0000 0000 0000 0010	2
0000 0000 0000 0000 0000 0000 0000 0011	3
0000 0000 0000 0000 0000 0000 0000 0100	4
0000 0000 0000 0000 0000 0000 0000 0101	5
1111 1111 1111 1111 1111 1111 1111 1111	4294967295

64 位整数，带正负符号的话可以表示的数值范围是 $-2^{63} \sim 2^{63}-1$，也就是 $-9223372036854775808 \sim 9223372036854775807$；不带符号可以表示的数值范围是 $0 \sim 2^{64}-1$，也就是 $0 \sim 18446744073709551615$。

C#语言中用 int32 和 int64，分别表示 32 位整数和 64 位整数。

Java 语言用 int 和 long 分别表示 32 位整数和 64 位整数。

因为 MongoDB 支持 32 位整数和 64 位整数，所以如果用其他语言的驱动（比如 Java 的 int）保存整数进去，MongoDB 就保存的是整数。

但是我们对 MongoDB 的查看和操作主要是通过 shell 界面和 JavaScript 命令。JavaScript 只支持 64 位浮点数。

也就是说我们在其他语言驱动中存入 MongoDB 的整数经过 shell 界面的操作后再存入数据库时，整数会被自动转换成 64 位浮点数（即使我们没有特意去修改操作这个整数，保持它原封不动地存入）。

32 位的整数都能用 64 位的浮点数精确表示，所以从文档格式上看 32 位整数跟 64 位浮点数没有什么区别。例如都是: {"key":8}。

问题在于有些 64 位的整数并不能精确地表示为 64 位浮点数。所以，要是存入了一个 64 位整数，然后在 shell 中查看，它会显示一个内嵌文档，这个内嵌文档表示 shell 显示的是一个用 64 位浮点数近似表示的 64 位整数。例如，保存一个文档，其中"key"键的值设为一个 64 位整数 8，然后在 shell 中查看，会显示:{"key":{"floatApprox":8}}，floatApprox 表示可能不准确。若是内嵌文档只有一个键的话，实际上这个值是准确的。

要是插入的 64 位整数不能精确地作为双精度数显示，shell 会添加两个键，"top"和"bottom"，分别表示高 32 位和低 32 位。例如，如果插入 9 223 372 036 854 775 807，shell 会这样显示（如图 2-3 所示）：

```
{"key":
{
"floatApprox":9 223 372 036 854 776000,
"top":2147483647,
"bottom":4294967295
}
}
```

图 2-3　MongoDB 客户端 JavaScript Shell 存入 64 位整数

总结：在 MongoDB 中使用数字类型需要注意精度和极限值的问题，特别是金额等敏感数字需要使用 128 位的 Decimal 类型才不会导致精度丢失而造成数值变化。Decimal 类型在 MongoDB3.4 版本才支持，带有 Decimal 类型数值的文档在有些第三方图形操作客户端工具中无法显示。

2.5.3　日期类型说明

在 shell 中 JavaScript 语言的 Date 对象对应 MongoDB 的日期类型 ISODate。其他语言比如 Java 中的 Date 对象通过驱动存入 MongoDB 都会自动保存成 MongoDB 日期类型 ISODate，如图 2-4 所示。

```
> db.date.find()
{ "_id" : ObjectId("58ef95978c5e7ce098db6401"), "时间类型" : ISODate("2017-04-13T15:13:27.956Z") }
>
```

图 2-4　MongoDB 客户端 JavaScript Shell 查看时间类型

MongoDB 日期类型的值可以判断先后，也可以加减。但有一点需要注意的是，日期在 MongoDB 数据库中是以从标准纪元开始的毫秒数的形式存储的，没有与之相关的时区信息（当然可以把时区信息作为其他键的值存储）。

从 Java 驱动 com.mongodb.util. JSONCallback 类的源代码我们也可以看出来，MongoDB 在存储日期时是忽略时区的，只保存了 GMT 标准时间，如图 2-5 所示。

```
SimpleDateFormat format = new SimpleDateFormat(_msDateFormat);
format.setCalendar(new GregorianCalendar(new SimpleTimeZone(0, "GMT"))
o = format.parse(b.get("$date").toString(), new ParsePosition(0));

if (o == null) {
    // try older format with no ms
    format = new SimpleDateFormat(_secDateFormat);
    format.setCalendar(new GregorianCalendar(new SimpleTimeZone(0, "GM
    o = format.parse(b.get("$date").toString(), new ParsePosition(0));
}
```

图 2-5　Java 驱动保存 Date 数据时时区为 0

默认情况下 MongoDB 中存储的是标准的时间，中国时间是东八区，我们把当前的时间存入 MongoDB 就会发现少 8 个小时。

比如中国在 GMT+8 时区，Java 使用 Date 方法获取当前时间是带有时区的。Java 驱动把当前时间 2017-04-13 23:13:27 保存到 MongoDB 数据库中，查询后结果竟然是 2017-04-13 15:13:27，缺少了 8 个小时。因为只存了 GMT 部分，没有存时区部分。

所以使用 MongoDB 时记得时区对日期类型造成的影响：存入 MongoDB 后会缺少时区部分的，例如在中国取当前时间存入就会减少 8 小时，使用 MongoDB 中的日期可以加上 8 小时来使用。当然有些计算机语言的驱动已经帮我们处理好了，比如通过 Java 驱动读取时会自动加上时区 8 小时。所以，如果你是使用 Java 驱动存储，Java 驱动来读取的话可以忽略时区问题，如图 2-6 所示。

```
Problems  Javadoc  Declaration  Progress  Debug  Servers  Console
<terminated> TestNum [Java Application] C:\Program Files\Java\jre1.8.0_121\bin\javaw.exe (2017年4月13日 下午11:19:45)
17 11:19:47 下午 com.mongodb.diagnostics.logging.JULLogger log
ter created with settings {hosts=[192.168.199.8:27017], mode=SINGLE,

17 11:19:47 下午 com.mongodb.diagnostics.logging.JULLogger log
ed connection [connectionId{localValue:1, serverValue:90}] to 192.16
17 11:19:47 下午 com.mongodb.diagnostics.logging.JULLogger log
tor thread successfully connected to server with description ServerD
17 11:19:47 下午 com.mongodb.diagnostics.logging.JULLogger log
ed connection [connectionId{localValue:2, serverValue:91}] to 192.16
{_id=58ef95978c5e7ce098db6401, 时间类型=Thu Apr 13 23:13:27 CST 2017}}
```

图 2-6　Java 驱动读取 MongoDB 时间自动加上 8 小时

15

2.5.4　数组类型说明

MongoDB 的数组由一组值组成，数组中可以包含不同数据类型的元素，甚至是内嵌数组也能作为其中的一个元素。

例如：

```
{"list":["d",8888,[ "a",123, "b",12.23] ,65, "c"]}
```

list 的值是一个数组，里面包含了 5 个元素分别是字符串"d"和"c"，数值 8888 和 65 以及内嵌数组["a",123, "b",12.23]，内嵌数组中又包含了字符串 a 和 b 以及数值 123 和 12.23。

2.5.5　内嵌文档类型说明

1. 普通内嵌文档

把整个 MongoDB 文档作为另一个文档中键的值称为内嵌文档。使用内嵌文档可以更好地组织数据，而不需要几个集合相互关联才能得到完整的一个对象数据。

例如，存储员工的信息，员工作为一个对象，我们需要保存他的基本信息，还要保存他的部门信息，这时就可以将部门信息作为内嵌文档。

```
{
"name":"张小凡",
"age":26,
"sex":1,
"department ": {"id":"1","name":"开发部","number ":10}
}
```

{"id":"1","name":"开发部","number ":10}作为 department 的值是一个内嵌文档。

使用内嵌文档的好处在于页面展示时方便，只需要操作一个集合即可展示一个完整的对象。

当然也会导致一些坏处，因为内嵌文档会导致储存更多的重复数据，这样是反规范化的。

如果 department 是一个单独的集合，员工信息文档中只是通过 id 关联它，那么我们要修改部门信息时，只需要修改部门这一条数据即可。其他关联了这一条部门信息的员工信息都会得到更新。但内嵌文档如果要修改部门信息，则需要修改所有内嵌了这个部门信息的员工数据。

总结来说：普通内嵌文档读取方便，修改涉及数据量多。集合关联的方式修改方便，读取麻烦。

2. 自动关联内嵌文档 DBRef

普通内嵌文档读取方便，修改复杂。而如果在文档中通过 id 来手动关联另一个集合则是修改方便，读取麻烦，需要手动写两次查询。那有没有两全其美的办法？DBRef 自动关联内嵌文档解决了这个问题。DBRef 的意思是按照规范格式来存储关联 id，MongoDB 就会自动实现关联。格式是：

```
{ $ref : <value>, $id : <value>, $db : <value> }
```

$ref: 集合名称；$id: 引用的 id；$db:数据库名称，可选参数。

按照这个格式存储的 id 会自动关联引用指定集合中对应文档。也就是说我们可以把这个对应文档当成普通内嵌文档那样读取，很方便。修改时也只要修改指定集合中的对应文档，则所有引用了对应文档的文档也会得到更新。

举例来说：

我们有一个部门信息 department 集合，里面保存了一条部门数据：

```
{"id":"1","name":"开发部","number ":10}
```

我们在员工信息 person 集合中有多条数据需要用到部门信息，我们就可以按照 DBRef 的格式把部门信息关联进去如下：

```
{
"name":"张小凡",
"age":26,
"sex":1,
"department ": {"$id":"1","$ref ":" department "}
}
```

这样就实现了自动关联，当我们要展示这个员工的数据时只需要读取一次 person 集合就行了，DBRef 会自动的帮我们关联查询出 department 数据，我们读取得到的文档如下：

```
{
"name":"张小凡",
"age":26,
"sex":1,
"department ": {"id":"1","name":"开发部","number ":10}
}
```

而当我们要修改部门信息，比如把人数 number 增加 2，也只需要把 department 集合中数据修改成{"id":"1","name":"开发部","number ":12}即可。所有关联了这条数据的文档再次读取时，department 字段的值都会自动更新成{"id":"1","name":"开发部","number ":12}。

2.5.6 _id 键和 ObjectId 对象说明

_id 是 MongoDB 中的文档的唯一标识，也就是说通过_id 你就能对应找到集合中的某个文档。

ObjectId 是 MongoDB 特有的数据类型，它是一串满足一些特定规律的字符，可以作为自动生成的_id 并且保证即使 MongoDB 是分布式的部署也不会重复，如图 2-7 所示。

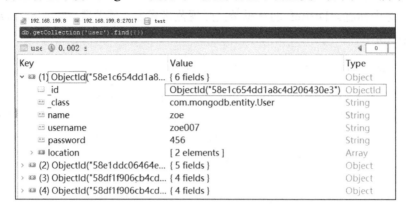

图 2-7 _id 和 ObjectId

1. _id

MongoDB 中存储的文档必须有一个"_id"键。这个键的值可以是任何类型的，默认是一个 ObjectId 对象，也可以我们自定义，但是自定义的_id 想要它不重复维护起来就比较麻烦了，特别是 MongoDB 部署在多台服务器中时维护自定义的 id 更麻烦，所以一般是直接使用 ObjectId，这也是 ObjectId 存在的意义。在一个集合里面，每个文档的"_id"值不能有重复来确保集合里面每个文档都能被唯一标识。比如同一个集合中只能有一个"_id"是 123 的文档。不同集合则不需要唯一，如果是两个集合的话，两个集合都可以有一个"_id"是 123 的文档。

2. ObjectId

ObjectId 是"_id"的默认类型。它的存在是为了满足 MongoDB 分布式部署在多台机器上时_id 也能不重复地自动增长。

我们现在就来看看 ObjectId 是如何实现不同的机器都能用全局唯一的同种方法，方便地生成自动增长 id 并且保证生成的 id 是不重复的，如表 2-3 所示。

表 2-3 ObjectId 创建方式

0	1	2	3	4	5	6	7	8	9	10	11
时间戳				机器			PID		计数器		

ObjectId 使用 12 字节的存储空间，每个字节两位十六进制数字，显示出来是一个 24 位的 字 符 串 ， 例 如 ： ObjectId("583aaf224395860d483d4af8") ， ObjectId("583aaf234395860d483d4af9")。如果快速连续创建多个 ObjectId，会发现每次只有最后几位数字有变化。另外，中间的几位数字也会变化（如果在创建的过程中停顿几秒钟），这是 ObjectId 的创建方式导致的。

前 4 个字节是从标准纪元开始的时间戳，单位为秒。这会带来如下有用的属性。

● 时间戳，与随后的 5 个字节组合起来，提供了秒级别的唯一性。

● 由于时间戳在前，这意味着 ObjectId 大致会按照插入的顺序排列。这对于某些方面很有用，如将其作为索引提高效率，但是这个是没有保证的，仅仅是"大致"。

● 这 4 个字节也隐含了文档创建的时间。绝大多数驱动都会公开一个方法从 ObjectId 获取这个信息。

因为使用的是当前时间，很多用户担心要对服务器进行时间同步。其实没有这个必要，因为时间戳的实际值并不重要，只要其总是不停增加就好了（每秒一次）。

接下来的 3 字节是所在主机的唯一标识符。通常是机器主机名的散列值。这样就可以确保不同主机生成不同的 ObjectId，不产生重复冲突。

为了确保在同一台机器上并发的多个进程产生的 ObjectId 是唯一的，接下来的两字节来自产生 ObjectId 的进程标识符（PID ）。

前 9 字节保证了同一秒钟不同机器不同进程产生的 ObjectId 是唯一的。后 3 字节就是一个自动增加的计数器，确保相同进程同一秒产生，ObjectId 也是不一样的。

同一秒钟最多允许每个进程拥有 256^3（16 777 216）个不同的 ObjectId。

2.5.7　二进制类型说明——小文件存储

MongoDB 的存储基本单元是 BSON 文档对象，字段值可以是二进制类型。也就是说 MongoDB 可以储存图片、视频、文件资料。但是有一个限制，因为 MongoDB 中的单个 BSON 对象目前为止最大不能超过 16MB，所以这种方式只能存储小文件。

应用场景：在网站中用户可以上传自己的照片、常用的文件（格式如 doc、pdf、excel、ppt 等不限），其中单个照片、文件基本上小于 16MB，这种情况直接使用 MongoDB 的二进制存储功能就能存储。

只要在 MongoDB 的驱动语言（例如 Java）中构造一个 BSON 对象，把图片、文件转换为二进制值作为 BSON 对象的值存入 MongoDB 即可。

2.6　索引简介

2.6.1　什么是索引

索引就是给数据库做一个目录，类似于字典的目录。字典的目录在我们查找信息时给我们提供了很多方便，同样地，有了索引，我们在数据库中查询数据就不需要扫描整个库了，而是先在索引中查找，使得查询的速度能提高几个数量级（当然是在我们正确的建立索引的前提下，建立索引有很多的技巧，读者可参考 22.5 节索引设置的技巧），在索引中找到条目之后，就可以直接跳转到目标文档的位置。索引的例子如图 2-8 所示。

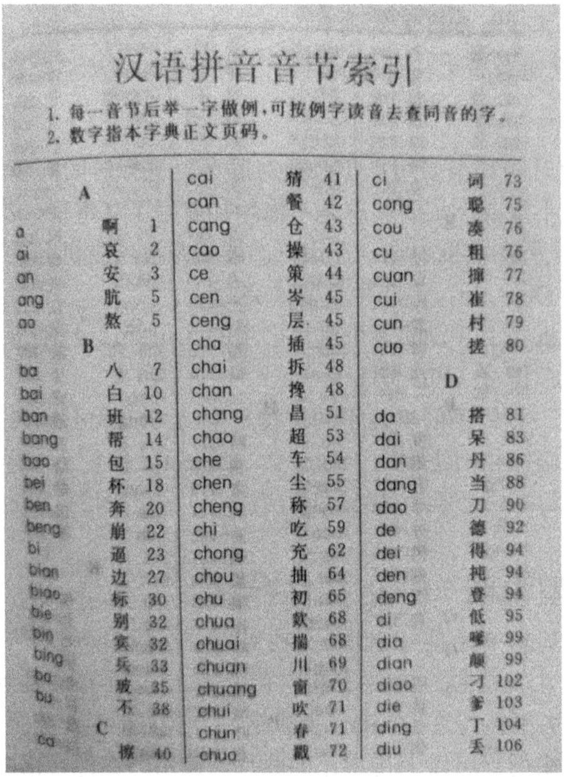

汉语拼音音节索引

1. 每一音节后举一字做例，可按例字读音去查同音的字。
2. 数字指本字典正文页码。

A

a 啊 1
ai 哀 2
an 安 3
ang 肮 5
ao 熬 5

B

ba 八 7
bai 白 10
ban 班 12
bang 帮 14
bao 包 15
bei 杯 18
ben 奔 20
beng 崩 22
bi 逼 23
bian 边 27
biao 标 30
bie 别 32
bin 宾 32
bing 兵 33
bo 玻 35
bu 不 38

C

ca 擦 40
cai 猜 41
can 餐 42
cang 仓 43
cao 操 43
ce 策 44
cen 岑 45
ceng 层 45
cha 插 45
chai 拆 48
chan 搀 48
chang 昌 51
chao 超 53
che 车 54
chen 尘 55
cheng 称 57
chi 吃 59
chong 充 62
chou 抽 64
chu 初 65
chua 欻 68
chuai 揣 68
chuan 川 69
chuang 窗 70
chui 吹 71
chun 春 71
chuo 戳 72
ci 词 73
cong 聪 75
cou 凑 76
cu 粗 76
cuan 撺 77
cui 崔 78
cun 村 79
cuo 搓 80

D

da 搭 81
dai 呆 83
dan 丹 86
dang 当 88
dao 刀 90
de 德 92
dei 得 94
den 扽 94
deng 登 94
di 低 95
dia 嗲 99
dian 颠 99
diao 刁 102
die 爹 103
ding 丁 104
diu 丢 106

图 2-8 新华字典索引

2.6.2 索引的作用

了解了索引之后，我们知道索引是用来加速查询的。除此之外，索引还能帮助排序。如果用没做索引的键来排序，MongoDB 需要把所有数据放到内存中进行排序，如果集合太大了 MongoDB 就会报错。

这种情况我们可以对需要排序的键设置索引，MongoDB 就能按索引顺序提取数据，这样就能排序大规模的数据，而不必担心内存用光。

2.6.3 普通索引

我们可以给 MongoDB 文档中任何一个键建立索引，无论这个键的数据类型是什么，甚至可以是文档。也可以同时给两个键建立索引，组合索引。这样的索引我们都把它归类为普通索引（区别于唯一索引）。

2.6.4 唯一索引

唯一索引是用 unique 属性给索引声明，表示这个索引是唯一的，不允许这个键有重复的值出现。如果对有重复数据的键建立唯一索引会建立失败，对已经建立了唯一索引的集合插入重复数据也会看到存在重复键的提示（安全插入的模式下才有提示）。

唯一索引也可以复合，创建复合唯一索引的时候，单个键的值可以重复，只要所有键的值组合起来不同就好。

2.6.5　地理空间索引

现在大多数的软件开发都与地图地址有关，比如大众点评、美团的定位、附近有哪些店、滴滴打车搜索附近的车等 LBS（基于位置的服务）相关项目，一般存储每个地点的经纬度的坐标，如果要查询附近的场所，则需要建立索引来提升查询效率。

MongoDB 1.4 中引入了地理空间索引。这是比较新的特殊索引技术，与 SQL Server 等关系型数据库中的空间索引类似，通过使用该特性可以索引基于位置的数据，从而处理给定坐标开始的特定距离内有多少个元素这样的查询。

随着使用基于位置数据的 Web 应用的增加，该特性在日常开发中的作用越来越重要。如果你需要使用地址坐标，那么 MongoDB 的地理空间索引会给你提供方便和高效的查询。

第 3 章
MongoDB的大文件存储规范 GridFs

3.1 GridFS 简介

我们在 2.5.7 小节中已经说了 MongoDB 是支持二进制数据类型的，也就是能存储文件。但是这里有个限制，因为 MongoDB 中的单个 BSON 对象目前为止最大不能超过 16MB，这个限制是为了避免单个文档过大，完整读取时对内存或者网络带宽占用过高。根据目前 MongoDB 主开发人员的意思，他们不打算放开这个限制，但会随着计算资源相对成本的降低（内存更便宜，网络更快）而适度调高[4]，这样的限制其实是有助于我们更改不良的数据库结构设计，所以短期内应该不会取消这样的限制，所以为了应对存储更大的文件，MongoDB 提供了 GridFS，如图 3-1 所示。

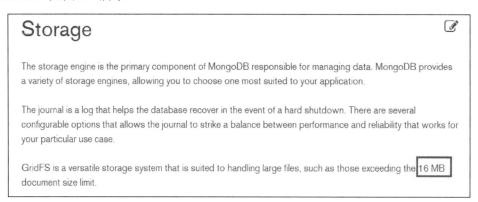

图 3-1　单个文档大小限制在官网的相关信息

GridFS 是一种将大型文件存储在 MongoDB 数据库中的文件规范。所有 MongoDB 官方支持的语言（Java、C#、PHP、Perl 等）驱动均实现了 GridFS 规范，都可以实现将大型文件保存到 MongoDB 数据库中。

---

[4] 1.7.2 版本之前是 4MB，目前是 16MB，什么时候会调高可以在官网中关注，例如访问 https://docs.mongodb.com/manual/storage/

3.2　GridFS 原理

GridFS 本质上还是建立在 MongoDB 的基本功能上的，那么它是如何实现大文件存储的呢？其实我们可以把大文件分成很多份满足 BSON 单文档限制条件的小文件来保存。是的，GridFS 的原理就是规定了一套规范，告诉 MongoDB 怎样自动分割大文件，形成许多小块，然后将这些小块封装成 BSON 对象，插入到特意为 GridFS 准备的集合中。GridFS 规范指定了一个将文件分块的标准。大文件分成小块后，每块作为一个单独的文档存储。然后用一个特别的文档记录来存储分块的信息和文件的元数据[5]，也就是记录这些小块装的是哪一段信息，先后顺序是怎样的，等到用的时候就能按顺序拼接起来返回一个完整的大文件。

默认情况下为 GridFS 准备的集合是 fs.files 和 fs.chunks，如图 3-2 所示。当然在其他驱动语言中可以自己命名这 2 个集合。

图 3-2　fs.chunks 和 fs.files

- fs.files：用来存储元数据对象。
- fs.chunks：用来存储二进制数据块。

fs.files 中的每个文档代表 GridFS 中的一个文件，与文件相关的自定义元数据也可以存在其中。GridFS 规范还定义了一些 fs.files 文档必需的键：

- _id：文件唯一的 id，在块中作为" files_id"键的值存储。
- Length：文件内容总的字节数。
- chunkSize：每块的大小，以字节为单位。默认是 256KB，必要时可以调整。
- uploadDate：文件存入 GridFS 的时间戳。
- md5：文件内容的 md5 校验和，在服务器端由 filemd5 生成，用于计算上传块的 md5 校验和，用户可以校验 md5 的值，确保文件正确上传了。

fs.chunks 用来存储块，结构很简单，GridFS 规范定义了一些 fs.chunks 文档必需的键：

---

[5] 元数据是关于数据的组织、数据域及其关系的信息，简言之，元数据就是关于数据的数据，主要是描述数据的信息，算是一种电子目录，用来记录存储的位置等。

- _id: 和别的 MongoDB 文档一样，块也有自己唯一的标记。
- files_id: 是包含这个块元数据的文档的 _id，对应 fs.files 集合中文档的 _id。
- n: 表示块编号，也就是这个块在原文件中的顺序编号。
- data: 包含组成文件块的二进制数据。

看到这里我想读者已经对 GridFS 的工作机制和原理有了一些理解，如果对 GridFS 的使用有优化需求的话，可以多了解一下它的细节，但是一般使用的话，不必深究 GridFS 规范的工作细节，了解它的大体工作原理以及各个语言版本的驱动中有关 GridFS API 的部分或是如何使用 mongofiles 工具即可。

3.3 GridFS 应用场景

（1）有大量的上传图片（尤其适合 Web 应用，用户上传或者系统本身的文件发布等），类似于 CDN 的功能，一些静态文件也可放置于 MongoDB 中，而不用像以前一样放于其他文件管理系统中，这样方便统一管理和备份。

（2）很多大文件需要存放，存放的文件量太大太多，单台文件服务器已经放不下的情况，可以考虑使用 GridFS，毕竟 MongoDB 可以部署集群。

（3）文件的备份，文件系统访问的故障转移和修复。类似于一些比较小型的存储系统，比如说小型网盘，可以做到存取速度较快，也方便管理，检查重复文件等也比较方便。

3.4 GridFS 的局限性

GridFS 也并非十全十美的，它也有一些局限性：

（1）工作集

随着数据库中 GridFS 文件会越来越多地显著搅动 MongoDB 的内存工作集，如果你不想让 GridFS 的文件影响到你的内存工作集，那么可以把 GridFS 的文件存储到不同的 MongoDB 服务器上。

（2）性能

文件服务性能会慢于从 Web 服务器或文件系统中提供本地文件服务的性能，但是这个性能的损失换来的是管理上的优势。

（3）原子更新

GridFS 没有提供对文件的原子更新方式。如果你需要满足这种需求，那么你需要维护文件的多个版本，并选择正确的版本。

第 4 章

MongoDB的分布式运算模型
MapReduce

我们在前面三章已经了解了 MongoDB 作为一个数据库在数据存储方面的属性和功能。一个数据库，不仅仅是要存储数据，有时候也需要提供一些简单的运算，包括对数据进行比较、排序等。MongoDB 提供了聚合框架，实现了一些简单的常用功能，比如 count、distinct 和 group（后面的命令章节我们会学到）。

MongoDB 的特点在于可以分布式部署，数据分散存储在不同的计算机中。这就导致了要对数据做比较、排序等运算会比较麻烦。为了解决这个问题，比较复杂的运算操作则采用了分布式的运算模型 MapReduce。

这个模型实现了分布式保存的数据也能进行运算。本章我们就来学习这个模型。

4.1 MapReduce 简介

MapReduce 是一种编程模型，一种分布式编程思想，尤其适合处理大数据。那 MapReduce 到底是干什么的呢？

我们可以结合工作中遇到的问题情景来理解。

笔者之前有一个运算任务，是对比几个网站之间的数据。

假设每个网站有 5 万条数据，2 个网站之间需要比较 25 万次。随着网站的增加，比较次数增长很快。如果用 1 台机子来进行运算，即使用上多线程，因为单机的性能瓶颈，可能需要 5 天。但是我们如果用 2 台机子来运算，可能需要 2.5 天（理想状态），但是需要手动分割任务。如果用 5 台，10 台甚至更多计算机就可能把时间缩短到 1 天、甚至几个小时即可运算完成。这就是分布式运算。

但是传统的分布式运算，需要我们人工地去切分任务。

MapReduce 则具有一定的策略，只要我们设置相关配置，只需要一次输入这几个网站的所有数据，就可以帮助我们很方便地进行自动分类、任务分配，并运算。

这下我们就清楚了，MapReduce 是一个根据我们给的规则能够自动分割任务，在多台计算机中运算并返回结果给我们的编程模型。

简单地说就是将大批量的工作（数据）分解，将每个部分发送到不同的计算机中执行，让每台计算机都完成一部分，然后再将结果合并成最终结果。这样做的好处是在任务被分解后，可以通过大量机器进行并行计算，减少整个操作的时间。

4.2 MapReduce 原理

MapReduce 是怎样实现分割任务和运算返回的呢？主要通过 map、shuffle、reduce 三个过程。Map（映射）是让对象表明身份，shuffle（洗牌）是把对象按表明的身份进行分割集中排列，reduce（化简）是把多个集中排列好的结果集简化成最终结果。

我们通过身边的一个例子来理解，就是我们军训时最常见的报数。

假设我们自己是教官，面前凌乱地站着很多参与军训的学生。现在需要知道参与军训的人数总和。

一种方法是派一个同学去数人数，一个一个地清点，这种方法类似于单机单线程运行。

第二种方法是派多个同学去数人数，然后分别上报，这种方法类似于单机多线程运行。

第三种方法则是教官制定规则，比如按班级集中在一起，报数。然后每班把报数情况集中到一个同学手中，这个同学再对每个班级的报数进行汇总并将结果反馈给教官。这种方法就类似于 MapReduce。

从三种方法对比中我们也可以看出，当人数很多时，MapReduce 使用起来是比其他两种方法高效和有序的，它的工作流程对于用户来说是封装好的。我们只需要按照格式规则对每个过程操作，它就能自动完成分布式的运算了。

按班级集中在一起，报数，就是我们的 map 过程。map 一般需要提交 2 个参数：key 和 value。在 map 部分需要输入<key, value>。key 作为映射规则，我们这里按照班级分，所以 key 就对应班级字段。如果按照男女分，key 就对应性别字段。value 作为参与运算的值（每个对象提供的属性值），我们这里只是要计数，所以 value 是计数器数字 1，也就是说每个对象都提供一个 1，如图 4-1 所示。

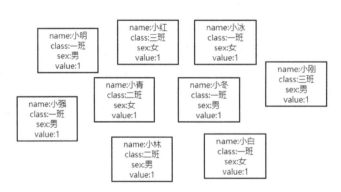

图 4-1　每个同学报出自己的班级和数量之前的情况

我们从图 4-1 中可以看出没经过 map 流程之前，我们的对象是乱序摆放的，而且每个对象都有 4 个属性值。但是经过 map 之后它们就会根据 map<key,value>的规则表明自己的身份，如图 4-2 所示。

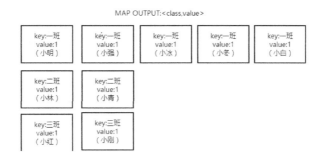

图 4-2　每个同学报出自己的班级和数量之后的情况

map 的输出只包含了 key 和 value 两个字段的值，这里也就是我们的 class 班级字段和 value 计算字段的值，name 名字字段是不被包含在 map 输出中的，图 4-2 只是为了让大家更好地理解每一个报数是从哪来的。

把每个班级的报数收集起来就是 shuffle 过程。map 的输出之后就到了 shuffle 流程，注意 shuffle 部分由 MongoDB 自行完成，我们在写 MapReduce 的时候只需要实现 map 和 reduce 即可。shuffle 会对 map 的输出部分进行洗牌，通过 key 进行分组会获得一个 List<value>，如图 4-3 所示。

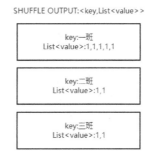

图 4-3　shuffle 洗牌后的输出

把集中上来的每个班级的数量进行相加求和化简就是 reduce 过程。shuffle 洗牌后的输出会作为 reduce 的输入，reduce 从 shuffle 的输出中获得 key 和 List<value>，如图 4-4 所示。

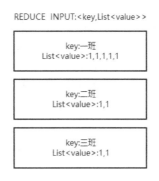

图 4-4　reduce 从 shuffle 的输出中获得 key 和 List<value>

获得输入之后，在 reduce 过程中进行逻辑业务操作。我们这里的业务就是进行计数求和。求和之后 List<value>化简成了 value 输出，所以 reduce 的输出又变成了<key,value>。这里需要注意的是 reduce 的输出并不是最终的总人数值，只是每个班级的人数值。因为 reduce 从 shuffle 的输出中获得 key 和 List<value>时，每一次的输入 key 跟 List<value>是对应起来的，也就是说一班对应的 List<value>是 1，1，1，1，1。它们是不会跟二班的数值混合起来的，第二次才传入二班和 1，1。第三次则传入三班和 1，1。reduce 的输出如图 4-5 所示。

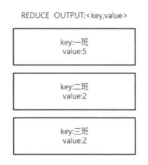

图 4-5　reduce 的输出

这三个键值就是我们这次 MapReduce 得到的值，最终的总人数值则需要我们再汇总一次，即 5+2+2=9。

从这个例子中我们也可以看出，key 的分组得到的组数就是 MapReduce 返回的键值个数。我们使用 class 作为 key 分为了三个班，就得到了三个班的人数键值。如果我们使用 sex 作为 key 则会分为男女两个分组，reduce 之后得到两个键值（男女人数）。那有没有办法 MapReduce 只返回一个键值就是总人数呢？我们使用 value 字段作为 key 就可以了。因为 value 的值都是 1，所以只有一个分组，所有人的报数值 1 都会在 reduce 时作为 List<value>输入，相加化简后就是我们需要的总人数。所以根据我们需求，MapReduce 的 key 和 value 的选择是很讲究技巧的。

4.3　MapReduce 应用场景

MapReduce 擅长的是处理大数据量的数据，在大数据的处理上，使用 MapReduce 分布式（多台计算机）处理肯定是快于单机多线程处理的。但是分布式运算交互时是需要花费一些时间的，也就是说处理小数据量的数据时单机运行处理就有可能快于 MapReduce。

因为分布式运算交互时是需要花费一些时间，所以千万不要把 MapReduce 使用在需要马上返回结果的环境中。如果我们需要处理什么大型数据，而且不需要马上返回，就可以使用 MapReduce 来运行，得到的最终结果保存在一个集合中用来实时查询。

笔者在工作中，常使用的 MapReduce 用法有如下几种：

（1）计数以及实现聚合函数统计数据。

（2）对数据进行分组简化或者构造自己想要的格式。

（3）根据条件进行数据筛选。

第 5 章
◀ MongoDB存储原理 ▶

MongoDB 存取读写速度快，甚至可以用来当作缓存数据库。但是在使用过程中会发现 MongoDB 服务非常占内存，几乎是服务器有多少内存就会占用多少内存。为什么会出现这种情况呢？我们要从 MongoDB 的读写工作流程和对内存的使用方式说起。

5.1 存取工作流程

我们都知道一台计算机的存储分为内存存储和硬盘存储。

内存与硬盘都是存储器，内存与硬盘的区别是很大的。

内存是半导体材料制作，特点为容量较小，但数据传送速度较快。

硬盘是磁性材料制作，特点是存储容量大，但数据传送速度慢。

内存被架设在硬盘和高速缓存器[6]之间，是计算机的工作场所，硬盘用来存放暂时不用的数据。

内存中的数据会随断电而丢失，硬盘中的数据则可以长久保存。

内存与硬盘的联系非常密切，因为内存是计算机的工作场所，所以硬盘上的数据只有在装入内存后才能被处理。CPU 与硬盘不发生直接的数据交换，CPU 通过控制信号指挥硬盘工作。硬盘上的数据如果要使用，就得先通过 IO 操作，例如调用 read/write 函数装入内存。

由此可见操作，存取内存中的数据是比存取硬盘的数据更快。在很多情况下，磁盘 IO（特别是随机 IO）是系统的瓶颈。

基于这样的一种情况，MongoDB 在存取工作流程上有一个非常酷的设计决策，MongoDB 的所有数据实际上是存放在硬盘的，然后把部分或者全部要操作的数据通过内存映射存储引擎映射到内存中。

如果是读操作，直接从内存中取数据，如果是写操作，就会修改内存中对应的数据，然后就不需要管了。操作系统的虚拟内存管理器会定时把数据刷新保存到硬盘中。内存中的数据什么时候写到硬盘中，则是操作系统的事情了。

MongoDB 的存取工作流程区别于一般硬盘数据库在于两点：

读：一般硬盘数据库在需要数据时才去硬盘中读取请求数据，MongoDB 则是尽可能地放入内存中。

---

[6] 高速缓存器：容量比内存更小同时速度比内存更快的存储器，架设在内存和 CPU 之间。

写：一般硬盘数据库在有数据需要修改时会马上写入刷新到硬盘，MongoDB 只是修改内存中的数据就不管了，写入的数据会排队等待操作系统的定时刷新保存到硬盘。

MongoDB 的设计思路有两个好处：

（1）将什么时候调用 IO 操作写入硬盘这样的内存管理工作交给操作系统的虚拟内存管理器来完成，大大简化了 MongoDB 的工作。

（2）把随机的写操作转换成顺序的写操作，顺其自然地写入，而不是一有数据修改就调用 IO 操作去写入，这样减少了 IO 操作，避免了零碎的硬盘操作，大幅度提升性能。

但是这样的设计思路也有坏处：

如果 MongoDB 在内存中修改了数据，在数据刷新到硬盘之前，停电了或者系统宕机了，就会丢失数据了。针对这样的问题，MongoDB 设计了 Journal 模式，Journal 是服务器意外宕机的情况下，将数据库操作进行重演的日志。如果打开 Journal，默认情况下 MongoDB 每 100 毫秒（这是在数据文件和 Journal 文件处于同一磁盘卷上的情况，而如果数据文件和 Journal 文件不在同一磁盘卷上时，默认刷新输出时间是 30 毫秒）往 Journal 文件中 flush 一次数据，那么即使断电也只会丢失 100ms 的数据，这对大多数应用来说都可以容忍了。从版本 1.9.2+，MongoDB 默认打开 Journal 功能，以确保数据安全。而且 Journal 的刷新时间是可以改变的，使用--journalCommitInterval 命令修改，范围是 2 ~ 300ms。值越低，刷新输出频率越高，数据安全度也就越高，但磁盘性能上的开销也更高。

MongoDB 存取工作流程的实现关键在于通过内存映射存储引擎把数据映射到内存中。我们下一节就来学习 MongoDB 的内存映射存储引擎。

5.2 存储引擎

存储引擎是 MongoDB 数据库的一个重要组成部分。它的主要职责就是负责管理数据如何存储在硬盘和内存中，以及使用内存的方式。不同的存储引擎对不同的应用需求有特别的优化。如某个存储引擎可以是专为高并发写设计的，而另一个则是为高压缩率设计从而达到节省磁盘空间的目标。

MongoDB 从最初版本一直到 2.6 版本都只支持一种基于内存映射技术的存储引擎，叫做 MMAP 存储引擎。

2.6 版本之后 MMAP 存储引擎优化更名为 MMAP V1 引擎。

到了 MongoDB 3.0 版本，为了通过不同的数据引擎来满足不同的数据需求以及考虑到未来更多的场景扩展，MongoDB 引入了可插拔的存储引擎 API，并在此基础上增加了 WiredTiger 引擎（3.0 版本 WiredTiger 引擎只限于 MongoDB 3.0 的 64 位版本），但 MMAP V1 引擎仍是默认的存储引擎。

从 MongoDB 3.2 版本开始，WiredTiger 成为 MongoDB 默认的存储引擎，并且 MongoDB 新增了 In-Memory 存储引擎。MongoDB 3.2 版本支持的存储引擎有：WiredTiger、MMAPv1 和 In-Memory。

我们先来了解 MongoDB 目前支持的 MMAP、MMAPV1、WiredTiger 以及 In-Memory 存储引擎。

5.2.1　MMAP 引擎

MongoDB 最初使用的存储引擎是内存映射存储引擎，即 Memory Mapped Storage Engine，简称 MMAP。

MMAP 使用了操作系统底层提供的内存映射机制，把磁盘文件的一部分或全部数据直接映射到内存，这样磁盘文件中的数据位置就会在内存中有对应的地址空间，把磁盘 IO 操作转换成内存操作。这时对文件的读写可以直接用指针来做，而不需要 read/write 函数这些 IO 操作了。MongoDB 并没有将数据直接放入到物理内存，只有访问到这块数据时才会被操作系统以 Page 的方式交换到物理内存。MongoDB 将内存管理工作交给操作系统的虚拟内存管理器来完成，MongoDB 只负责做映射，什么时候把数据存入磁盘文件，什么时候从磁盘文件取出数据，都由操作系统来完成，这样就大大简化了 MongoDB 的工作。图 5-1 所示的就是 MMAP 的核心工作原理。

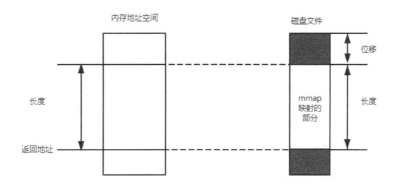

图 5-1　MMAP 把磁盘文件直接映射到内存

将内存管理工作交给操作系统的虚拟内存管理器也有坏处，就是你没有方法很方便地控制 MongoDB 占多大内存，事实上，MongoDB 会占用所有能用的内存，所以最好不要把别的服务和 MongoDB 放一起。

5.2.2　MMAPv1 引擎

MongoDB2.6 及以下版本用的是 MMAP 引擎，2.6 之后 MMAP 存储引擎优化更名为 MMAPv1 引擎。它在原理上是跟 MMAP 一样的，属于内存映射存储引擎，MMAP 版本的数据可以在线无缝迁移至 MMAPv1 版本。

MMAPv1 相对于 MMAP 有 2 个方面的改变：

（1）锁粒度由库级别锁提升为集合级别锁

到了 2.8 版本 MMAP v1 引擎增加了 collection 锁（collection level locking），在 MMAP 版本中，只提供了 DataBase 的锁（即当一个用户对一个 collection 进行操作时，其他的 collection 也被挂起），增加了 collection 锁之后进一步提高了 MongoDB 的并发性能。

（2）文档空间分配方式改变

在 MMAP 存储引擎中，文档按照写入顺序排列存储。如果文档更新后长度变长且原有存储位置后面没有足够的空间放下增长部分的数据，那么文档就要移动到文件中的其他位置。这种因更新导致的文档位置移动会严重降低写性能，因为一旦文档发生移动，集合中的所有索引都要同步修改文档新的存储位置。

MMAP 存储引擎为了减少这种情况的发生提供了两种文档空间分配方式：基于 paddingFactor（填充因子）的自适应分配方式和基于 usePowerOf2Sizes 的预分配方式，其中前者为默认方式。第一种方式会基于每个集合中文档更新历史计算文档更新的平均增长长度，然后在新文档插入或旧文档移动时填充一部分空间，如当前集合 paddingFactor 的值为 1.5，那么一个大小为 200 字节的文档插入时就会自动在文档后填充 100 个字节的空间。第二种方式则不考虑更新历史，直接为文档分配 2 的 N 次方大小的存储空间，如一个大小同样为 200 字节的文档插入时直接分配 256 个字节的空间。

MongoDB 3.0 版本中的 MMAPv1 抛弃了基于 paddingFactor 的自适应分配方式，因为这种方式看起来很智能，但是因为一个集合中的文档的大小不一，所以经过填充后的空间大小也不一样。如果集合上的更新操作很多，那么因为记录移动后导致的空闲空间会因为大小不一而难以重用（造成磁盘空间碎片化）。目前基于 usePowerOf2Sizes 的预分配方式成为 MMAPv1 默认的文档空间分配方式，这种分配方式因为分配和回收的空间大小都是 2 的 N 次方（当大小超过 2MB 时则变为 2MB 的倍数增长），因此更容易维护和利用。如果某个集合上只有 insert 或者 in-place update，那么用户可以通过为该集合设置 noPadding 标志位，关闭空间预分配。

5.2.3　WiredTiger 引擎

这是 BerkerlyDB 架构师们开发的一个存储引擎，主要特点为高性能写入、支持压缩和文档级锁。MongoDB3.2 已经将 WiredTiger 设置为默认的存储引擎。WiredTiger 和目前的 MMAP v1 存储引擎是 100%兼容的，用户不需要对程序做任何的修改便可切换直接使用。

WiredTiger 与 MMAP V1 的主要区别在于如下几点：

（1）支持多核 CPU、充分利用内存/芯片级别缓存。

（2）基于 B-TREE 及 LSM 算法。

（3）提供文档级锁（document-level concurrency control），大幅提升了大并发下的写负载。也就是说在同一时间，多个写操作能够修改同一个集合中的不同文档，这样写入的效率是很高的。如果是多个写操作修改同一个文档时，就需要按序列化方式执行写操作，比如一个文档正在被修改，其他写操作必须等待，直到在该文档上的写操作完成之后，其他写操作相互竞争，获胜的写操作在该文档上执行修改操作。

对于大多数读写操作，WiredTiger 使用乐观并发控制（optimistic concurrency control），只在 Global、Database 和 Collection 级别上使用意向锁（Intent Lock），如果 WiredTiger 检测到两个操作发生冲突时，导致 MongoDB 将其中一个操作重新执行，这个过程是系统自动完成的。

（4）支持文件压缩，包括三种压缩类型：

- 不压缩。

- 2.Snappy 压缩。默认的压缩方式， Snappy 是在谷歌内部生产环境中被许多项目使用的压缩库，包括 BigTable，MapReduce 和 RPC 等，压缩速度比 Zlib 快，但是压缩处理文件的大小会比 Zlib 大 20%~100%，Snappy 对于纯文本的压缩率为 1.5~1.7，对于 HTML 是 2~4，对于 JPEG、PNG 和其他已经压缩过的数据压缩率为 1.0。在 I7 i7 5500u 单核 CPU 测试中，压缩性能可在 200M/s~500M/s。

- 3.Zlib 压缩。Z1ib 是一个免费、通用、跨平台、不受任何法律阻碍的、无损的数据压缩开发库，相对于 Snappy 压缩，消耗 CPU 性能高、压缩速度慢，但是压缩效果好。

WiredTiger 引擎会压缩存储集合（Collection）和索引（Index），压缩减少 Disk 空间消耗，但是消耗额外的 CPU 执行数据压缩和解压缩的操作。

用户可以自己选择储存数据的压缩比例，MongoDB 3.0 提供最高达 80%的压缩率，不过压缩率越高数据处理的时间成本也越多，用户可以自行权衡应用。

默认情况下，WiredTiger 使用块压缩（Block Compression）算法和 Snappy 压缩库来压缩集合数据 Collections，使用前缀压缩（Prefix Compression）算法来压缩索引数据 Indexes，Journal 日志文件默认是使用 Snappy 压缩存储的。对于大多数工作负载，默认的压缩设置能够均衡数据存储的效率和处理数据的需求，即压缩和解压的处理速度是非常高的。

WiredTiger 的存储成本通常只有 MMAPv1 的 10%~30%左右。也就是说使用 MMAPv1 引擎保存在磁盘文件 100GB 的数据，切换使用 WiredTiger 引擎之后只占据磁盘 30GB 的空间了。

5.2.4　In-Memory

WiredTiger 和 MMAPv1 都用于持久化存储数据，也就是说数据最终会刷新保存到磁盘文件中，断电后数据也不会丢失。

In-Memory 存储引擎则将数据几乎全部存储在内存中，除了少量的元数据和诊断（Diagnostic）日志，In-Memory 存储引擎不会维护任何存储在磁盘上的数据（On-Disk Data），避免 Disk 的 IO 操作，减少数据查询的延迟。也就是说当你启用了 In-Memory 存储引擎，MongoDB 就变成了一个内存数据库。

内存数据库是指一种将全部内容存放在内存中，而非传统数据库那样存放在外部磁盘中的数据库。内存数据库指的是所有的数据访问控制都在内存中进行，这是与磁盘数据库相对而言的。磁盘数据库虽然也有一定的缓存机制，但都不能避免从外设到内存的交换，而这种交换过程对性能的损耗是致命的。由于内存的读写速度极快（双通道 DDR3-1333 可以达到 9300 MB/s，一般磁盘约 150 MB/s），随机访问时间更是以纳秒计（一般磁盘约 10 ms，双通道 DDR3-1333 可以达到 0.05 ms），所以这种数据库的读写性能很高，主要用在对性能要求极高的环境中，但是在服务器关闭后会立刻丢失全部储存的数据。

5.2.5　引擎的选择

不同的数据引擎满足不同的数据需求和应用场景。我们在上面的学习也了解到了 MongoDB 现有版本的三种引擎 In-Memory、WiredTiger 和 MMAPv1。WiredTiger 作为 MongoDB3.2 版本默认的存储引擎，一般来说，WiredTiger 会对大部分应用场景提供更好的性能表现，功能也比 MMAPv1 强大。所以对于正常使用场景 WiredTiger 是比较好的选择。In-Memory 因为它的数据是保存在内存中，断电后会消失，所以适用于 MongoDB 做缓存服务的场景。

5.2.6　未来的引擎

其他一些正在考虑支持的存储引擎（预计 3.2 版本之后会增加）：

（1）RocksDB：Facebook 开发的优化写操作的一个存储引擎。

（2）TokuFT：Tokutek 开发。这个引擎也在 MySQL (TokuDB) 和 TokuMX 下使用。

（3）FusionIO：跳过文件系统和 OS 直接访问 FushionIO 存储介质，提供高效读写。

第 6 章
◀ 了解MongoDB复制集 ▶

6.1 复制集简介

可以集群部署多个 MongoDB 服务器是 MongoDB 数据库的特点之一。集群部署 MongoDB 有什么好处？可以进行复制是集群部署带来的好处之一。MongoDB 复制是 MongoDB 自动将数据同步到多个服务器的过程，设置好策略之后免去了人工操作。

复制提供了数据的冗余备份，并在多个服务器上存储数据副本，提高了数据的可用性，并保证数据的安全性。有了复制，我们就可以从硬件故障和服务中断中恢复数据。

MongoDB 的复制也就是为数据实现了狡兔三窟。做过数据库管理员的都知道数据的重要性，数据错误和数据丢失都容易导致更严重的问题，尤其是在金融行业和电商领域。MongoDB 经过复制之后在多个服务器都会有数据的冗余，防止数据的丢失。所以强烈建议在生产环境中使用 MongoDB 的复制功能。

复制功能不仅可以用来应对故障（故障时切换数据库或者故障恢复），还可以用来做读扩展、热备份或者作为离线批处理的数据源。

我们下面就来了解复制功能的特点以及实现原理。

6.1.1 主从复制和副本集

MongoDB 提供了两种复制部署方案：主从复制（Master-Slave）和副本集（Replica Sets）（有些资料中也翻译成复制集）。两种方式的共同点在于都是只在一个主节点上进行写操作，然后写入的数据会异步[7]地同步到所有的从节点上。主从复制和副本集都使用了相同的复制机制。

那么它们的差别在哪里呢？副本集其实是 MongoDB1.6 版本才推出的功能，它是早期 MongoDB 版本中主从复制的优化方案。

主从复制只有一个主节点，至少有一个从节点，可以有多个从节点。它们的身份是在启动 MongoDB 数据库服务时就需要指定的。所有的从节点都会自动地去主节点获取最新数据，做到主从节点数据保持一致。注意主节点是不会去从节点上拿数据的，只会输出数据到从节点。理论上一个集群中可以有无数个从节点，但是这么多的从节点对主节点进行访问，

---

[7] 不影响 MongoDB 读写功能的情况下进行数据的同步，主从节点无须阻塞等待同步结束也能照常使用。

主节点会受不了。《MongoDB 权威指南》中有说不超过 12 个从节点的集群就可以运作良好，大家可以根据自己实际情况进行测试部署，主节点的机子性能应该会对支持的从节点个数有一定的影响。Master-Slave 主从复制集群如图 6-1 所示。

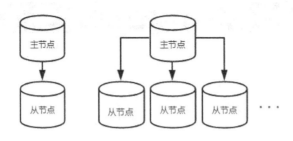

图 6-1　Master-Slave 主从复制集群

我们在生产环境下使用主从复制集群的过程中会发现一个比较明显的缺陷：当主节点出现故障，比如停电或者死机等情况发生时，整个 MongoDB 服务集群就不能正常运作了。需要人工地去处理这种情况，修复主节点之后再重启所有服务，当主节点一时难以修复时，我们也可以把其中一个从节点启动为主节点。在这个过程中就需要人工操作处理，而且需要停机操作，我们对外的服务会有一段空白时间，给网站和其他应用的用户造成影响，所以说主从复制集群的容灾性并不算太好。

为了解决主从复制集群的容灾性的问题，副本集应运而生。副本集是具有自动故障恢复功能的主从集群。副本集是对主从复制的一种完善，它跟主从集群最明显的区别就是副本集没有固定的主节点，也就是主节点的身份不需要我们去指明，而是整个集群自己会选举出一个主节点，当这个主节点不能正常工作时，又会另外选举出其他的节点作为主节点。副木集中总会有一个活跃节点（Primary）和一个或者多个备份节点（Secondary）。这样就大大提升了 MongoDB 服务集群的容灾性。在足够多的节点情况下，即使一两个节点不工作了，MongoDB 服务集群仍能正常提供数据库服务。

而且副本集的整个流程都是自动化的，我们只需要为副本集指定有哪些服务器作为节点，驱动程序就会自动去连接服务器，在当前活跃节点出故障后，自动提升备份节点为活跃节点。如果停电死机或者故障的节点来电或者启动之后，只要服务器地址没改变，副本集会自动连接它作为备份节点。副本集的自动化工作流程如图 6-2 所示。

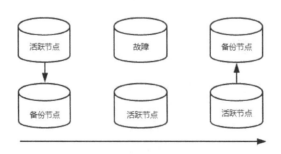

图 6-2　副本集的自动化工作流程

关于使用主从复制集群还是副本集，在新版本的 MongoDB 中都推荐使用副本集。只有一种情况需要选择主从复制，使用早期版本的 MongoDB 建立复制集群需要超过 11 个从节点时，因为早期版本的 MongoDB 副本集不能包含 12 个以上的成员。MongoDB 3.0 版本之后，副本集成员限额提升到了 50 个，而且在 MongoDB 版本升级过程中也对选举流程等做了优化，提出了仲裁节点的概念。仲裁节点（Arbiter）是副本集中的一个 MongoDB 实例，它并不保存数据，只负责选举时的投票，投票的原理我们下面会说。仲裁节点使用最小的资源，并且不要求硬件设备，建议不把 Arbiter 部署在同一个数据集节点中，否则如果数据集节点服务器挂了，Arbiter 也失效，就没起到它的作用。

Mongodb 的投票需要超过半数的节点投票给同一节点才能生效，把该节点提升为主节点，所以在某些情况下（尤其是偶数节点投票时）会导致节点们票数一致，会导致无法决定出主节点，卡在投票环节。

仲裁节点的意义就在于，当出现票数一致的情况，仲裁节点就被邀请跳出来判决，能让节点们投出结果。

仲裁节点不复制数据，仅参与投票。由于它没有访问的压力，比较空闲，因此不容易出故障。由于副本集出现故障的时候，存活的节点必须大于副本集节点总数的一半，否则无法选举主节点，整个副本集变为只读。因此，增加一个不容易出故障的仲裁节点，可以增加有效选票，降低整个副本集不可用的风险。仲裁节点可多于一个。副本集的结构如图 6-3 所示。

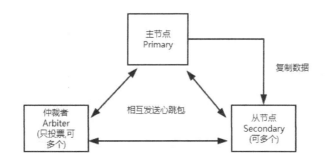

图 6-3　副本集的结构

MongoDB 官方推荐 MongoDB 集群的节点数量为奇数，主要在于副本集常常为分布式，当集群远程分布时可能位于不同的 IDC[8]。如果为偶数，可能出现每个 IDC 的节点数一样，这种情况下如果网络故障，那么每个 IDC 里的节点都无法选出主节点，导致全部不可用的情况发生。比如，节点数为 4，分处于 2 个 IDC，现在 IDC 之间的网络出现故障，每个 IDC 里的节点都没有大于 2，所以副本集没有主节点，变成只读。所以我们有两种方案，一是设置 MongoDB 集群的节点数量为奇数，二是当 MongoDB 集群的节点数量为偶数时，适当增加仲裁节点，增加集群的稳定性。

Mongodb 3.0 版本之后一个副本集集群中可设置 50 个成员，但只有 7 个投票成员（包括 primary），其余为非投票成员（Non-Voting Members）。非投票成员是复制集中数据的备份

---

[8] IDC 是对入驻企业、商户或网站服务器群托管的场所，也就是寄存服务器的地方。

副本，不参与投票，但可以被投票或成为主节点。

6.1.2　副本集的特点

根据上面对主从复制以及副本集的介绍，我们已经对副本集有了一定的了解，副本集的特点可以总结为以下几点：

（1）是多个节点组成的集群，保障数据的安全性。

（2）数据高可用性[9]。

（3）故障灾难重启服务器后自动恢复。

（4）任何从节点都可作为主节点，无须停机维护（如备份、重建索引、压缩等）。

（5）所有的写入操作都在主节点上进行，可分布式读取数据，实现读写隔离。

6.2　副本集工作原理

副本集有那么多的特点，它是如何实现的呢？本节我们来了解副本集的工作原理。了解副本集的工作原理有助于我们更好地应用它，并方便后期的优化和故障问题排查。

副本集中主要有三个角色：主节点、从节点、仲裁者。要组建副本集集群至少需要两个节点，主节点和从节点都是必需的，主节点负责接受客户端的请求写入数据等操作，从节点则负责复制主节点上的数据，也可以提供给客户端读取数据的服务。仲裁者则是辅助投票修复集群。

我们要了解副本集的工作原理，就需要知道主从节点之间是如何完成数据的复制的，以及集群是如何通过投票选举决定主节点修复集群的。弄清楚这两点之后我们就算了解副本集的工作原理了。

副本集要完成数据复制以及修复集群依赖于两个基础的机制：oplog（operation log，操作日志）和心跳（heartbeat）。oplog 让数据的复制成为可能，而"心跳"则监控节点的健康情况并触发故障转移。下面我们就看这些机制是如何工作的，看完之后你就能初步理解并预测副本集的行为了，能够预测副本集的行为对我们在故障诊断的时候尤其有帮助。

6.2.1　oplog（操作日志）

副本集中只有主节点会接受客户端的写入操作，也就是说从节点只要监控住主节点的写入操作，并且能够模仿主节点的写入操作就能完成一样的数据新增和更新，这样就实现了主节点到从节点的数据的复制，而不需要经常去完整地遍历对比主节点的数据。那从节点是如何能够获知主节点做了哪些操作呢？就是通过主节点的 oplog。oplog 是 MongoDB 复制的关键。oplog 是一个固定集合，位于每个复制节点的 local 数据库里，记录了所有对数据的变更操作。oplog 只记录改变了数据的操作，例如更新数据或者插入数据，读取查询这些操作是不

---

[9] 数据高可用性指副本集的数据很少存在关键数据不完整、缺失错误和误差。

会存储在 oplog 中的。新操作会自动替换旧的操作，以保证 oplog 不会超过预设的大小，oplog 中的每个文档都代表主节点上执行的一个操作。默认的 oplog 大小会随着安装 MongoDB 服务的环境变化。在 32 位系统上，oplog 默认是 50MB，在 64 位系统上，oplog 的默认大小是空余磁盘空间的 5%。oplog 的大小可以通过启动 MongoDB 服务时的参数来设置，这个我们在后面搭建副本集时会详细讲到，oplog 作为从节点与主节点保持数据同步的机制，数据库中的 oplog 如图 6-4 所示。

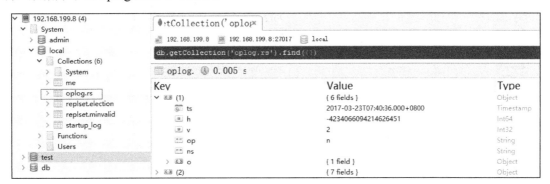

图 6-4　数据库中的 oplog

6.2.2　数据同步

在副本集中，每次客户端向主节点写入数据，就会自动向主节点的 oplog 里添加一个文档，其中包含了足够的信息来重现这次写操作。

一旦写操作文档被复制到某个从节点上，从节点就会执行重现这个写操作，然后从节点的 oplog 也会保存一条关于写入的操作记录。主节点有哪些数据变动的操作，从节点也同步做出这样的操作，从而保证了数据同步的一致性。

每个 oplog 都有时间戳，所有从节点都使用这个时间戳来追踪它们最后执行的写入操作记录。从节点是定时更新自己的，当某个从节点准备更新自己时，它会做三件事：首先，查看自己 oplog 里最后一条的时间戳；其次，查询主节点 oplog 里所有大于此时间戳的文档；最后，把那些文档应用到自己库里，并添加写操作文档到自己的 oplog 里。

从节点第一次启动时，会对主节点的数据进行一次完整的同步。同步时从节点会复制主节点上的每个库和文档（除了 local 数据库）。

同步完成之后，从节点就会开始查询主节点的 oplog 并执行里面记录的操作。这就是副本集数据复制的原理。

6.2.3　复制状态和本地数据库

除了 oplog 操作记录之外，主从节点还会存放复制状态。记录下主从节点交互连接的状态，记录同步参数时间戳和选举情况等。主从节点都会检查这些复制状态，以确保从节点能跟上主节点的数据更新。

复制状态的文档记录在本地数据库 local 中。主节点的 local 数据库的内容是不会被从节点复制的。如果有不想被从节点复制的文档，可以将它放在本地数据库 local 中。副本集中的

local 数据库如图 6-5 所示。

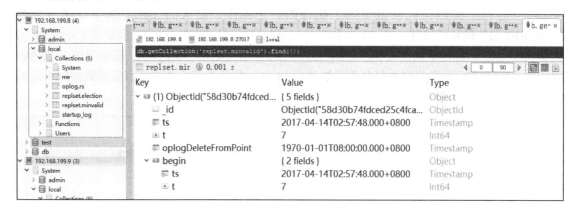

图 6-5　副本集中的 local 数据库

6.2.4　阻塞复制

从节点复制主节点的 oplog 并且执行它，对主节点来说是异步的，也就是主节点不需要等到从节点执行完同样的操作就可以继续下一个写入操作了。而当写入操作太快时，从节点的更新状态就有可能跟不上。如果从节点的操作已经被主节点落下很远，oplog 日志在从节点还没执行完，oplog 可能已经轮滚一圈了，从节点跟不上同步，复制就会停下，从节点需要重新做完整的同步。为了避免此种情况，尽量保证主节点的 oplog 足够大，能够存放相当长时间的操作记录。

还有一种方法就是暂时阻塞主节点的操作，以确保从节点能够跟上主节点的数据更新，这种方式就叫阻塞复制。阻塞复制是在主节点使用 getLastError 命令加参数 "w" 来确保数据的同步性。比如我们把 "w" 参数设置为 N[10]，运行 getLastError 命令后，主节点会进入阻塞状态，直到 N-1 个从节点复制了最新的写入操作为止。

阻塞复制会导致写操作明显变慢，尤其是 "w" 的值比较大时。实际上，对于重要操作，将其值为 2 或者 3 就能效率和安全兼备了。

6.2.5　心跳机制

副本集的心跳检测有助于发现故障进行自动选举和故障转移。默认情况下，每个副本集成员每两秒钟 ping 一次其他所有成员。这样一来，系统可以弄清自己的健康状况。

只要每个节点都保持健康且有应答，说明副本集就很正常，没有故障发生。如果哪个节点失去了响应，副本集就会采取相应的措施了。这时候副本集会去判断失去响应的是主节点还是从节点，如果是多个从节点中的某一个从节点，则副本集不做任何处理，只是等待从节点重新上线。如果是主节点挂掉了，则副本集就会开始进行选举了，选出新的主节点。

还有一种场景是副本集中主节点突然失去了其他大多数节点的心跳，主节点会把自己降

---

[10] N 为任意数字，但 N 小于 2 时，不会阻塞，当 N 等于 2 时，主节点会等到至少一个从节点复制了上个操作才会解除阻塞。

级为从节点。这是为了防止网络原因让主节点和其他从节点断开时，其他的从节点中推举出了一个新的主节点，而原来的主节点又没降级的话，当网络恢复之后，副本集就出来了两个主节点。如果客户端继续运行，就会对两个主节点都进行读写操作，肯定副本集就混乱了。所以，当主节点失去多数节点的心跳时（不够半数），必须降级为从节点。

6.2.6　选举机制

如果主节点故障了，其余的节点就会选出一个新的主节点。选举的过程可以由任意的非主节点发起，然后根据优先级和 Bully 算法（评判谁的数据更新）选举出主节点。在选举出主节点之前，整个集群服务是只读的，不能执行写入操作。

非仲裁节点都有一个优先级的配置，范围为 0~100，越大的值越优先成为主节点。默认情况下是 1；如果是 0，则不能成为主节点。

Bully 算法是一种协调者（主节点）竞选算法，主要思想是集群的每个成员都可以声明它是主节点并通知其他节点。别的节点可以选择接受并投票给它或是拒绝并参与主节点竞争，拥有多数节点投票数的从节点才能成为新的主节点。节点按照谁的数据比较新来判断该把票投给谁。仲裁节点也会参与投票，避免出来僵局。比如，网络故障，把偶数个集群节点分成两半时，详见 6.1.1 小节。

举例来说：当主节点故障之后，有资格成为主节点的从节点就会向其他节点发起一个选举提议，基本的意思就是"我觉得我能成为主节点，你觉得呢？"，而其他节点在收到选举提议后会判断下面三个条件：

（1）副本集中是否有其他节点已经是主节点了？

（2）自己的数据是否比请求成为主节点的从节点上的数据更新？

（3）副本集中其他节点的数据是否比请求成为主节点的从节点的数据更新？

如果上面三个条件中只要有一个条件成立，那么都会认为对方的提议不可行，于是返回一个消息给请求节点说"我觉得你成为主节点不合适，你退出选举吧!"，请求节点只要收到其他任何一个节点返回不合适，都会立刻退出选举，并将自己保持在从节点的角色；但是如果上面三个条件都是否定的，那么就会在返回包中回复说"我觉得你可以"，也就是把票投给这个请求节点，投票环节结束后就会进入选举的第二阶段。获得认可的请求节点会向其他节点发送一个确认的请求包，基本意思就是"我要宣布自己是主节点了，有人反对吗？"，如果在这次确认过程中其他节点都没人反对，那么请求节点就将自己升级为主节点，所有节点在 30 秒内不再进行其他选举投票决定。如果有节点在确认环节反对请求节点做主节点，那么请求节点在收到反对回复后，会保持自己的节点角色依然是从节点，然后等待下一次选举。

那优先级是如何影响到选举的呢？选举机制会尽最大的努力让优先级最高的节点成为主节点，即使副本集中已经选举出了比较稳定的、但优先级比较低的主节点。优先级比较低的节点会短暂地作为主节点运行一段时间，但不能一直作为主节点。也就是说，如果优先级比较高的节点在 Bully 算法投票中没有胜出，副本集运行一段时间后会继续发起选举，直到优先级最高的节点成为主节点为止。

由此可见，优先级的配置参数在选举机制中是很重要的，我们要么不设置，保持大家都是优先级 1 的公平状态，要么可以把性能比较好的几台服务器设置得优先级高一些。这个可以看大家的业务场景需求。详细的设置方法将在本书第二部分实战中讲解。

6.2.7　数据回滚

不论哪一个从节点升级为主节点，新的主节点的数据都被认定为 MongoDB 服务副本集的最新数据，对其他节点（特别是原来的主节点）的操作都会回滚，即使之前故障的主节点恢复工作作为从节点加入集群之后。为了完成回滚，所有节点连接新的主节点后要重新同步。这些节点会查看自己的 oplog，找出其中新主节点中没有执行过的操作，然后向新主节点请求这些操作影响的文档的数据样本，替换掉自己的异常样本。正在执行重新同步的、之前故障的主节点被视为恢复中，在完成这个过程之前不能成为主节点的候选者。

第 7 章
◀ 了解MongoDB分片 ▶

我们在上一章学习了 MongoDB 的副本集集群，已经初步体会到了集群的优势。分片则是 MongoDB 支持的另一种集群功能。MongoDB 能够实现分布式数据库服务，很大程度上得益于分片机制。由此可见它是多么重要，它是区别于其他传统数据库的一种重要的、具有代表性的功能。本章我们就来学习了解分片，以及它的工作原理，讨论它适合应用于哪些场景。

7.1 分片的简介

分片（sharding）是将数据进行拆分，将它们分散地保存在不同的机器上的过程。MongoDB 实现了自动分片功能，能够自动地切换数据和做负载均衡。

为什么会诞生分片这种功能的需求呢？我们可以结合工作中的生产环境来思考。比如我们启动了一个 MongoDB 服务，放置在一台服务器中，作为对 Web 网站的数据库服务。随着 Web 网站的用户增加、数据量的增长，以及 Web 网站对读写吞吐量的要求越来越高，普通的服务器性能就不够用了，普通服务器可能无法分配足够的内存或者没有足够的 CPU 核数来有效处理工作负荷。这个时候一般情况下我们需要提高服务器的配置，例如使用更强大的 CPU、增加 RAM 或增加存储空间的量。如果是使用了副本集的 MongoDB 服务集群，每个从节点都完整地克隆了主节点的数据，我们在提高主节点配置的同时，还需要提高从节点的配置。我们都知道配置越往上提高，价格是成几何倍数地增长的，而且服务器受到当前的科技限制，是无法有效地满足性能需求的。也就是说当数据量达到一定程度时，目前市场上能买到的最好性能的单个服务器也会不堪重负的，有钱也买不到更好的服务器了。这就是垂直的方式解决系统数据增长的困境。

聪明的 IT 从业者想到了应对的措施：既然垂直方向不能解决，我们能不能水平扩展。也就是我们使用集群去分担数据的压力，每一台服务器只复制一部分数据的管理，当数据量再增加时，我们就再追加普通的服务器即可。这样无论数据量多大，我们都能水平地扩张，每台普通服务器负责的数据量都是稳定和可控的，甚至能照常使用副本集功能。虽然每台普通服务器的速度和容量可能不高，但每台服务器处理总工作量的一部分，比一个单一的高速高容量的服务器处理总工作量的效率更高（是不是有点类似于多线程的处理原理），而且多个普通的服务器花费比单个高速高容量的服务器成本要低得多。

这种将数据库服务分布在多台服务器上的机制就叫分片。

分片的缺点是会增加基础设施的复杂性和部署维护的难度。这就需要结合我们工作的业务场景来考虑到底使不使用分片了。

7.2 分片的工作原理

分片并不是 MongoDB 独有的机制，MongoDB 没有诞生之前，人们还在使用 SQL 数据库的时候，就已经在手动实现分片了。当时的手动分片如何实现的？主要需要人工地去设计一套分片的逻辑，比如说一个用户表 Users，很多个 user，我们在应用程序把数据保存到 Users 表时先进行 id 的判断，如果是奇数就存在这一台服务器，如果是偶数就存在另一台服务器，取的时候也根据同样的规则去取出数据；或者根据取余数的方式来划分。总之，划分的方法多种多样，需要人工去设置，有时候甚至需要一台专门的数据库服务器来记录这些存储的规则，查询数据时先查一遍存储规则，再根据规则去取出我们所需要的数据。人工的分片大多依赖于应用程序的代码来实现。

MongoDB 则实现了自动分片。分片是 MongoDB 数据库的核心内容，它内置了几种分片逻辑，用户不再需要自己去设计外置分片方案和框架，也不需要我们在应用程序上做处理，也就是说，在数据库需要启用分片框架时，或者增加新的分片节点时，我们的应用程序代码几乎不需要改动。MongoDB 是如何实现这一点的呢？我们来看看它的分片的详细工作原理：分片机制的重点是数据的分流、块的拆分和块的迁移。我们通过三个小节来了解它们是如何实现的。

7.2.1 数据分流

数据分流是实现分片的很重要的一部分。我们之前已经讲过 MongoDB 区别于手动分片的核心是内置了几种数据分流存放的策略。

目前 MongoDB3.2 版本有哈希分片、区间分片和标签分片三种策略。

MongoDB 在进行分片之前都需要设置一个片键（shard key）。这个片键可以是集合文档中的某个字段或者几个字段组成一个复合片键，MongoDB 分片集群数据库服务是不允许插入没有片键的文档的。然后，MongoDB 根据我们启用的策略来使用片键的值进行对数据进行分配，这样就完成了我们对数据的分流。接着，我们来看看现有的三种分片策略。

1. 区间分片

区间分片是根据片键的值的区域来把数据划分成数据块的，这也是早期的 MongoDB 分片的策略。因为在 MongoDB 中数据类型之间是有严格的次序的，所以 MongoDB 能够对片键的值进行一个排序。类型的先后次序如下：

null<数字<字符串<对象<数组<二进制数据<objectId<布尔值<日期<正则表达式

同类型也可以进行排序，而且同类型的排序与我们熟悉和期望的排序可能相同：比如数字类型 5<6，或者字符串类型 "a" < "b"。

在排序的基础上，MongoDB 就能获取到片键的最大值和最小值了，然后 MongoDB 会根据目前已有的片键和目前有多少台服务器参与分片来进行数据分配。

例子如下：

我们设置集合中文档的 x 字段作为片键。MongoDB 会对 x 片键进行统计，得到最小值和最大值，如果目前我们有三个分片服务器，MongoDB 可能会把区间分成三块：最小值到10、10 到 20 以及 20 到最大值（这里只是举例，MongoDB 不一定会这样分配，但是原理是一样的）。然后，当有新的文档要写入 MongoDB 数据库时，MongoDB 就会根据这个区间把属于不同区域的文档分配到不同的分片服务器上。在使用区间分片时，拥有相近片键的文档很可能存储在同一个数据块中，因此也会存储在同一个分片中。这就是区间分片的原理。区间分片如图 7-1 所示。

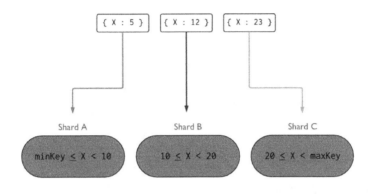

图 7-1　区间分片

2. 哈希分片

MongoDB 2.4 版本及以上才支持哈希分片，哈希分片仍然是基于区间分片，只是将提供的片键散列成一个非常大的长整型作为最终的片键。当我们选定片键之后，MongoDB 会自动将片键进行散列计算之后再进行区间的划分。普通的区间分片可以支持复合片键，但是哈希分片只支持单个字段作为片键。

哈希片键最大的好处就是保证数据在各个节点分布基本均匀。

我们来对比一下基于区间分片和哈希分片有什么不同。区间分片方式提供了更高效的范围查询，给定一个片键的范围，分发路由可以很简单地确定哪个数据块存储了请求需要的数据，并将请求转发到相应的分片中，不需要请求所有的分片服务器。不过，区间分片会导致数据在不同分片上的不均衡，有时候，带来的消极作用会大于查询性能的积极作用。比如，如果片键所在的字段是线性增长的，例如数字型自增 id 或者时间戳，一定时间内的所有请求都会落到某个固定的数据块中，最终导致分布在同一个分片中。在这种情况下，一小部分分片服务器承载了集群大部分的数据，系统并不能很好地进行扩展。

哈希分片方式则是以查询性能的损失为代价，保证了集群中数据的均衡。哈希值的随机性使数据随机分布在每个数据块中，因此也随机分布在不同分片中。但是也正由于随机性，一个范围查询很难确定应该请求哪些分片，通常为了返回需要的结果，需要请求所有分片服务器。哈希分片如图 7-2 所示。

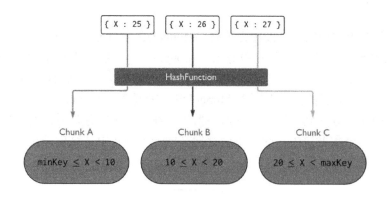

图 7-2 哈希分片

需要注意的是 MongoDB 的哈希片键散列化计算会将浮点数截断为 64 位整数，比如，对于 2.3、2.2 和 2.9，散列化计算后会得到相同的值，为了避免这一点产生，不要在哈希索引中使用不能可靠地转化为 64 位整数的浮点数。MongoDB 的哈希分片片键不支持大于 253 的浮点数。

3. 标签分片

MongoDB 可以手工设置数据保存在哪个分片节点服务器上，这非常有用，主要就是通过标签分片策略来实现的。标签分片是 MongoDB 2.2 版本中引入的新特性，此特性支持人为控制数据的分片方式，从而使数据存储到合适的分片节点上。具体的做法是通过对分片节点打 tag 标识，再将片键按范围对应到这些标识上。

例子如下：我们有三个分片节点，定义了两个 tag 标识，A 的 tag 标识表示片键 x 的区间是 1~10，B 的 tag 标识表示片键 x 的区间是 10~20。然后把节点 Alpha 和 Beta 都打上 A 标签，节点 Beta 打上 B 标签。最后有数据要写入 MongoDB 数据库时，我们可以看到片键 x 在 1~10 范围内的文档数据只会分配到带有 A 标签的节点，也就是 Alpha 或者 Beta；片键 x 在 10~20 范围内的文档数据只会分配到带有 B 标签的节点上，也就是 Beta；而如果 x 片键的值没有被包含在已有的 tag 的范围内，那么它就可能任意分配到任意分片节点中。标签分片如图 7-3 所示。

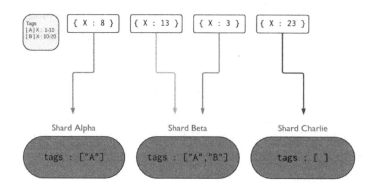

图 7-3 标签分片

生产环境中有哪些场景比较常用标签分片呢？比如说对于一些日志集合，我们只希望运行在配置比较低的节点服务器上，我们就可以指定日志集合文档片键所在区间为一个标签 tag，然后把这个 tag 打在某个配置比较低的节点服务器上即可。

还有一个例子是用户集合。一般来说用户集合是比较小的，如果我们对它进行分片就会把用户数据分散在各个节点中，造成查询上的性能消耗。对于用户这种比较小的集合，我们也可以对它进行标签分片，这样用户集合就可以存储到一台指定的分片节点服务器上，接下来就可以在内存中直接存取所有的用户数据，这样速度就会快很多了。这就是标签分片的原理以及应用。

7.2.2　chunkSize 和块的拆分

数据分流后在分片中是以 chunk（块）的形式存在的。每个块的范围都是由片键起始值和终止值来标识的。对一个数据集合进行分片后，无论集合里有什么数据，MongoDB 都只会创建一个块。这个块的片键值的区间是(-∞，∞)，其中-∞是 MongoDB 可以表示的最小值（也叫$minKey），∞是最大值（也叫$maxKey）。如果被分片的集合中包含大量数据，MongoDB 会立刻把这个初始块分割为多个较小的块。这个就是块的拆分过程。chunkSize 是分片集群启动时的一个参数，用于设置块的大小。目前 MongoDB 3.4 版本默认块的最大尺寸 chunkSize 是 64MB 或者 100000 个文档，先达到哪个标准就以哪个为准。在向新的分片集群添加数据时，原始的块最终会达到某个阈值，触发块的拆分。这是一个简单的操作，基本是把原来的范围一分为二，这样就有了两个块，每个块都有相同数量的文档。

注意，块的拆分是逻辑操作，也就是只是修改 Config 配置数据库中记录的块的元数据，让一个块变成两个，而不会影响分片中文档的物理位置。详情可参考第 18 章"分片部署"有关测试块的拆分的功能。

7.2.3　平衡器和块的迁移

分片机制中三个重点：数据分流、块的拆分和块的迁移，我们已经了解了数据分流与块的拆分，本小节就来了解块的迁移。

我们通过上面章节的学习，也知道了不管是手动设计分片系统还是选择片键和策略后 MongoDB 自动去分片都避免不了一个难题，就是保证数据始终均匀分布。只有分片集群中的数据均匀分布，才能发挥出集群最大的性能。MongoDB 为了解决这个问题，设计了平衡器，用来完成数据的迁移尽量保证数据均匀分布。

数据的迁移是以块（chunk）为单位的，它是位于一个分片中一段连续的片键的范围。每个块的范围都是由起始值和终止值来标识的。

例如，用户集合被分片保存在两个分片节点中，它们的片键根据块的范围可以把用户数据分成很多个块。

它们只是逻辑上的分块，并不是物理上的。也就是说，块不表示磁盘上连续的文档，虽然每个单独的块都表示一段连续范围的数据；但这些块能出现在任意分片节点服务器中，这些块的数据也任意出现在分片节点的服务器中。

MongoDB 的分片集群是通过在分片中移动块来实现均衡的，我们称之为迁移，这是一个真实的物理操作（也就是说磁盘上的数据文件也会被移动）。

迁移是由平衡器（balancer）的软件进程进行管理的。它的任务就是确保数据在各个分片节点服务器中保持均匀分布。平衡器通过跟踪各分片上块的数量，就能实现这个功能。什么时候平衡器会做一次数据迁移呢？通常来说当集群中拥有块最多的分片节点服务器与拥有块最少的分片的节点服务器相差的块数太大时，平衡器就会触发数据的迁移，做一次均衡处理。至于相差多少算是块数相差大，这个会根据总数据量的不同而变化，一般是相差 8 个块的时候就会触发。在数据迁移过程中，块会从块较多的分片节点服务器迁移到块较少的分片上，直到分片节点服务器上的块数大致相等为止。

这就是分片机制的第 3 个要点：数据迁移和平衡器的工作原理。到这里我们已经对分片机制的工作原理做了一个大概的了解了。主要还是两点：数据的拆分以及数据迁移。

7.3 分片的应用场景

我们在 7.1 节中已经讲述了当应用程序数据量和请求量太大时垂直扩展的困境，也在 7.2 小节"分片工作原理"中了解了分片的优势，那么在实际工作中我们什么时候考虑使用分片呢？

一般一开始时我们使用 MongoDB 单个实例服务器即可，到后面遇到性能瓶颈之后再部署分片。

建议在以下场景出现时再考虑应用分片：

（1）当请求量巨大，出现单个 MongoDB 实例服务器不能满足读写数据的性能需求时。

（2）当数据量太大出现本地磁盘不足时。

（3）想要将大量数据放在内存中提高性能，而单个 MongoDB 实例服务器内存不足时。

第二部分

管理与开发入门篇

　　我们在第一部分理论部分已经对 MongoDB 进行了全面的了解，完成了对 MongoDB 远观的过程。从第二部分开始我们就要开始进入实践部分了，希望读者也能跟着步骤根据自己的计算机的情况一起来进行操作，近距离地接触 MongoDB。当第二部分结束之后，你会发现你已经学会使用 MongoDB 了。

第 8 章
◀ 安装MongoDB ▶

8.1 版本和平台的选择

8.1.1 版本的选择

MongoDB 从最初的版本发展到现在的 MongoDB3.4 版本，对于初学者来说，众多的可用版本会让你难于决定使用哪个版本。

在给出安装步骤之前，有必要说明下 MongoDB 的版本号。如果版本选得不对，在使用过程中就会遇到各种各样的问题。

MongoDB 的版本分为稳定版和开发版。开发版表示仍在开发中的版本，其中包含许多修改，包括一些新的功能特性，尽管还未得到充分的测试，但仍发布出来给开发者用于测试或者做尝试。稳定版本则是经过充分测试的版本，是稳定和可靠的，但通常包含的功能特性会少一些。从这里我们就知道了生产环境中是不建议使用开发版本的，最好使用稳定版，否则就会遇到一些无法预估的情况。

那么稳定版本和开发版本怎么区分呢？我们可以从版本号来区分。版本号一般有 3 位数，第一位数字是主版本号，代表着重大版本的更新时主版本号才会变动。第二位数字则用来代表是开发版还是稳定版的更新。当第二位数字是偶数时，说明它是稳定版本；当第二位数字是奇数时，它就是开发版。第三位数字表示修订号，用于解决缺陷和修复 bug 等。举例来说：3.4.2 是稳定版本，3.3.2 是开发版本。

通过对版本的了解，我们在生产环境中，应该尽量选择最新的稳定版本。最新的稳定版本才是可靠的，同时也是 bug 相对来说较少的。

在编写本书的时候最新的版本是 3.4.2，所以我们在之后的操作中会以 3.4.2 为例子。即使版本更新后，本书中大部分的操作以及功能都还是适用的（一般新版本的发布会尽量兼容老版本），只需要额外关注新版本更新了哪些功能、修复了哪些 bug 以及丢弃了哪些用法即可。

对于每个版本更新了哪些功能以及修复了哪些 bug，可以在官网中查看发布日志 release-notes。例如 MongoDB3.4 版本的发布日志路径是 https://docs.mongodb.com/manual/release-notes/3.4/。

8.1.2 平台的选择

MongoDB 是一个跨平台的数据库，也就是说它可以运行在不同的操作系统上为我们提供数据库服务。所以对于平台的选择，只需要根据我们打算安装 MongoDB 数据库服务的计算机的操作系统来选择平台安装包即可。

目前 MongoDB 官网提供了 4 个操作平台的安装包，分别是 Windows、Linux、Mac OSX[11]和 Solaris。

很多读者会好奇不同操作系统之间的 MongoDB 性能会不会有大的区别，不同的操作系统中 MongoDB 之间的性能对比是一个比较复杂的过程，需要考虑硬件性能、网络情况、操作系统的版本和位数，以及 MongoDB 的版本，所以不能轻易地断言 MongoDB 在哪个操作系统中性能更好，只能具体情况具体分析，有兴趣的读者可以根据自己的服务器情况测试一下。

那是不是意味着 MongoDB 安装在哪一种操作系统上没有最优选择了呢？ 笔者建议生产环境使用 Linux 系统的计算机作为 MongoDB 数据库服务器。因为作为数据库来说，当不同的操作系统提供的性能相差不是很明显的情况下，我们更多地需要考虑其他方面的因素。

首先是大环境。Linux 是开源的免费的操作系统，作为服务器是一种趋势，因为大家都在用 Linux 作为服务器，很多坑就会有人先踩过了，所以当我们遇到问题时，更容易得到文档和论坛的支持。

其次是稳定性。由于文件系统的区别以及内存管理方式的差异，Linux 系统可以长时间地运作，不需要关机重启也不会出现卡顿的情况，同时在高负载的情况下表现较为稳定。

所以，笔者建议生产环境使用 Linux 系统的计算机作为 MongoDB 数据库服务器。测试开发环境下，可以使用其他操作系统的计算机作为 MongoDB 数据库服务器。

Windows 和 Mac OSX 都是比较日常生活中常见的操作系统，Solaris 在 Solaris10 之前一直是私有系统，Solaris10 之后才开始开源面向公众，使用的场景比较少，Solaris 被认为是 UNIX 操作系统的衍生版本之一，所以安装的方式与 Linux 有点类似。 所以我们在接下来会详细讲解 MongoDB 在 Windows、Linux 以及 Mac OSX 操作系统上的安装，有使用 Solaris 系统的开发者，可以参考 MongoDB 在 Linux 系统上的安装或者查阅官网。

8.1.3 32 位和 64 位

MongoDB 的安装包分别是针对不同的操作系统的位数编译的，32 位和 64 位版本的数据库功能是相同的，唯一的区别是针对 32 位系统的版本将单个实例的数据集总大小限制在 2GB 左右。32 位的计算机系统受地址空间的限制，所以单个实例最大数据空间仅为 2GB，64 位基本无限制（128T），故建议使用 64 位计算机部署 MongoDB。MongoDB 的 32 位版本只用于在 32 位的系统上部署测试和开发，不能在正式生产环境中使用。

---

[11] 苹果公司在旧金山举办了 2016 年的 WWDC 开发者大会，在大会上宣布将 OS X 更名为 macOS，最新的版本名称为 macOS Sierra。

8.2　**Windows 系统安装 MongoDB**

本节记录 Windows 环境的安装的详细步骤。

8.2.1　查看安装环境

在 Windows 系统中，右击"我的电脑"图标，单击"属性"，能够看到系统的环境。我的计算机系统是：Windows 10，64 位，如图 8-1 所示。

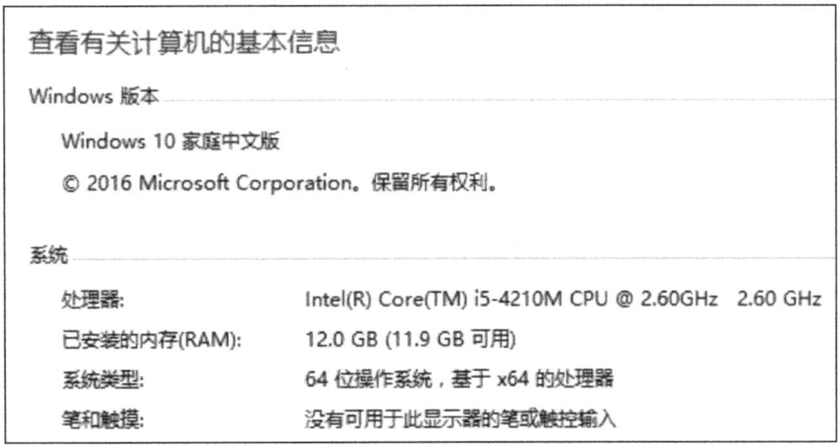

查看有关计算机的基本信息

Windows 版本

Windows 10 家庭中文版

© 2016 Microsoft Corporation. 保留所有权利。

系统

处理器:	Intel(R) Core(TM) i5-4210M CPU @ 2.60GHz　2.60 GHz
已安装的内存(RAM):	12.0 GB (11.9 GB 可用)
系统类型:	64 位操作系统，基于 x64 的处理器
笔和触摸:	没有可用于此显示器的笔或触控输入

图 8-1　查看属性

读者可以根据自己的计算机情况来进行相应的 MongoDB 安装包选择，一般来说 MongoDB 的 Windows 安装包在 Windows 系统中是通用的，需要注意的是 32 位还是 64 位的系统。在 32 位的计算机上运行针对 64 位系统的安装包会报错的。老版本的 MongoDB 有支持 32 位系统的 x86 安装包，但是在最新的 MongoDB 3.4 版本中，Windows 的安装包只有支持 64 位系统的 x64 安装包了。

8.2.2　安装步骤

MongoDB 官方下载地址：http://www.mongodb.org/downloads。

MongoDB 官网下载页面如图 8-2 所示，下载地址提供了各种平台的版本。我这里选择的是社区版本[12]：Windows 平台下的 Windows Server 2008 R2 64-bit and later, with SSL support x64。

---

[12] 在下载界面中我们可以看到有很多版本可供选择，包括一些商业版本和管理工具，初学者和初步使用可以先用社区版本即可。商业版本目前不收费，与社区版本的主要区别在于安全认证等方面会多一些支持。

图 8-2　MongoDB 官网下载页面

在页面上单击绿色按钮 DownLoad 下载，然后页面跳转到一个注册页面，可以不需要注册也会开始下载。下载完成后 msi[13] 是安装程序，如图 8-3 所示，直接单击就会进入安装引导。

图 8-3　下载完成的 MongoDB 安装程序

跟着安装引导安装即可。需要注意的是，在过程中会让选择完整安装还是定制安装。定制安装可以取消部分不需要的功能和自定义选择安装路径，完整版会安装在默认路径 C:\Program Files\MongoDB\Server 目录下。

安装过程的主要步骤如图 8-4、图 8-5、图 8-6 所示。

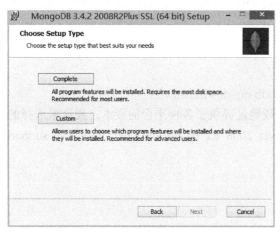

图 8-4　完整安装和定制安装的选择

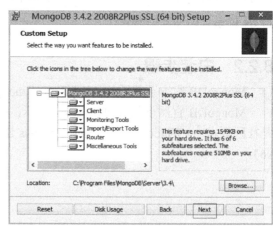

图 8-5　定制安装

---

[13] 现在的 Windows 版本的安装包是 msi 安装程序，老版本的 MongoDB 会是压缩包，直接解压就可以用。

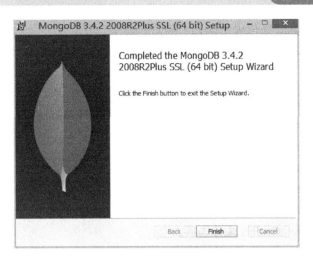

图 8-6　安装完成

8.2.3　目录文件了解

安装完成后的 MongoDB 如何使用呢？

在启动它之前，我们需要先了解有哪些执行文件。找到 MongoDB 的安装目录（定制安装是自己选择的路径，完整安装的安装目录是 C:\Program Files\MongoDB\Server），安装目录中有一个 bin 目录，里面有很多个 exe 执行程序，如图 8-7 所示。

名称	类型	大小
bsondump.exe	应用程序	7,170 KB
libeay32.dll	应用程序扩展	1,954 KB
mongo.exe	应用程序	10,991 KB
mongod.exe	应用程序	26,391 KB
mongod.pdb	PDB 文件	252,684 KB
mongodump.exe	应用程序	9,232 KB
mongoexport.exe	应用程序	7,427 KB
mongofiles.exe	应用程序	7,342 KB
mongoimport.exe	应用程序	7,520 KB
mongooplog.exe	应用程序	7,171 KB
mongoperf.exe	应用程序	22,364 KB
mongorestore.exe	应用程序	10,540 KB
mongos.exe	应用程序	13,139 KB
mongos.pdb	PDB 文件	124,204 KB
mongostat.exe	应用程序	7,491 KB
mongotop.exe	应用程序	7,302 KB
ssleay32.dll	应用程序扩展	318 KB

图 8-7　安装目录中的文件

其中有两个重要的启动程序：mongod.exe 和 mongo.exe。

mongod.exe 是 mongo 数据库服务器端的启动程序。

mongo.exe 是 MongoDB shell 即客户端的启动程序，可以在客户端里对数据库做增删改查等命令操作。

其他文件包括：

- bsondump.exe：bson 转换工具。
- mongodump.exe：逻辑备份工具。
- mongorestore.exe：逻辑恢复工具。
- mongoexport.exe：数据导出工具。
- mongoimport.exe：数据导入工具。
- mongofiles.exe：GridFS 文件工具。
- mongooplog.exe：日志复制工具。
- mongoperf.exe：性能检查工具。
- mongos.exe：分片路由工具。
- mongostat.exe：状态监控工具。
- mongotop.exe：读写监控工具。

对于这些工具我们暂时只需要大概知道是什么就可以了，在后面的章节我们学习到相关命令的时候就会完全弄懂了。

8.3　Linux 系统安装 MongoDB

本小节介绍 Linux 环境下安装的详细步骤。

8.3.1　虚拟机简介

我们在 8.1.2 小节"平台的选择"中已经讲述了生产环境 MongoDB 最好运行在 Linux 系统中，但是日常生活中直接使用 Linux 系统的人还是比较少的，日常生活中计算机的操作系统还是 Windows 系统或者 OS 系统占据相当大的比例，那我们怎么才能在不重新买一台计算机的情况下学习 Linux 系统安装 MongoDB 呢？答案是使用虚拟机。

虚拟机（Virtual Machine）指通过软件模拟的具有完整硬件系统功能的、运行在一个完全隔离环境中的完整计算机系统。

虚拟机通过生成操作系统的全新虚拟镜像来实现，它具有和真实系统完全一样的功能，进入虚拟机后，所有操作都是在这个全新的独立的虚拟系统里面进行，可以独立安装运行软件、保存数据、拥有自己的独立桌面，不会对真实系统产生任何影响，而且我们能够在真实系统与虚拟镜像之间灵活切换。虚拟机实现一台计算机多系统如图 8-8 所示。

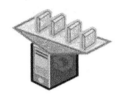

虚拟化前:
1、一台主机一个操作系统
2、多个应用程序争抢资源,存在相互冲突的风险
3、业务系统与硬件强绑定,不灵活
4、系统的资源利用率很低,为5-15%
虚拟化后:
1、一台主机多个操作系统
2、每个系统拥有独立的CPU、内存和IO资源,相互独立
3、业务系统独立于硬件,可方便地在不同主机间迁移
4、充分利用系统资源,一般可达60%

图 8-8　虚拟机实现一台计算机多系统

虚拟机可以模拟出其他种类的操作系统，比如我现在的系统是 win10 的，但是我需要 Linux 的系统，那我可以在虚拟机中安装 Linux 的系统。而且可以安装很多台，实现一台变多台。所以虚拟机也是我们后面章节学习多台分布式架构：副本集以及分片的好帮手。

虚拟机系统具有兼容性、隔离性、封装性、硬件独立性，它与主机系统相互独立运行，你完全可以把它们当成 2 台、3 台机子看待。具体有什么用处，举例来说，不开启文件共享，在虚拟机中尝试病毒之类的，不会影响到主机，如图 8-9 所示。

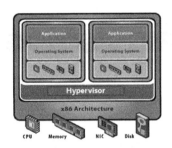

Application
Operating System
Application
Operating System
Hypervisor
x86 Architecture
CPU
Memory
NIC
Disk
■兼容性
■隔离性
■封装性
■硬件独立性
■ 添加了 虚拟化层
■ 每一个 VM 都有自己的操作系统和应用程序。
■ 可以在同一台机器上运行多个不同的操作系统

图 8-9　虚拟机的特点

流行的虚拟机软件有 VMware(VMWare ACE）、Virtual Box 和 Virtual PC，它们都能在 Windows 系统上虚拟出多个计算机。

Mac OS 系统中虚拟机也有免费的 VirtualBox 和收费的 VMware Fusion、ParallelsDesktop。

8.3.2　虚拟机安装以及安装 Linux 系统

我们本小节会在 Win 10 系统中安装虚拟机 VMware Workstation 11 并安装 Linux 系统 CentOS 6.4[14]，以便开展后面的学习。其他 Windows 版本的系统以及 Mac OS 安装虚拟机的步骤是类似的，可以自行搜索教程或者参考本节步骤。

1. 下载 VMware Workstation 11 和 CentOS 6.4

VMware Workstation 11 和 CentOS 6.4 的官网下载地址分别是 https://my.vmware.com/cn/web/vmware/details?productId=462&rPId=11036&downloadGroup=WKST-1110-WIN 和 http://vault.centos.org/6.4/isos/x86_64/，分别打开如图 8-10、图 8-11 所示的页面进行下载。

图 8-10　下载 VMware Workstation 11

---

[14] CentOS 是一个基于 Red Hat Linux 提供的可自由使用源代码的企业级 Linux 发行版本。每个版本的 CentOS 都会获得十年的支持（通过安全更新方式）。新版本的 CentOS 大约每两年发行一次，而每个版本的 CentOS 会定期（大概每六个月）更新一次，以便支持新的硬件。这样，建立一个安全、低维护、稳定、高预测性、高重复性的 Linux 环境。 CentOS 是 Community Enterprise Operating System 的缩写。CentOS 是 RHEL（Red Hat Enterprise Linux）源代码再编译的产物，而且在 RHEL 的基础上修正了不少已知的 Bug ，相对于其他 Linux 发行版，其稳定性值得信赖。

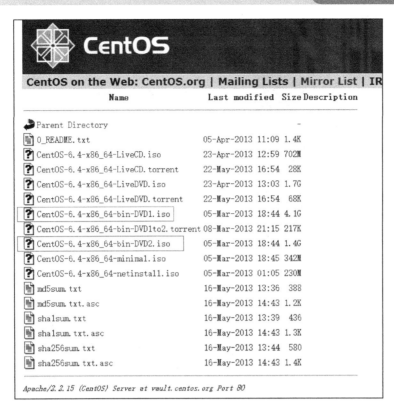

图 8-11　下载 CentOS 6.4

　　这里需要注意的是，只需要 CentOS-6.4-x86_64-bin-DVD1.iso 就能完成系统的安装。CentOS-6.4-x86_64-bin-DVD2.iso 是其他软件，DVD2 的作用是当你不能上网时，安装一些软件与依赖包。后面需要用什么软件我们再单独安装即可，所以也可以只下载 CentOS-6.4-x86_64-bin-DVD1.iso。下载完成的文件如图 8-12 所示。

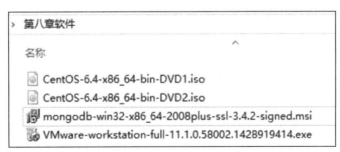

图 8-12　下载完成的文件

　　更多的版本选择请查看官网页面 http://www.vmware.com/cn.html 和 https://www.centos.org/download/ 。

2. 安装 VMware Workstation

　　下载完成后的 VMware Workstation 安装文件是 exe 执行文件，直接单击根据向导完成安装即可。VMware Workstation 安装向导如图 8-13 所示。

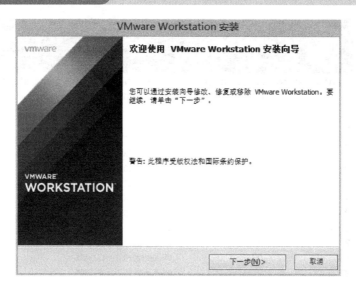

图 8-13　VMware Workstation 安装向导

　　需要记住虚拟机文件存放的地方，虚拟机操作系统其实是一个文件，我们只要使用这个文件就可以很方便地备份系统以及克隆出几个虚拟机。我们在后面做分布式架构学习时，就需要克隆出多个虚拟机。虚拟机文件存放的路径如图 8-14 所示。

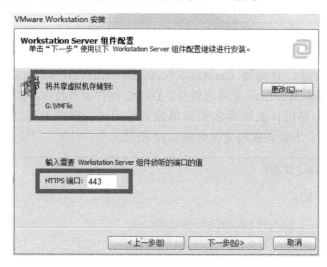

图 8-14　虚拟机文件存放的路径

3. 新建虚拟机

　　安装完成后就可以新建虚拟机了，打开 wmware workstation。单击创建新的虚拟机，如图 8-15 所示。具体选项的步骤如下：

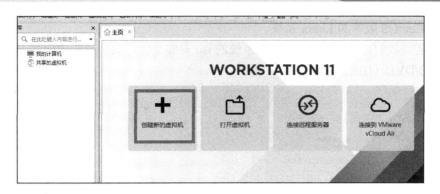

图 8-15　创建新的虚拟机

（1）选择典型配置安装。新建虚拟机还是有两种类型的配置：一种是典型，一种是自定义。初学者建议使用典型配置即可，有特殊要求的可以自定义配置。我们这里选择典型配置。

（2）选择稍后安装系统，创建的虚拟机将包含一个空白硬盘。

（3）选择即将安装的系统为 Linux，版本为 CentOS 64 位。

（4）给虚拟机命名（我们命名为 mongodb0）以及选择存放的位置。

（5）配置磁盘大小限制设置为 40GB（针对 CentOS 64 位的建议大小是 20GB，如果读者的磁盘空间不是很大，可以设置小些），将虚拟磁盘存储为单个文件。

（6）单击自定义硬件可以添加或删除硬件设备，也可以更改内存大小、处理器核数以及网络等配置，我们这里配置内存为 1GB（读者可以根据自己计算机的情况设置），网络需要设置成桥接模式，才能有独立的内网 ip，如图 8-16 所示。

（7）单击完成后新建完成。

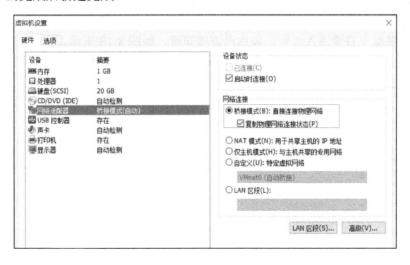

图 8-16　配置硬件和内存和网络情况

4. 虚拟机中安装 CentOS 系统

安装完的虚拟机是没有系统的，需要安装系统后才能正常使用。我们要在新建的虚拟机中安装一个 CentOS 版本的 Linux 系统。

这里就需要我们之前下载的 CentOS 系统的 iso 安装文件，安装步骤说明如下。

单击 CD/DVD（IDE），如图 8-17 所示。

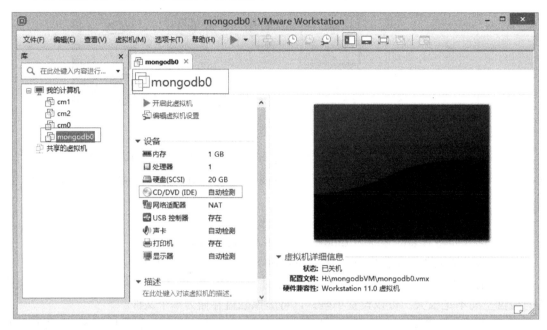

图 8-17　安装完的虚拟机界面

选择 iso 文件，浏览计算机，选择 CentOS-6.4-x86_64-bin-DVD1.iso。

勾选启动时连接，选择完后单击确定即可。

如果在安装过程中出现 the centos disc was not found in any of your drives，则在虚拟机右下角中的光盘图标上右键进入设置，勾选已连接即可，如图 8-18 所示。

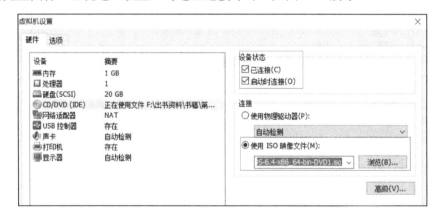

图 8-18　设置 DVD 的 IDE 为已连接

这时候看到首页 CD/DVD（IDE）已经显示正在使用文件了，我们启动虚拟机就会进入安装 CentOS 系统的界面，如图 8-19 所示，根据提示步骤安装即可。具体选项的步骤如下：

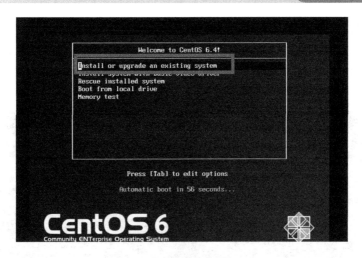

图 8-19　CentOS 安装引导界面

（1）首先选择 Install or upgrade an existing system，可能会弹出提示是否测试安装文件的完整性，单击 skip 跳过。

（2）选择 Basic Storage Devices，会提示警告 The storage device below may contain data。这是提示说磁盘内可能会有数据，询问我们是否清除，因为我们虚拟机的硬盘里没有数据，可以直接单击 yes,discard any data 就行，单击 yes 在安装过程中就会格式化虚拟机的硬盘（不影响到主机）。

（3）给虚拟机命名，我们命名为 localhost.mongodb0。

（4）然后很重要的一步，输入和确认 root 账户的密码，千万要记住这里的密码。

（5）选择替换安装 Replace Existing Linux System(s)，会提示警告 Writing storage configuration to disk，这里选择 Write changes to disk。

（6）选择最小安装 Minimal，即不安装多余的组件，后面需要什么软件我们可以再下载安装，如图 8-20 所示。

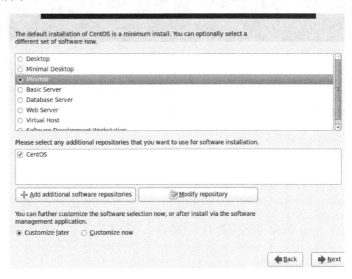

图 8-20　选择最小安装

（7）然后等待安装，过一会就安装完成了。单击重启 Reboot。

（8）重启后登录，登录时输入刚才的 root 密码，输入时屏幕上不会显示密码，输入完成后直接回车即可登录成功，如图 8-21、图 8-22 所示。

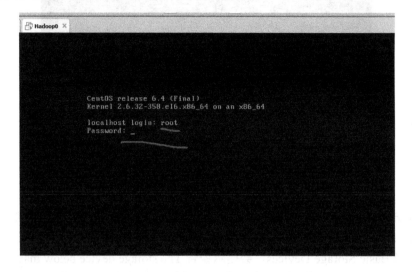

图 8-21　root 账户登录 CentOS 系统

图 8-22　登录成功

如果进入系统是图形桌面，选择 Applications →Terminal 可以打开文本控制台。因为我们大多数的命令都是在文本控制台输入的，如图 8-23 所示。

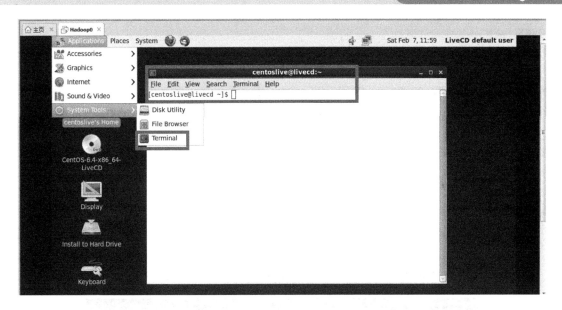

图 8-23　图形桌面打开文本控制台

5. 配置虚拟机局域网 ip

我们把虚拟机的网络模式设置为桥接模式，这个时候需要给它设置一个内网 ip，这个 ip 应该与主机的 ip 在同一个网段（前三位相同）。

例如，我这里主机 ip 是 192.168.199.217（可在 Windows 系统 cmd 窗口中使用 ipconfig 命令查看），则虚拟机可以设置为 192.168.199.X（X 表示小于等于 254 的非 217 的数值），我这里把它设置为 192.168.199.8。

使用 vi 命令编辑 Linux 系统网络配置文件，命令如下：

```
vi /etc/sysconfig/network-scripts/ifcfg-eth0
```

修改后的内容如图 8-24 所示。

图 8-24　设置静态 ip

需要改动一些内容。默认是自动获取 DHCP，这里我们改成 static 静态：

```
BOOTPROTO=static
```

设置网络配置重启生效需要增加的：

```
ONBOOT=yes
```

这个就是我们需要设置的 ip：

```
IPADDR=192.168.199.8
```

子网掩码与主机 Windows 系统的保持一致：

```
NETMASK=255.255.255.0
```

网关与主机 Windows 系统的保持一致：

```
GATEWAY=192.168.199.1
```

修改好之后按 Esc 键，然后输入:wq 保存退出。

重启虚拟机。

使用 ifconfig 命令检查 ip，如图 8-25 所示设置成功。

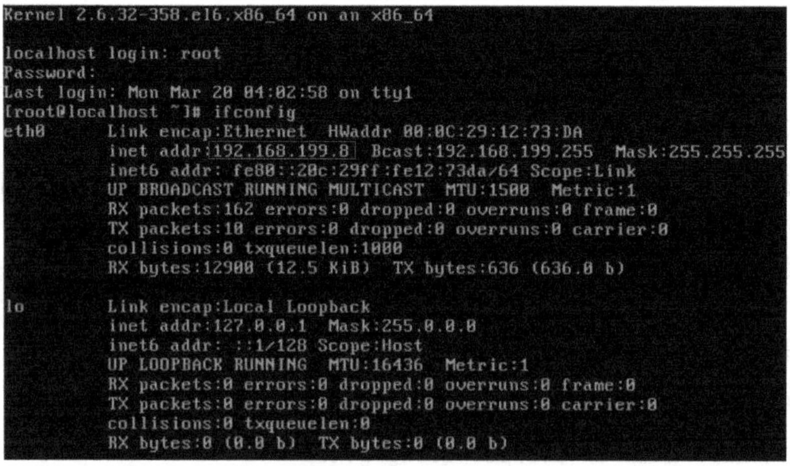

图 8-25　设置静态 ip 成功

使用 ping 命令可以测试网络是否连通，例如百度首页的 ip 是 119.75.217.109，我们使用 ping 119.75.217.109 即可知道虚拟机是否能连通外网。

我们 Windows 系统主机的 ip 是 192.168.199.217，使用 ping 192.168.199.217 命令即可知道 Linux 系统是否能连通局域网。注意需要关闭 Windows 系统的防火墙或者将 Linux 系统的局域网 ip 设置为白名单。

6. 设置 DNS 服务器

我们在测试 Linux 系统是否能连接外网的时候发现，Linux 系统使用 ip 能够连通外网，例如 ping 119.75.217.109；但是使用域名来测试时，例如 ping www.baidu.com 会报错 ping: unknown host www.baidu.com。这是没有设置 DNS 域名解析服务器导致的。

需要编辑配置文件增加 DNS 域名服务器的配置，使用命令：

```
vi   /etc/resolv.conf
```

添加内容：

```
nameserver 192.168.199.1
nameserver 8.8.8.8
nameserver 202.106.196.115
```

192.168.199.1 对应本地网关（读者需要对应自己的网关），使用本地的 DNS 解析。8.8.8.8 和 202.106.196.115 是常用的两个 DNS 域名解析服务器，能连接外网时可用。8.8.8.8 是 Google 提供的免费 DNS 服务器的 IP 地址，Google 提供的另外一个免费 DNS 服务器的 IP 地址是：8.8.4.4 。202.106.196.115 则是国内的公共 DNS 。另外一个公共 DNS 是 202.106.0.20。

7. 使用 PieTTY 工具连接虚拟机

VM 虚拟机的 Linux 跟真实的 Linux 系统几乎是没有差别的，但是有一个缺点：主机中复制的命令想要粘贴到 VM 虚拟机的 Linux 中，需要安装 VM ware Tools。安装 VM ware Tools 有些麻烦，我们这里还有另外的解决方法：使用远程登录软件操作 Linux 即可。

Pietty 是一种用于在 Windows 系统下登录到 Linux 虚拟机的远程登录软件。知道了虚拟机系统的 ip 之后，我们就可以使用 Pietty 来连接 Linux 系统。我们的 Linux 系统的 ip 是 192.168.199.8，默认的远程连接端口是 22。

连接如图 8-26 所示。

单击 open 后，首次连接会提示，单击是，然后输入账号 root 以及密码后登录成功，如图 8-27 所示。

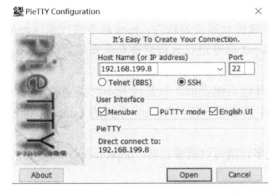

图 8-26　Pietty 登录

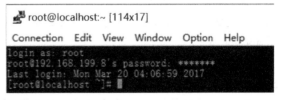

图 8-27　Pietty 登录成功

8.3.3　安装 MongoDB

MongoDB 数据库在 Linux 系统中的安装也非常简单，直接解压就可以用了。

1. 查看安装环境

Linux 系统中输入"uname -a "，可显示电脑以及操作系统的相关信息。 输入 "cat /proc/version"，查看正在运行的内核版本。输入"cat /etc/issue"，显示的是发行版本信息。输入"lsb_release –a",查看详细发行版本信息(适用于所有的 Linux,包括 Redhat、SuSE、Debian 等发行版,但是在 debian 下要安装 lsb),如图 8-28 所示。

```
[root@master ~]# uname -a
Linux master 2.6.32-358.el6.x86_64 #1 SMP Fri Feb 22 00:31:26 UTC 2013 x86_64 x86_64 x86_64 GNU/Linux
[root@master ~]# cat /proc/version
Linux version 2.6.32-358.el6.x86_64 (mockbuild@c6b8.bsys.dev.centos.org) (gcc version 4.4.7 20120313 Red Hat 4.4.7-3)
[root@master ~]# cat /etc/issue
CentOS release 6.4 (Final)
Kernel \r on an \m

[root@master ~]# lsb_release -a
LSB Version:    :base-4.0-amd64:base-4.0-noarch:core-4.0-amd64:core-4.0-noarch:graphics-4.0-amd64:graphics-4.0-noarch:p
Distributor ID: CentOS
Description:    CentOS release 6.4 (Final)
Release:        6.4
Codename:       Final
[root@master ~]#
```

图 8-28　查看安装环境

从上图可以看到,我们的系统是 CentOS 6.4 ,64 位的系统,内核是 Red Hat。在下载 MongoDB 安装包的时候就可以下载相应版本的安装包。

2. Linux 软件仓库安装

Linux 提供了软件仓库自动安装软件服务。Linux 软件仓库是一个在线目录(所以需要能够联网才能使用仓库安装,如果计算机没有联网,则需要官方安装包来离线安装),其中包含许多软件。网络上有很多版本的 Linux 软件仓库,包括第三方 Linux 软件仓库,我们可以使用默认的软件仓库,也可以配置成第三方的软件仓库。

不同的 Linux 版本调用软件仓库安装的命令不同。一般来说著名的 Linux 系统基本上分两大类。RedHat 系列:RedHat、CentOS、Fedora 等;Debian 系列:Debian、Ubuntu 等。Red Hat 系列的 Linux 系统使用 yum 命令进行远程软件仓库安装软件,rpm 命令进行本地 rpm 安装包的安装。Debian 系列的 Linux 系统使用 apt-get 命令进行远程软件仓库安装软件,dpkg 命令进行本地 deb 安装包的安装。

我们这里以 CentOS 为详细例子进行安装,其他系统类似,只是注意不同类别的系统使用不同的命令即可,RedHat 系列的命令与 CentOS 的命令一样,Debian 系列的 Linux 系统使用 apt-get 命令。

同时我们也会给出 Debian 系列的安装步骤。更多详情可以查看官网:https://docs.mongodb.com/master/administration/install-on-linux/。

RedHat 系列使用 yum 命令之前需要先配置 MongoDB 官方仓库。

在/etc/yum.repos.d/目录下创建 mongodb.repo 文件,mongodb.repo 文件里记录 MongoDB 仓库的配置信息,步骤说明如下。

输入命令:

```
vi /etc/yum.repos.d/mongodb.repo
```

输入内容:

```
[mongodb]
name=MongoDB Repository
```

```
baseurl=https://repo.mongodb.org/yum/redhat/$releasever/mongodb-
org/3.4/x86_64/
enabled=1
gpgcheck=1
gpgkey=https://www.mongodb.org/static/pgp/server-3.4.asc
```

按 Esc 键，然后输入:wq，保存退出编辑。

name 是仓库软件的名称，名称是为了方便用户自己阅读，可以随便起。baseurl 就是我们要安装的 MongoDB 的仓库链接地址。enabled 表示这个 repo 中定义的源是启用的，0 为禁用。gpgcheck 表示这个 repo 中下载的 rpm 将进行 gpg 的校验，用来确定 rpm 包的来源是有效和安全的。gpgkey 就是用于校验的 gpg 密钥，这个要跟版本对应。当我们不启用 gpgcheck 时，就不需要 gpgkey。

我们这里安装的是 3.4 的版本。如果需要安装早期的版本，只需要把 baseurl 修改成对应的版本链接即可。当然如果启用 gpgcheck 的话，还需要对应的 gpgkey。例如我们要安装 2.6 版本的，不启用 gpgcheck，则配置文件的内容如下：

```
[mongodb]
name=MongoDB 2.6 Repository
baseurl=http://downloads-distro.mongodb.org/repo/redhat/os/x86_64/
gpgcheck=0
enabled=1
```

更多版本的 MongoDB 仓库链接可以在官网 MongoDB 仓库列表中寻找。MongoDB 仓库列表地址为 https://repo.mongodb.org/yum/redhat。

配置好 MongoDB 仓库之后，运行 yum 安装命令即可：

```
sudo yum install -y mongodb-org
```

等待安装，片刻之后就安装好了，如图 8-29 所示。

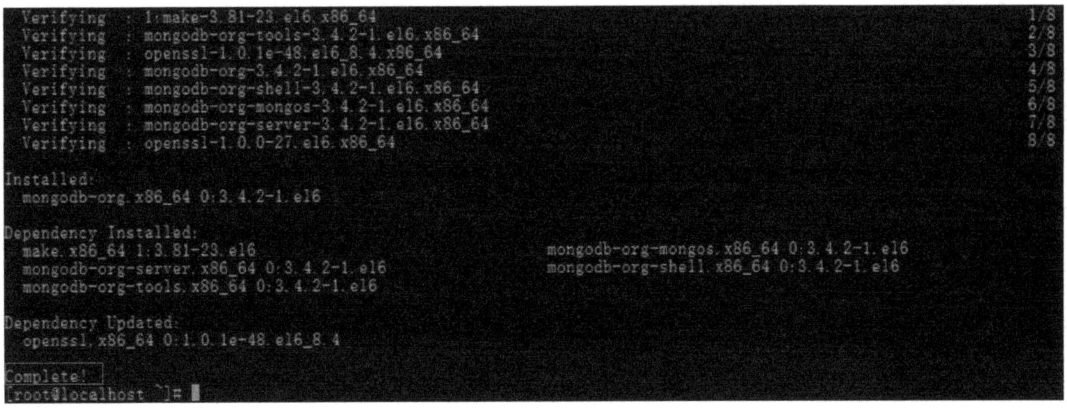

图 8-29　yum 命令安装成功

Debian 系列使用 apt-get 命令。使用 apt-get 命令安装 MongoDB 之前也需要配置安装包来源，还要增加 MongoDB 的公钥 Key 才能正确安装软件，步骤如下。

（1）添加 MongoDB 软件源，输入命令：

```
vi /etc/apt/sources.list.d/mongodb.list。
```

输入内容需要根据 Ubuntu 的版本来决定。Ubuntu 版本的命名规则是根据正式版发行的年月命名，Ubuntu 16.04 也就意味着 2016 年 04 月发行。除此之外，每个版本的 Ubuntu 还有一个用 2 个英文单词组成的开发代号，都是动物名称组成。安装软件源的版本则需要对应一下。

Ubuntu 12.04 版本的代号是穿山甲 Precise Pangolin，则输入内容是：

```
deb [ arch=amd64 ] http://repo.mongodb.org/apt/ubuntu precise/mongodb-org/3.4
multiverse
```

Ubuntu 14.04 版本的代号是塔尔羊 Trusty Tahr，则输入内容是：

```
deb [ arch=amd64 ] http://repo.mongodb.org/apt/ubuntu trusty/mongodb-org/3.4
multiverse
```

Ubuntu 16.04 版本的代号是地松鼠 Xenial Xerus，则输入内容是：

```
deb [ arch=amd64,arm64 ] http://repo.mongodb.org/apt/ubuntu xenial/mongodb-
org/3.4 multiverse
```

PS:知道了配置软件源的原理之后，这里提供了一种快速配置的方法，不需要 vi 输入，echo 和 tee 命令可以把内容输入到文件中。lsb_release -sc 则可以自动提取出版本动物名，所以以下命令可以替代上面的 vi 输入内容的方法。

直接输入命令：

```
echo "deb http://repo.mongodb.org/apt/ubuntu "$(lsb_release -sc)"/mongodb-
org/3.4 multiverse" | sudo tee /etc/apt/sources.list.d/mongodb.list
```

（2）增加 MongoDB 的公钥 Key：

```
sudo apt-key adv --keyserver hkp://keyserver.ubuntu.com:80 --recv
0C49F3730359A14518585931BC711F9BA15703C6
```

MongoDB 的公钥 Key 会更新，最新的公钥只能在官网 Ubuntu 系统的安装页面中查看 https://docs.mongodb.com/master/tutorial/install-mongodb-on-ubuntu/。

（3）告诉 apt-get 扫描新增加的仓库 MongoDB 软件源。使用命令：

```
sudo apt-get update
```

安装：

```
sudo apt-get install -y mongodb-org
```

3. 官网安装包安装

仓库安装法几条命令即可完成安装，但是在 Linux 系统没有网络的情况下，或者镜像与计算机之间网络情况太差，老是安装失败的情况下，我们可以在其他有网络的 Windows 系统中下载好官网安装包之后使用 ssh 工具（例如 **SSH Secure File Transfer Client**）上传到 Linux 系统中（一般情况下仍然是使用 ip 和端口 22 即可连接）。安装的方法很简单，解压安装包就可以使用了。首先得根据版本选择安装包，如图 8-30 所示。

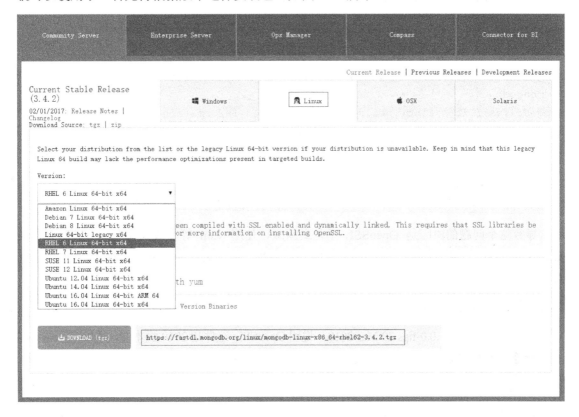

图 8-30　Linux 系统官网安装包的选择

读者可能会发现 MongoDB 没有针对 CentOS 系统的版本，如果要在 CentOS 使用官网安装包安装怎么办？我们在上面的章节已经知道 CentOS 的内核是 RedHat 的，所以 CentOS 可以用 RedHat 的，完全兼容。

例如我们下载好了 mongodb-linux-x86_64-rhel62-3.4.2.tgz 安装包。

使用命令 tar　xzf　mongodb-linux-x86_64-rhel62-3.4.2.tgz。

该命令把安装包的所有内容解压到新目录 mongodb-linux-x86_64-xxxx-yy-zz 中，该目录位于你的当前目录中。该目录将包含许多子目录和文件，包含可执行文件的目录被称作 bin 目录。到第 10 章我们就会介绍这些可执行文件对应的命令，以及作用。

解压完毕后安装完成，不再需要任何额外的操作，所以说手动安装 MongoDB 并不会花费更多的时间。不过，手动安装 MongoDB 也确实有自身的局限，因为使用 yum 等命令进行在线仓库安装会把 MongoDB 注册为服务，把可执行文件目录添加到环境变量，这样可以在任何路径目录使用 MongoDB 服务。而手动解压的 MongoDB 只能在 bin 目录下才能执行 MongoDB 的可执行文件。当然，我们在第 9 章也会讲到怎么把 MongoDB 的 bin 目录添加到环境变量中。

另外，有网络的情况下，也可以使用官网安装包安装，可以使用 curl 命令进行下载安装包，例如选择好版本链接之后，使用如下命令下载：

```
curl -O https://fastdl.mongodb.org/linux/mongodb-linux-x86_64-rhel62-3.4.2.tgz。
```

然后使用 tar 命令 tar xzf mongodb-linux-x86_64-rhel62-3.4.2.tgz 解压即可。

解压官网安装包方式安装的 MongoDB 在启动时可能遇到报错：

```
mongod: /usr/lib64/libcrypto.so.10: no version information available (required
by mongod)
mongod: /usr/lib64/libcrypto.so.10: no version information available (required
by mongod)
mongod: /usr/lib64/libssl.so.10: no version information available (required by
mongod)
mongod: relocation error: mongod: symbol TLSv1_2_client_method, version
libssl.so.10 not defined in file libssl.so.10 with link time reference
```

导致这个问题的原因是 OpenSSL 不是最新版，使用 yum 等在线仓库方式安装时会自动更新 OpenSSL 等依赖组件，而手动解压的则需要我们手动去更新组件。 我们使用如下命令查询当前安装的 OpenSSL 的版本信息：

```
openssl version
```

输出了 OpenSSL 1.0.0-fips 29 Mar 2010，说明 OpenSSL 组件是 2010 版本的，确实老了些。

能连接外网的 Linux 系统可以使用如下命令升级 OpenSSL：

```
yum -y install openssl
```

不能连接外网的可以去 http://mirrors.163.com/centos/6/os/x86_64/Packages/下载最新版的 OpenSSL 更新包，可以在页面上 Ctrl+F 输入 OpenSSL 查找，找到最新的包为 openssl-1.0.1e-48.el6.i686.rpm。下载好最新的.rpm 包后使用 ssh 工具上传到 Linux 系统中，进入该路径，我们可以使用如下命令升级当前的 OpenSSL：

```
 rpm -Uvh  openssl-1.0.1e-48.el6.i686.rpm
```

升级完成后，再次查看当前版本信息，已经升级好了，就可以正常启动了。

如果遇到 libc.so.6 is needed by openssl-1.0.1e-48.el6.i686 错误，说明缺少相关依赖包。有外网的情况下使用如下命令可解决：

```
yum install glibc
```

如果没有外网，只能一个个手动去下载安装包，再上传到 Linux 中使用 rpm 方式安装缺少的依赖包。由此可见 yum 在线安装方式的方便，yum 命令会自动去更新下载需要的依赖包，也体现出解压安装官网安装包版本选择的重要性，比如老的版本 MongoDB 2.0 等在 CentOS 6 系统中解压安装是能直接使用的。

8.4　Mac OSX 系统安装 MongoDB

8.4.1　查看安装环境

从 MongoDB 3.0 版本开始，MongoDB 只支持 OS X 10.7(Lion) 64 位以上的系统。

所以我们在安装 MongoDB 之前先查看一下安装环境以便选择相应的 MongoDB 版本。单击左上角的苹果菜单"关于本机"，在出现的"关于本机"窗口中，可以看到处理器型号及内存大小，单击中间的灰色字，可以查看到当前系统的版本、系统代码和本机序列号，如图 8-31 所示。

图 8-31　查看 macOS 的版本

8.4.2　官网安装包安装

Mac OSX 中使用官网安装包安装 MongoDB 也很方便，跟 Linux 系统一样只需要把官网安装包解压即可。首先在官网选择安装包，如图 8-32 所示。

图 8-32　Mac OSX 系统官网安装包的选择

或者使用 curl 命令下载，命令如下：

```
curl -O https://fastdl.mongodb.org/osx/mongodb-osx-ssl-x86_64-3.4.2.tgz
```

下载完成后使用 tar 命令进行解压：

```
tar -zxvf mongodb-osx-ssl-x86_64-3.4.2.tgz
```

等待解压完毕后安装完成。

8.4.3　Mac 软件仓库安装

在 Mac 上也有 Homebrew 和 MacPorts 这些软件在线安装仓库，但是 MacPorts 安装 MongoDB 时，编译 MongoDB 需要的 Boost 库可能要花费数小时，这个是需要注意的地方。所以我们这里使用 Homebrew 来进行 MongoDB 软件仓库的安装。步骤如下：

更新 Homebrew 的软件仓库，在 Mac 的终端中输入命令：

```
brew update
```

然后耐心等待，过程中屏幕上没有任何显示，估计要几分钟，取决于网络的速度。然后就列出了一大堆东西，就可以进行后续步骤了。

开始安装 MongoDB，输入命令：

```
brew install mongodb
```

然后继续等待 MongoDB 下载完成。这次是有下载进度百分比的，下载完成后会自动安装，等待安装成功的提示即可。同时 Homebrew 的安装最后会自动把 MongoDB 执行文件加入到环境变量中。

更多详情可查看官网关于 Mac OSX 安装 MongoDB：

```
http://docs.mongodb.org/manual/tutorial/install-mongodb-on-os-x/
```

第 9 章

◄ 启动和停止MongoDB ►

9.1 命令行方式启动和参数

9.1.1 Windows 系统命令行启动 MongoDB

第一步：新建一个目录用来存放 MongoDB 的数据库文件，目录路径可以自己选择，这里新建目录 F:\mongodb\data 。

第二步：按 Win+R 键，在打开的运行对话框中输入 cmd 后，回车打开 cmd 窗口，键入如下命令（每条命令输入完毕后回车执行）：

```
cd C:\Program Files\MongoDB\Server\3.4\bin
mongod -dbpath  "F:\mongodb\data"
```

如图 9-1 所示。

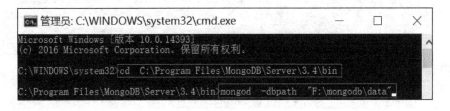

图 9-1　启动 MongoDB

命令解析：第一条命令是进入安装目录下的 bin 目录，因为 cmd 窗口一打开默认就是在 C 盘，所以如果安装目录是在 C 盘直接用 cd 即可。

如果安装在其他盘，需要 cd 过后再键入盘符加冒号才能进入。

例如安装目录是 E 盘的 MongoDB\Server\3.4.2 则启动命令如下：

```
cd E:\MongoDB\Server\3.4.2\bin
E:
mongod -dbpath  "F:\mongodb\data"
```

最后一行命令中的-dbpath 参数值就是我们第一步新建的文件夹。这个文件夹一定要在开启服务之前事先建立好，否则会报错，MongoDB 不会自己创建。

成功启动后 cmd 的界面如图 9-2 所示，注意这个 cmd 窗口就是我们的 MongoDB 数据库服务端，不能关闭 cmd 窗口，否则服务端也会关闭。在 Linux 服务端可以使用--fork 参数后台运行，后台运行可以关闭当前服务器窗口，MongoDB 数据库服务仍在运行。但是 Windows 系统中没有这个参数配置，所以在 Windows 系统中关闭当前服务器窗口，MongoDB 数据库服务也就停止了。

图 9-2　启动成功的 MongoDB 服务窗口

9.1.2　Linux 系统命令行启动 MongoDB

首先第一步仍然是新建 MongoDB 数据库文件存放的路径，这里新建/mongodb/data，使用命令如下：

```
mkdir -p /mongodb/data
```

-p 参数表示需要时创建上层目录，如目录早已存在则不当作错误。

然后查看 MongoDB 的启动可执行文件 mongod 在哪一个路径，使用命令：

```
whereis mongod
```

我这里是通过在线仓库 yum 安装的，找到的可执行文件的路径是/usr/bin，如果是官网安装包解压安装的话，解压路径就是安装路径。因为我们的 mongod 可执行文件的路径是/usr/bin/mongod，所以启动的命令为：

```
/usr/bin/mongod --dbpath=/mongodb/data
```

--dbpath 参数值就是我们第一步新建的用来指定存放数据库文件的文件夹。

Linux 中想要在任何路径下不带 MongoDB 安装路径启动 MongoDB，需要把 MongoDB 的安装路径中的 bin 目录添加到环境变量。如果是通过 yum 命令等在线安装的方式安装的 MongoDB，已经自动把 MongoDB 的安装路径中的 bin 目录添加到环境变量中，所以可以在任何路径下通过以下命令启动 MongoDB：

```
mongod --dbpath=/mongodb/data
```

如果是解压官方安装包方式安装的 MongoDB，则需要手动去把 MongoDB 的安装路径中的 bin 目录添加到环境变量中，否则会提示-bash: mongod: command not found。例如我这里解压的路径是: /usr/local/mongodb/mongodb-linux-x86_64-rhel62-3.4.2。

查看当前环境变量使用命令：

```
echo $PATH
```

Linux 设置环境变量有下面三种方式：

1. 临时设置

使用如下命令可以临时让 MongoDB 的可执行文件在任何路径下能执行，关闭 shell 终端或者新开的 shell 中无效，因为是临时设置环境变量。命令如下（需要注意命令中的:号必须是英文半角，否则报错 not a valid identifier）：

```
export PATH=$PATH:$HOME/bin:<MongoDB 安装目录的 bin 路径>
```

我们这里使用的命令为：

```
export PATH=$PATH:$HOME/bin:/usr/local/mongodb/mongodb-linux-x86_64-rhel62-
3.4.2/bin
```

2. 针对当前用户永久设置

例如我现在登录的用户是 joe，希望以后 joe 用户能在任何路径下不带安装目录运行 MongoDB 的执行文件。使用 vi 命令编辑 joe 用户下的.bash_profile 文件：

```
vi /home/joe/.bash_profile
```

添加如下内容：

```
export PATH=$PATH: $HOME/bin: <MongoDB 安装目录的 bin 路径>
```

根据我的安装目录我添加的内容是：

```
export  PATH=$PATH:$HOME/bin: /usr/local/mongodb/mongodb-linux-x86_64-rhel62-
3.4.2/bin
```

使用 source 命令让配置文件马上生效：

```
source ~/.bash_profile
```

~符号表示当前用户目录，也就是~等于/home/joe。

3. 针对所有用户永久设置

我们修改当前用户目录下的.bash_profile 环境变量配置只能对当前用户生效，如果想要全局生效，则需要修改 /etc/profile 文件。使用命令：

```
vi   /etc/profile
```

添加如下内容：

```
export  PATH=$PATH: $HOME/bin: <MongoDB 安装目录的 bin 路径>
```

根据我的安装目录我添加的内容是：

```
export  PATH=$PATH:$HOME/bin: /usr/local/mongodb/mongodb-linux-x86_64-rhel62-
3.4.2/bin
```

使用 source 命令让配置文件马上生效：

```
source /etc/profile
```

添加好环境变量之后解压官网安装包方式安装的 MongoDB 也能在任何路径不带安装目录启动了。使用如下命令即可启动：

```
mongod  --dbpath=/mongodb/data
```

需要注意的是直接使用 mongod --dbpath=/mongodb/data 这样的命令在 shell 终端启动 MongoDB 服务，也会遇到跟 Windows 系统中一样的问题：当启动 MongoDB 进程的 session 窗口不小心被关闭时，MongoDB 服务也就随之停止，这毫无疑问是非常不安全的。MongoDB 在 Linux 系统中提供了后台 Daemon[15]方式启动的参数，只需要加上--fork 参数即可。但如果要使用--fork 参数，就必须启用--logpath 参数来指定 MongoDB 服务的运行日志文件。

首先新建 log 的存放路径：

```
mkdir -p /mongodb/log
```

Daemon 方式启动 MongoDB 服务命令如下：

---

[15] Daemon 程序是一直运行的服务端程序，又称为守护进程。通常在系统后台运行，没有控制终端不与前台交互，Daemon 程序一般作为系统服务使用，在系统关闭时才结束。

```
mongod  --dbpath=/mongodb/data  --logpath=/mongodb/log  --fork
```

使用 yum 方式安装的 MongoDB 已经自动注册为了 service，所以还多了一种启动方式：

```
service mongod start
```

service 启动 MongoDB 需要配置文件，yum 方式安装的配置文件在/etc/mongod.conf。关于配置文件的启动方式，我们会在 9.3 配置文件方式启动中讲解。

如果要把解压官网安装包方式安装的也注册成 service，可参考 9.6.2 小节 " Linux 系统设置 MongoDB 开机启动" 的方式一。

9.1.3　Mac OS 系统命令行启动 MongoDB

第一步：在终端使用 mkdir 命令创建数据存放的目录，例如我们 MongoDB 的数据库文件保存在/data/db 中，则使用命令：

```
mkdir -p /data/db
```

-p 参数表示需要时创建上层目录，如果目录早已存在不当作错误。

使用 which 命令找到 MongoDB 的启动可执行文件 mongod，命令如下：

```
which mongod
```

我这里输出的是 /usr/local/bin/mongod，说明可执行文件在 /usr/local/bin 路径下。Homebrew 方式安装的一般都是这个路径，但这并不是 MongoDB 真正的安装路径，这是 Homebrew 在安装 MongoDB 时自动把 MongoDB 的可执行文件加入环境变量里了。

要知道 Homebrew 安装 MongoDB 在哪一个真实的路径，可以右击 Dock 中的 Finder 选中前往文件夹，输入/usr/local/bin 找到 mongod 可执行文件，右击 mongod 可执行文件，选中显示简介，可以看到 MongoDB 真实的安装路径，例如：/usr/local/Cellar/mongodb/3.4.2/bin/mongod。解压官网安装包方式安装 MongoDB 的话 MongoDB 的安装目录则是解压的路径。

我们这里 mongod 启动执行文件的路径是 /usr/local/bin/mongod 或者 /usr/local/Cellar/mongodb/3.4.2/bin/mongod ，所以启动命令是：

```
/usr/local/bin/mongod  --dbpath  /data/db
```

或者

```
/usr/local/Cellar/mongodb/3.4.2/bin/mongod --dbpath  /data/db
```

--dbpath 参数值就是我们第一步新建的文件夹，指定 MongoDB 以后数据文件存放的地方。

有读者觉得，每次都带目录启动太麻烦了。Homebrew 方式安装 MongoDB 时环境变量中已经有启动文件，所以可以在任何路径下直接 mongod 命令启动，命令如下：

```
mongod  --dbpath  /data/db
```

解压官网安装包方式安装的话，也有一个方法可以不带目录启动，把 MongoDB 安装目录下的 bin 目录输出到 PATH 环境中即可。使用命令：

```
export PATH=<MongoDB 安装目录>/bin:$PATH
```

例如我这里 MongoDB 安装目录是：/usr/local/Cellar/mongodb/3.4.2，所以使用命令：

```
export PATH=/usr/local/Cellar/mongodb/3.4.2/bin:$PATH。
```

然后可以在任何路径使用：

```
mongod --dbpath /data/db
```

启动 MongoDB 数据库服务。

9.2 启动参数

使用 mongod 命令启动 MongoDB 数据库服务时可以设置非常多的参数。默认情况下，最重要的参数就是数据库文件存放的路径/data/db，只要/data/db 路径有访问权限就能启动 MongoDB 服务。其他参数可适当选用。

mongod 的启动参数说明如下。

1. 基本配置

- --dbpath 参数：指定数据库文件保存路径，默认为/data/db。
- --port 参数：指定服务端口号，默认端口 27017。
- --bind_ip 参数：限制监听 ip，指定多个 ip 时用逗号隔开。
- --logpath 参数：指定 MongoDB 日志文件，注意是指定文件不是目录。
- --logappend：使用追加的方式写日志。
- --fork：以守护进程的方式运行 MongoDB，创建服务器进程。
- --auth：启用验证。
- --journal：启用日志选项，MongoDB 的数据操作将会写入到 journal 文件夹的文件里。
- --journalOptions 参数：启用日志诊断选项。
- --repair：修复所有数据库。
- --repairpath 参数：修复数据库时使用的处理目录，默认是在 dbpath 路径下的_tmp 目录。
- --quiet：屏蔽部分 MongoDB 服务信息输出，只打印重要信息。
- --pidfilepath 参数：PID File 的完整路径，如果没有设置，则没有 PID 文件。
- --keyFile 参数：集群的私钥的完整路径，只在副本集架构中生效。
- --unixSocketPrefix 参数：UNIX 域套接字替代目录，（默认为/tmp）。
- --cpu：定期显示 CPU 的 CPU 利用率和 iowait。

- --diaglog 参数：创建一个非常详细的故障排除和各种错误的诊断日志记录。参数默认为 0 表示关闭；1 表示记录写操作；2 表示记录读操作；3 表示记录读写操作；7 表示记录写和一些读操作。
- --directoryperdb：设置每个数据库将被保存在一个单独的目录。
- --ipv6：启用 IPv6 选项。
- --jsonp：允许 JSONP 形式通过 HTTP 访问（有安全影响）。
- --maxConns 参数：最大同时连接数，默认 2000。
- --noauth：不启用验证，默认不启用。
- --nohttpinterface：关闭 http 接口，默认关闭 27018 端口访问。
- --noprealloc：禁用数据文件预分配（往往影响性能）。
- --noscripting：禁用脚本引擎。
- --notablescan：不允许表扫描。
- --nounixsocket：禁用 UNIX 套接字监听。
- --nssize 参数(=16)：设置数据库.ns 文件大小（MB）。
- --objcheck：在收到客户数据时，检查的有效性。
- --profile 参数：数据库分析等级设置。记录一些操作性能到标准输出或者指定的 logpath 的日志文件中，默认 0 表示关闭；1 表示开，仅包括慢操作；2 表示开，包括所有操作。
- --quota：限制每个数据库的文件数。
- --quotaFiles 参数：限制每个数据库的文件数设置，默认为 8，需要--quota 配合使用。
- --rest：开启简单的 rest API，默认关闭。
- --slowms 参数(=100)：value of slow for profile and console log。
- --smallfiles：使用较小的默认文件。
- --syncdelay 参数(=60)：数据写入磁盘的时间秒数（0=never，不推荐）。
- --sysinfo：打印一些诊断系统信息。
- --upgrade：如果需要，自动升级数据库。

2. 复制参数

- --fastsync：从一个 dbpath 里启用从库复制服务，该 dbpath 的数据库是主库的快照，可用于快速启用同步。
- --autoresync：如果从库与主库同步数据差得多，自动重新同步。
- --oplogSize 参数：设置 oplog 的大小(MB)。

3. 主从参数

- --master：主库模式。
- --slave：从库模式。
- --source 参数：从库端口号。

- --only 参数：指定单一的数据库复制。
- --slavedelay 参数：设置从库同步主库的延迟时间。

4. 副本集参数

- --replSet 参数：设置副本集名称。
- 分片参数。
- --configsvr: 声明这是一个集群的 config 服务，默认端口 27019，默认目录 /data/configdb。
- --shardsvr: 声明这是一个集群的分片，默认端口 27018。
- --noMoveParanoia: 关闭 paranoid 模式。

上述参数都可以写入 mongod.conf 配置文档里，基本配置中的前几项比较常用，其他的参数就要用得少一些。在后面副本集和分片章节中我们会用到复制相关的参数。

9.3 配置文件方式启动

我们已经学习了如何用命令行启动 MongoDB 服务，在这个过程中需要配置我们的参数，例如数据库文件存放路径，以及日志 log 文件存放路径等。但是如果是几个同事共同管理 MongoDB，当有参数变化时，需要随时相互交流沟通，并更新启动 MongoDB 的命令行，而且命令行容易输入错误，给 MongoDB 的管理和维护造成了不便。针对这种情况，MongoDB 提供了读取启动配置文件的方式来启动数据库。在生产环境中我们也建议使用这种方式来管理启动 MongoDB。

yum 命令等在线安装方式安装的 MongoDB 会自动生成一个/etc/mongod.conf 配置文件，使用 cat 命令查看配置文件：

```
cat /etc/mongod.conf
```

配置文件内容为：

```
# mongod.conf

# for documentation of all options, see:
#   http://docs.mongodb.org/manual/reference/configuration-options/

# where to write logging data.
systemLog:
  destination: file
  logAppend: true
  path: /var/log/mongodb/mongod.log

# Where and how to store data.
storage:
  dbPath: /var/lib/mongo
```

```
  journal:
    enabled: true
#  engine:
#  mmapv1:
#  wiredTiger:
# how the process runs
processManagement:
  fork: true  # fork and run in background
  pidFilePath: /var/run/mongodb/mongod.pid # location of pidfile
# network interfaces
net:
  port: 27017
  bindIp: 127.0.0.1 # Listen to local interface only, comment to listen on all
interfaces.
#security:
#operationProfiling:
#replication:
#sharding:
## Enterprise-Only Options
#auditLog:
#snmp:
```

#表示是注释内容，用于说明配置文件的参数作用。更多的配置参数可查看官网文档 http://docs.mongodb.org/manual/reference/configuration-options/。基本日志的参数分为几大块，分别是日志配置 systemLog、存储路径配置 storage、网络配置 net，以及进程管理 processManagement。下属的详细参数可参考 9.2 节"启动参数"。

使用配置文件启动 MongoDB 的命令为：

```
mongod --config /etc/mongod.conf
```

或者

```
mongod -f /etc/mongod.conf
```

这个命令在 Windows 系统、Linux 系统以及 Mac OS 系统中通用。

如果没有把 MongoDB 安装目录下的 bin 目录写入环境变量，则 mongod 命令前需要加上 MongoDB 安装目录下 bin 目录的路径。

需要注意的是，解压官网安装包方式安装的 MongoDB 没有自动生成/etc/mongod.conf 文件，需要自己生成一个。使用命令：

```
vi /etc/mongod.conf
```

把需要的参数输入保存即可。

9.4 启动 MongoDB 客户端

我们前面已经了解到 mongo.exe 就是客户端的启动程序，只要找到 mongo 的可执行文件运行，即可进入 MongoDB 的客户端。一般来说，mongo 可执行文件与 mongod 服务端启动可执行文件在同一个目录下。我们以 Windows 系统为例，新建一个 cmd 窗口，进入安装目录下的 bin 目录中，执行 mongo 命令即可（切记需要保持服务端开启的状态下）。

```
cd  C:\Program Files\MongoDB\Server\3.4\bin
mongo
```

如图 9-3 所示，成功进入 mongodb 数据库的 shell 操作界面。

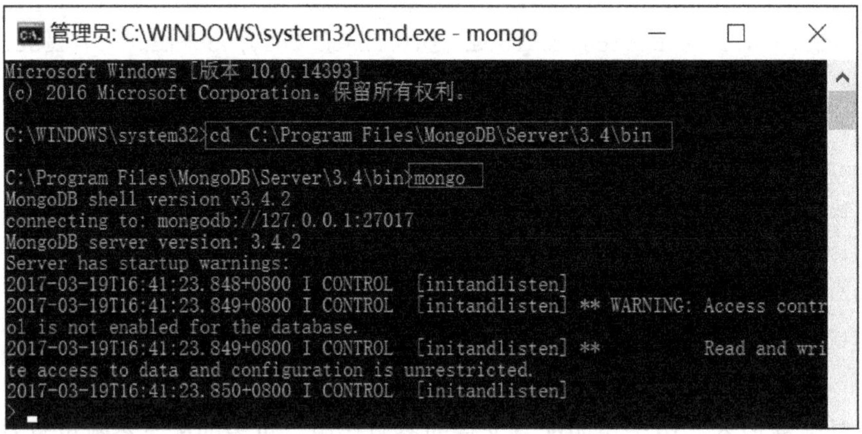

图 9-3 进入 MongoDB 的 shell 操作界面

Linux 以及其他系统也类似，找到 mongo 客户端可执行文件所在目录使用命令 mongo 即可启动。

9.5 关闭 MongoDB

9.5.1 Windows 系统设置 MongoDB 关闭

Windows 系统中 MongoDB 关闭有以下三种方式。

1. 方式一：关闭当前服务端窗口（不推荐）

我们在 9.1.1 小节已经说过 Windows 版本的 MongoDB 不支持使用--fork 参数后台运行，所以当前服务端 cmd 窗口关闭 MongoDB 就关闭，但这种方式容易导致未正常关闭 MongoDB 下次启动不起来，或是无法连接。修复方法查看 9.7 节。

2. 方式二：在当前服务端窗口使用 Ctrl+C（推荐）

Ctrl+C 命令在 cmd 命令中是终端里结束操作的意思。在当前服务端窗口使用 Ctrl+C，MongoDB 将会自己做清理退出，把没有写好的数据写完成，并最终关闭 MongoDB 服务，如图 9-4 所示。

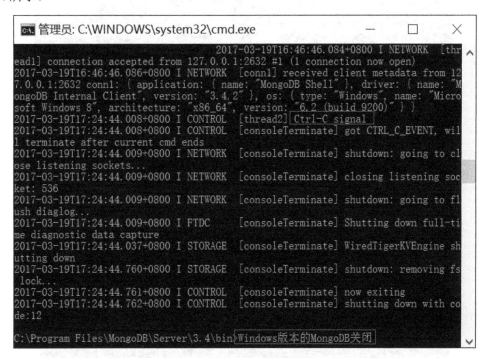

图 9-4　MongoDB 服务端使用 ctrl+c 关闭 mongodb 服务

3. 方式三：进入 mongo 客户端运行命令停止（推荐）

重新打开一个 cmd 窗口，进入 mongodb 安装目录下的 bin 目录，运行客户端。然后使用 admin 用户，使用命令 shutdownServer 关闭，如图 9-5、图 9-6 所示。完整代码如下：

```
cd C:\Program Files\MongoDB\Server\3.4\bin
mongo
use admin
db.shutdownServer();
```

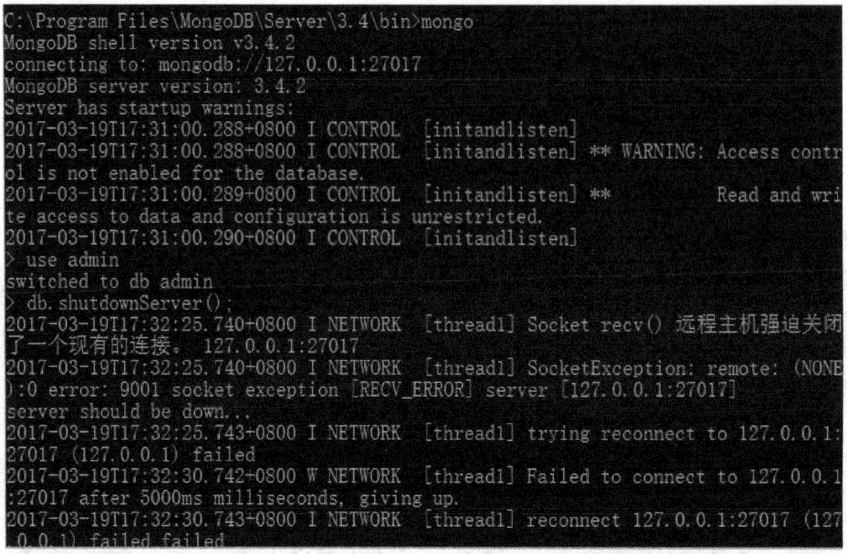

图 9-5　MongoDB 客户端关闭 MongoDB 服务

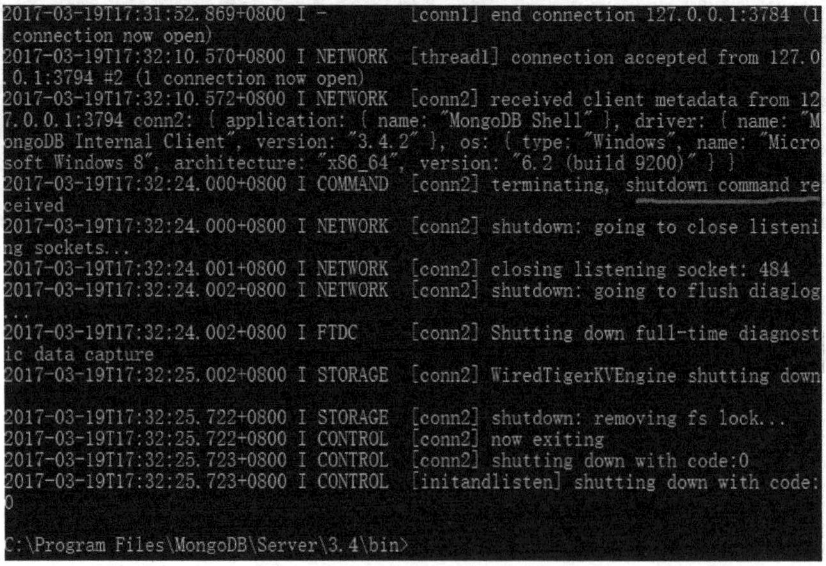

图 9-6　MongoDB 服务端服务被客户端关闭

9.5.2　Linux 系统设置 MongoDB 关闭

如果是在 Shell 中启动的 MongoDB 服务并且没有带--fork 后台运行，则可以使用下面介绍的方式一关闭 MongoDB 服务。

1. 方式一：在当前服务端窗口使用 Ctrl+C

Ctrl+C 命令在 Shell 界面里也是结束操作的意思。在当前 MongoDB 服务端 Shell 窗口使用 Ctrl+C，MongoDB 将会自己做清理退出，把没有写好的数据写完成，并最终关闭

MongoDB 服务。

2. 方式二：进入 mongo 客户端运行命令停止（推荐）

打开一个 Shell 窗口，进入 mongo 执行文件所在的 bin 目录，运行客户端。然后使用 admin 用户，使用命令 shutdownServer 关闭。完整代码如下：

```
cd /usr/bin/
mongo
use admin
db.shutdownServer();
```

3. 方式三：kill 命令停止进程

使用 kill 命令停止 MongoDB 数据库实例，必须现找到实例的进程，使用命令（如图 9-7 所示）：

```
ps aux|grep mongod
```

图 9-7　查看 MongoDB 实例进程

我们看到执行启动 mongod 命令的进程号 PID 是 1796，这个就是 MongoDB 数据库实例的进程，然后可以使用 kill -2 PID 或者 kill -15 PID。我这里使用命令：

```
kill -2 1796
```

kill 命令带数字参数，数字表示信号声明，详情可用 kill –l 查看。-2 和-15 都会等 MongoDB 处理完事情释放相应资源后再停止。kill -9 则是马上停止进程，不要用 kill -9 来杀死 MongoDB 进程，否则很可能导致 MongoDB 的数据损坏。

4. 方式四：如果 MongoDB 已经自动注册为 service，会多一种关闭方式

```
service mongod stop
```

9.5.3　Mac OS 系统设置 MongoDB 关闭

进入 mongo 客户端，运行命令停止。

打开一个终端窗口。进入 mongo 执行文件所在的 bin 目录，运行客户端。然后使用 admin 用户，使用命令 shutdownServer 关闭。完整代码如下：

```
mongo
use admin
db.shutdownServer();
```

9.6 设置 MongoDB 开机启动

9.6.1 Windows 系统设置 MongoDB 开机启动

Windows 系统设置 MongoDB 开机启动只要把 MongoDB 服务写入 Windows 服务中，设置为自动启动即可。

9.1.1 小节已经说过 Windows 系统的 MongoDB 不支持使用--fork 参数后台运行，所以当前服务端 cmd 窗口关闭 MongoDB 就关闭。但是服务端 cmd 窗口很容易不小心单击到了关闭。那怎么才能让 Windows 系统的 MongoDB 也能在后台运行呢。有一个方法就是把 MongoDB 服务写入 Windows 服务，而且写入 Windows 服务之后，MongoDB 就能实现自动启动了，也就是开机启动。

操作步骤如下：

步骤01   以管理员身份打开 cmd 窗口，这一步非常重要，否则会报错。

步骤02   进入 MongoDB 安装目录下的 bin 目录。

```
cd C:\Program Files\MongoDB\Server\3.4\bin
```

输入：

```
mongod -logpath "F:\mongodb\log\mongodb.log" -logappend -dbpath
"F:\mongodb\data"  --serviceName "mongodbService"  --install
```

步骤03   在 cmd 窗口中输入 services.msc 回车，打开服务窗口，就可以在服务窗口中找到
【mongodbService】 服务

注意写入 Windows 服务时，必须使用--serviceName 参数给该服务起个名字，我们这里起名为 mongodbService。

同时必须使用-logpath 参数配置日志文件，日志文件上级的目录必须提前创建好。我这里在 F 盘创建了 mongodb 目录和在 mongodb 目录下创建了 log 目录，如图 9-8 所示。

```
C:\Program Files\MongoDB\Server\3.4\bin>mongod -logpath "F:\mongodb\log\mongodb
.log" -logappend -dbpath "F:\mongodb\data" --serviceName "mongodbService"
--install

C:\Program Files\MongoDB\Server\3.4\bin>services.msc

C:\Program Files\MongoDB\Server\3.4\bin>_
```

图 9-8   把 MongoDB 服务写入 windows 服务

把 MongoDB 服务写入 Windows 服务之后，把它的启动类型设置为自动，MongoDB 就能实现开机自启动了，如图 9-9 所示。

图 9-9　Windows 服务中的 MongoDB 服务

写入 Windows 服务的 MongoDB 服务启动和停止的方式：在 Windows 服务中找到它右击，选择属性，选择启动和停止。

如果要从系统服务中卸载 MongoDB 服务，以管理员身份进入 cmd 窗口 MongoDB 的 bin 目录，输入命令：mongod.exe --remove --serviceName "mongodbService"，出现"Service successfully removed."提示，表示移除服务成功。或者以管理员身份进入 cmd 窗口输入：sc delete "服务名称"。注意：服务名称要写在英文状态的双引号中。

9.6.2　Linux 系统设置 MongoDB 开机启动

1. 方式一：在/etc/init.d 目录下创建脚本（推荐）

使用 yum 方式安装的 MongoDB 已经自动注册为 service，service 会开机启动。如果是解压官网安装包安装的 MongoDB，则需要在/etc/init.d 目录下创建 service 脚本才能实现注册为 service，进而实现开机启动。

init.d 目录是一个很重要的目录，包含许多系统各种服务的启动和停止脚本。使用 init.d 目录下的脚本，你需要有 root 权限或 sudo 权限。使用如下命令创建 MongoDB 的 service 脚本。

```
vi /etc/init.d/mongodb
```

输入内容：

```
# cp ssh mongodb
# vim mongodb
# cat mongodb
#!/bin/bash
#
# mongod          Start up the MongoDB server daemon
#
# source function library
. /etc/rc.d/init.d/functions
#定义命令
CMD=/usr/local/mongodb/bin/mongod
#定义数据目录
DBPATH=/usr/local/mongodb/data
#定义日志目录
LOGPATH=/usr/local/mongodb/log/mongo.log
start()
{
    #fork表示后台运行
    $CMD --dbpath=$DBPATH --logpath=$LOGPATH --fork
    echo "MongoDB is running background..."
}
stop()
{
    pkill mongod
    echo "MongoDB is stopped."
}
case "$1" in
    start)
        start
        ;;
    stop)
        stop
        ;;
    *)
        echo $"Usage: $0 {start|stop}"
esac
```

这里的 CMD 和 DBPATH 以及 LOGPATH 分别对应 mongod 可执行文件的目录、数据库文件存放的路径和日志文件存放的路径。

也可以使用配置文件的方式注册为 service。配置文件如下：

```
vi /etc/mongod.conf
```

输入内容：

```
#代表端口号，如果不指定则默认为27017
#port=27027
#MongoDB 数据文件目录
dbpath=/usr/local/mongodb/data
#MongoDB 日志文件目录
logpath=/usr/local/mongodb/log/mongo.log
#日志文件自动累加
logappend=true
则/etc/init.d/mongodb 的内容为: # vim mongodb
# cat mongodb
#!/bin/bash
#
# mongod        Start up the MongoDB server daemon
#
# source function library
. /etc/rc.d/init.d/functions
#定义命令
CMD=/usr/local/mongodb/bin/mongod
#定义配置文件路径
INITFILE=/etc/mongod.conf
start()
{
#&表示后台启动，也可以使用--fork 参数
#或者在配置文件中使用 fork=true
    $CMD -f $INITFILE &
    echo "MongoDB is running background..."
}

stop()
{
    pkill mongod
    echo "MongoDB is stopped."
}
```

```
case "$1" in
    start)
        start
        ;;
    stop)
        stop
        ;;
    *)
        echo $"Usage: $0 {start|stop}"
esac
```

按 Esc 键，输入:wq，保存/etc/init.d/mongodb 后，需要给/etc/init.d/mongodb 添加执行权限。使用命令：

```
chmod +x /etc/init.d/mongodb
```

现在，就可以使用 service 命令来控制 MongoDB 了。

启动 MongoDB 使用命令：

```
service mongodb start
```

或者使用命令：

```
/etc/init.d/mongodb start
```

停止 MongoDB 使用命令：

```
service mongodb  stop
```

或者使用命令：

```
/etc/init.d/mongodb  stop
```

到此我们已经把 MongoDB 注册为 service 了。实现开机启动使用如下代码：

```
update -rc.d mongodb defaults
```

删除开机启动使用命令：

```
update -rc.d -f mongodb remove
```

2. 方式二：写入/etc/rc.local 配置

rc.local 也是 Linux 系统中经常使用的一个脚本。Linux 系统开机后会启动里面的程序，因此可以安全地在里面添加你想在系统启动之后执行的脚本。使用命令：

```
vi /etc/rc.local
```

输入内容：

```
/usr/local/mongodb/bin/mongod --dbpath=/usr/local/mongodb/data --
logpath=/usr/local/mongodb/log/mongo.log --logappend --port=27017 --fork
```

或者配置文件启动方式：

```
/usr/local/mongodb/bin/mongod  --config  /etc/mongod.conf
```

注意上面的 dbpath 文件夹需要创建，--logpath 的参数值是文件不是文件夹，不需要手动创建日志文件，但需要创建上层目录。读者在尝试时需要与自己的环境路径相对应。

9.6.3 Mac OS 系统设置 MongoDB 开机启动

Mac OS 系统可以通过 Plist 文件设置 MongoDB 开机启动。Plist 文件是以.plist 为结尾的文件的总称。众所周知，Plist 在 Mac OS X 系统中起着举足轻重的作用，就如同 Windows 系统里面的注册表一样，系统和程序使用 Plist 文件来存储自己的安装、配置、属性等信息。

Homebrew 方式安装的 MongoDB 会产生一个启动项配置 Plist 文件，一般位于 mongod 可执行文件的上一级 bin 文件夹所在的目录中，名称为 homebrew.mxcl.mongodb.plist，我们可以直接使用这个 plist 文件，也可以新建一个。总之需要把 plist 文件中的参数修改成跟我们期望的配置一致。

在修改 Plist 文件之前需要准备好使用的启动配置文件 mongod.conf。

编辑启动配置文件 mongod.conf 之前先找到 mongod 可执行文件所在的目录。使用命令：

```
which mongod
```

我这里输出的是/usr/local/bin/mongod，说明可执行文件在/usr/local/bin 路径下，Homebrew 方式安装的一般都是这个路径，但这并不是 MongoDB 真正的安装路径，这是 Homebrew 在安装 MongoDB 时自动把 MongoDB 的可执行文件加入环境变量里了。

要知道 Homebrew 安装 MongoDB 在哪一个真实的路径，可以右击 Dock 中的 Finder，选中前往文件夹，输入/usr/local/bin，找到 mongod 可执行文件，右击 mongod 可执行文件，选中显示简介，可以看到 MongoDB 真实的安装路径，例如我这里是：

```
/usr/local/Cellar/mongodb/3.4.2/bin/mongod。
```

解压官网安装包方式安装 MongoDB 的话，MongoDB 的安装目录则是解压的路径。

创建数据库文件存放的路径为/data/db，使用命令：

```
mkdir -p /data/db
```

创建日志文件存放的路径为/data/log，使用命令：

```
mkdir -p /data/log
```

设置文件夹权限，并输入用户密码：

```
sudo chmod -R 777 /data
```

编辑新建 mongod.conf 文件，使用命令：

```
vi /data/mongod.conf
```

输入内容：

```
dbpath=/data/db   #数据库路径
logpath=/data/log/mongodb.log       #日志输出文件路径
logappend=true   #日志输出方式
```

按 Esc 键，输入:wq，保存退出。

新建 mongodb.plist 文件，使用命令：

```
vi /data/mongodb.plist
```

输入内容：

```xml
<?xml version="1.0" encoding="UTF-8"?>
<!DOCTYPE plist PUBLIC "-//Apple//DTD PLIST 1.0//EN"
  "http://www.apple.com/DTDs/PropertyList-1.0.dtd">
<plist version="1.0">
<dict>
  <key>Label</key>
  <string> mongodb </string>
  <key>ProgramArguments</key>
  <array>
    <string>/usr/local/Cellar/mongodb/3.4.2/bin/mongod </string>
    <string>run</string>
    <string>--config</string>
    <string>/data/mongod.conf </string>
  </array>
  <key>RunAtLoad</key>
  <true/>
  <key>KeepAlive</key>
  <true/>
  <key>WorkingDirectory</key>
  <string>/usr/local/Cellar/mongodb </string>
  <key>StandardErrorPath</key>
  <string>/data /output.log</string>
  <key>StandardOutPath</key>
  <string>/data /output.log</string>
</dict>
</plist>
```

其中的关键字解释：

（1）Label（必选）

该项服务的名称。

（2）Program（ProgramArgument 是必选的，在没有 ProgramArgument 的情况下，必须要包含 Program 关键字）

指定可执行文件的路径和名称。

（3）RunAtLoad（可选）

标识 launchd 在加载完该项服务之后立即启动路径指定的可执行文件。默认值为 false。设置为 true 即可实现开机运行脚本文件。

（4）WorkingDirectory（可选）

运行可执行文件之前，指定当前工作目录的路径。

（5）KeepAlive（可选）

这个关键字可以用来控制是否让可执行文件持续运行，默认值为 false。当设置值为 ture 时，表明无条件地开启可执行文件，并使之保持在整个系统运行周期内，一旦 Service 异常崩溃，系统会自动重启服务。

（6）StartCalendarInterval（可选）

该关键字可以用来设置定时执行可执行程序，可使用 Month、Day、Hour、Minute 等子关键字，它可以指定脚本在多少月、天、小时、分钟、星期几等时间上执行，若缺少某个关键字则表示任意该时间点，类似于 UNIX 的 Crontab 计划任务的设置方式，比如在该例子中设置为每天 11 点钟执行脚本文件。

所有 key 关键字详细使用说明，可以在 Mac OS X 终端下使用命令 man launchd.plist 查询。

（7）StandardErrorPath

Service 错误日志文件路径。

（8）StandardOutPath

Service 日志文件路径。

然后把 mongodb.plist 文件复制到系统启动目录下，注意目录~/Library/LaunchDaemons/和/Library/LaunchDaemons/的区别（LaunchAgents 目录同理），~/Library/LaunchDaemons/是用户目录下的启动目录，/Library/LaunchDaemons/是根目录下的启动目录，我们这里把启动 plist 文件放到根目录下。

开机启动分为两种：

（1）在用户登录前启动。 plist 文件放置在目录：/Library/LaunchDaemons。
（2）在用户登录后启动。plist 文件放置在目录：/Library/LaunchAgents 。

我们这里选择在用户登录前启动 MongoDB，所以语句为：

```
cp /data/mongodb.plist /Library/LaunchDaemons/
```

最后使用 root 权限启动服务：

```
sudo launchctl load -w /Library/LaunchDaemons/mongodb.plist
```

这样就实现了开机启动。

如果要关闭服务，使用命令：

```
sudo launchctl unload -w /Library/LaunchDaemons/mongodb.plist
```

若发现以下错误：

```
Path had bad permissions
```

是因为文件的权限不够，将权限修改为 root，执行以下命令，再执行启动服务：

```
sudo chown root /data/mongodb.plist
```

9.7 修复未正常关闭的 MongoDB

MongoDB 如果未正常关闭，会导致无法启动。

1. 现象

MongoDB 服务无法启动，弹出框报错：Windows 无法启动 MongoDB 服务 错误 1067：进程意外终止。在事件查看器中可以看到该错误：MongoDB 服务因无法创建另一个系统信号灯，服务特定错误而停止。

2. 解决方法

进入 MongoDB 安装目录/data/，将此文件夹下的 mongod.lock 删除，使用该方法 MongoDB 服务可以启动起来。Linux 系统可以使用 find / -name 'mongod.lock'查找路径，数据方面不会受到影响。mongod.lock 文件是 MongoDB 服务端启动后在硬盘中创建的一个锁文件，如果你正常退出 MongoDB 服务，该文件即使还存在，也不会影响下一次启动 MongoDB 服务。

这个文件还会记录 MongoDB 在运行过程中的一些状态，以便在正常重新启动服务时能够获取异常信息提示。

删除 lock 文件之后，如果有损坏文档，需要使用 mongod --repair 命令修复一次，再正常启动。修复数据库的实际过程很简单：将所有的文档导出后马上导入，忽略无效的文档，完成后会重建索引。因为所有数据都要验证，所有索引都要重建，数据量大的话，会花费较多时间。数据量大的情况下，临时修复目录所在磁盘空间一定要大，否则会出现磁盘容量不够的提示，无法修复。

第 10 章

◄ 基本命令 ►

学会启动 MongoDB 数据库之后，我们就可以开始尝试使用 MongoDB 了。MongoDB 提供了 Shell 界面客户端让我们可以输入命令，在 mongo 可执行文件的目录下使用 mongo 命令进入客户端。

10.1 数据库常用命令

（1）查看命令提示

```
db.help();
```

（2）切换/创建数据库

```
use mydb;
```

切换到名称为 mydb 的数据库，如果该数据库不存在，则会自动新建。

MongoDB 中默认的数据库为 test，如果你没有创建新的数据库就执行集合或者文档操作，数据将存放在 test 数据库中。

还有一种切换数据库的方法是，进入 mongo 客户端时就指定数据库名，例如：

```
mongo mydb
```

（3）查询所有数据库

```
show dbs;
```

（4）删除当前使用数据库

```
db.dropDatabase();
```

（5）从指定主机上克隆数据库

```
db.cloneDatabase("192.168.199.9");
```

将指定机器上的同名数据库的数据克隆到当前数据库，例如当前是 test 数据库，命令会将 192.168.199.9 服务器中的 test 数据库克隆到本机的 test 数据库中。

（6）从指定的机器上复制指定数据库数据到某个数据库

```
db.copyDatabase("mydb", "temp", "192.168.199.9");
```

将 192.168.199.9 的 mydb 的数据复制到本机 temp 数据库中。

（7）修复当前数据库

```
db.repairDatabase();
```

该命令不仅能整理碎片还可以回收磁盘空间，但是需要注意的是 repairDatabase 期间会产生锁，建议关闭应用后再进行此操作。repairDatabase 所需要的磁盘剩余空间需求很大，所以一般生产环境比较少使用这个命令。

（8）查看当前使用的数据库

```
db.getName();
```

或者

```
db;
```

db 和 db.getName()方法是一样的效果，都可以查询当前使用的数据库。

（9）显示当前 db 状态

```
db.stats();
```

该命令显示数据库的统计信息，包括集合数量、平均文档大小、数据大小、索引数量和大小等。

（10）当前 db 版本

```
db.version();
```

（11）查看当前 db 的链接机器地址

```
db.getMongo();
```

（12）查询之前的错误信息

```
db.getPrevError();
```

（13）清除错误记录

```
db.resetError();
```

10.2　集合

（1）创建一个集合

```
db.createCollection("mycoll");
```

或者带参数创建固定集合：

```
db.createCollection("log", {size: 20, capped:true, max: 100});
```

在执行文档写入操作时，如果集合不存在，则会自动创建集合，所以一般比较少使用创建集合命令，除非是创建固定集合。

- capped：是否启用集合限制，有两种选择：true 或 false，为 true 时启用限制创建为固定集合；如果开启需要制定一个限制条件，默认为 false，不启用固定集合。
- size：限制集合使用空间的大小，默认为没有限制。
- max：集合中最大条数限制，默认为没有限制。
- autoIndexId：是否使用 _id 作为索引，有两种选择：true 或 false，默认为 true，使用 _id 作为索引。

注意，size 的优先级比 max 要高。

（2）显示当前数据库中的集合

```
show collections;
```

或者

```
db.getCollectionNames();
```

（3）使用集合

```
db.mycoll
```

或者

```
db.getCollection("mycoll")
```

注意当集合名称为全数字时不能使用 db.mycoll 集合的方式，例如 db.123 会报错，可以使用 db.getCollection("123")。

（4）查看集合命令帮助文档

```
db.mycoll.help();
```

（5）查询当前集合的数据条数

```
db.mycoll.count();
```

（6）查看集合数据大小

```
db.mycoll.dataSize();
```

显示出的数字的单位是字节，因此如果需要转换单位为 KB 需要除以 1024。

（7）查看集合索引大小

```
db.mycoll.totalIndexSize();
```

（8）为集合分配的空间大小，包括未使用的空间

```
db.mycoll.storageSize();
```

（9）显示集合总大小，包括索引和数据的大小和分配空间的大小

```
db.mycoll.totalSize();
```

（10）显示当前集合所在的 db

```
db.mycoll.getDB();
```

（11）显示当前集合的状态

```
db.mycoll.stats();
```

（12）集合的分片版本信息

```
db.mycoll.getShardVersion();
```

（13）集合重命名

```
db.mycoll.renameCollection("users");
```

或者

```
db.getCollection("mycoll").renameCollection("users");
```

将 mycoll 重命名为 users，集合名为纯数字时，只能使用 db.getCollection("mycoll").renameCollection 这种方式。

（14）显示当前 db 所有集合的状态信息

```
db.printCollectionStats();
```

（15）删除当前集合

```
db.mycoll.drop();
```

10.3　文档

（1）写入文档

```
db.user.insert({"name":"joe"});
```

或者

```
db.user.save({"name":"joe"});
```

保存文档{"name":"joe"}到集合 user。如果 user 集合不存在则会自动新建。文档应该满足
BSON 格式。

save 与 insert 的区别在于不仅有写入数据功能还具有更新数据功能。

使用 save 时，如果数据库中已经有这条数据，则会更新它；如果没有，则写入。

使用 insert 时，如果数据库中已经有这条数据，则会报错 E11000 duplicate key error
collection；如果没有，则写入。

数据库是否已经有这条数据是通过_id 字段去判断的。

也就是说 save 保存文档，如果文档带有_id 字段时，会找到集合有这个_id 的数据，更新
该数据成新的文档。save 和 insert 的区别如图 10-1 所示。

```
> db.user.save({"_id" : ObjectId("579036a9de4344710224234d"), "myName" : "jay" })
WriteResult({
        "nMatched" : 0,
        "nUpserted" : 1,
        "nModified" : 0,
        "_id" : ObjectId("579036a9de4344710224234d")
})
> db.user.insert({"_id" : ObjectId("579036a9de4344710224234d"), "myName" : "jay" })
WriteResult({
        "nInserted" : 0,
        "writeError" : {
                "code" : 11000,
                "errmsg" : "E11000 duplicate key error collection: user.user index: _id_ dup key: { : ObjectId('579036a9de4
344710224234d') }"
        }
})
> db.user.save({"_id" : ObjectId("579036a9de4344710224234d"), "myName" : "joe" })
WriteResult({ "nMatched" : 1, "nUpserted" : 0, "nModified" : 1 })
> db.user.find();
{ "_id" : ObjectId("579036a9de4344710224234d"), "myName" : "joe" }
>
```

图 10-1　save 和 insert 的区别

（2）查看文档

```
db.user.find();
```

更多查询方式请查看 10.5 节"基本查询"、 10.6 节"条件查询"、10.7 节"特定类型
查询"和 10.8 节"高级查询$where"。

（3）更新文档

MongoDB 使用 save() 和 update()方法来更新集合中的文档。

save()通过传入的文档来替换已有文档，根据_id 对应已有文档。

```
db.user.save({"_id" : ObjectId("579036a9de4344710224234d"), "myName" : "joe",
"age" : 20})
```

update() 方法用于更新已存在的文档，语法格式如下：

```
db.collection.update(
   查询条件,
   整个文档或者修改器,
   upsert: boolean,
   multi: boolean 或者 multi 文档,
   writeConcern: 异常信息等级
)
```

参数说明：

查询条件是传入文档的部分信息让我们定位到需要修改的文档，查询条件语句与 find 中查询方式一致。

第二个参数是整个文档或者修改器。当参数为整个文档时，传入的文档替换已有文档。当参数是修改器时，会根据修改器的种类只做相应的改动。更多修改器参考 10.10 节"修改器"。

upsert 参数可选，这个参数的意思是，如果不存在 update 的记录，是否写入新文档，true 为写入，默认是 false，不写入。

multi 参数可选，mongodb 默认是 false，只更新找到的第一条记录，如果这个参数为 true，就把按条件查出来的多条记录全部更新。

writeConcern 参数可选，抛出异常的级别。作用是保障更新操作的可靠性。

WriteConcern 的几种抛出异常的级别参数如下：

- WriteConcern.NONE：没有异常抛出。
- WriteConcern.NORMAL：仅抛出网络错误异常，没有服务器错误异常（默认）。
- WriteConcern.SAFE：抛出网络错误异常、服务器错误异常；并等待服务器完成写操作。
- WriteConcern.MAJORITY：抛出网络错误异常、服务器错误异常；并等待一个主服务器完成写操作。
- WriteConcern.FSYNC_SAFE：抛出网络错误异常、服务器错误异常；写操作等待服务器将数据刷新到磁盘。
- WriteConcern.JOURNAL_SAFE：抛出网络错误异常、服务器错误异常；写操作等待服务器提交到磁盘的日志文件。
- WriteConcern.REPLICAS_SAFE：抛出网络错误异常、服务器错误异常；等待至少 2 台服务器完成写操作。

update()使用示例：

```
db.user.update({"myName" : "joe"},{$set:{"age" : 20,"company":
"google"}},true,{multi:true},WriteConcern.SAFE);
db.user.update({"myName" : "joe"},{$set:{"age" : 20,"company":
"google"}},true,true,WriteConcern.SAFE);
db.user.update({"myName" : "joe"},{$set:{"age" : 20,"company":
"google"}},true,WriteConcern.SAFE);
db.user.update({"myName" : "joe"},{$set:{"age" : 20,"company":
"google"}},{multi:1});
```

查询 myName 是 joe 的文档，把它的 age 字段修改为 20，company 字段修改为 google。第一个 true 是 upsert 的值，表示不存在该文档时写入新文档。

{multi:true}表示如果找到多条记录，更新多条记录，也可以使用{multi:1}或者直接使用 true。multi 直接使用 true 时需要注意必须在 upsert 参数之后。

WriteConcern.SAFE 表示抛出网络错误异常、服务器错误异常；并等待服务器完成写操作。

（4）删除文档

MongoDB remove()函数是用来移除集合中的文档，必须带查询条件。

remove() 方法的基本语法格式如下：

```
db.collection.remove(
   查询条件,
   justOne: boolean
)
```

如果你的 MongoDB 是 2.6 版本以后的，语法格式如下：

```
db.collection.remove(
   查询条件,
    justOne: boolean,
    writeConcern: 异常信息等级
)
```

参数说明：

查询条件是传入文档的部分信息，让我们定位到需要删除的文档，查询条件语句与 find 中查询方式一致。

justOne 参数（可选），默认为 false，如果设为 true 或 1，则查询到多个文档时只删除一个文档。

writeConcern 参数可选，抛出异常的级别。

使用示例：

```
db.user.remove({"myName" : "joe"},1);
db.user.remove({"myName" : "joe"});
```

（5）更新文档并返回文档

```
db.user.findAndModify({
    query: {age: {$gte: 25}},
    sort: {age: -1},
    update: {$set: {name: 'a2'}, $inc: {age: 2}}
});
```

或者

```
db.runCommand({ findandmodify : "user",
    query: {age: {$gte: 25}},
    sort: {age: -1},
    update: {$set: {name: 'a2'}, $inc: {age: 2}}
});
```

（6）删除文档并返回文档

```
db.user.findAndModify({
    query: {age: {$gte: 25}},
    sort: {age: -1},
    remove: true
});
```

或者

```
db.runCommand({ findandmodify : "user",
    query: {age: {$gte: 25}},
    sort: {age: -1},
    remove: true
});
```

（7）查询满足条件的文档数量

```
db.user.count({$or: [{age: 14}, {age: 28}]});
```

10.4 索引

（1）创建索引

```
db.user.ensureIndex({age: 1});
db.user.ensureIndex({myName: 1, age: -1});
```

　　一个集合可以创建单个索引，也可以创建复合索引，1 表示该字段索引升序排序，-1 表示降序排序。

　　复合索引例如{myName: 1, age: -1}，表示 myName 先按升序排序，myName 同组的文档按 age 降序排序。

　　例如我们有数据：

```
{"myName":"joe",age:14}
{"myName":"ad",age:14}
{"myName":"ad",age:38}
{"myName":"ad",age:24}
{"myName":"ab",age:14}
```

　　使用 db.user.ensureIndex({myName: 1, age: -1})建立索引后，索引中的数据组织为：

```
{"myName":"ab",age:14}
{"myName":"ad",age:38}
{"myName":"ad",age:24}
{"myName":"ad",age:14}
{"myName":"joe",age:14}
```

　　对某个键创建索引会加速对该键的查询，然而，对于其他查询可能没有帮助。所以创建索引是需要构思的，需要与自己的业务相结合。

　　创建索引还可以搭配一些参数：

```
db.test.ensureIndex({"username":1},{"background":true})
```

　　{"background":true}表示在后台模式下创建索引，这样不会阻塞数据库的其他操作。

```
db.test.ensureIndex({"userid":1},{"unique":true})
```

　　{"unique":true}表示创建唯一索引，这时数据库中的 userid 是唯一的，没有重复值。如果插入 userid 重复的数据会报错。

　　如果在创建唯一索引时已经存在了重复项，我们可以通过 dropDups 参数帮助我们在创建唯一索引时消除重复文档，仅保留发现的第一个文档，如：

```
db.test.ensureIndex({"userid":1},{"unique":true,"dropDups":true})
```

　　已经设置了唯一索引的字段 userid 是不能重复的，即可是空值，也只能有一条 userid 为空的数据，如果我的业务需要存放很多 userid 为空的数据呢？我们可以使用 sparse 参数来设置稀疏索引：

```
db.test.ensureIndex({"userid":1},{"unique":true,"sparse":true})
```

　　{"sparse":true }表示 userid 为空值或者 userid 不存在时该文档都不进入索引。

（2）查询集合所有索引

```
db.user.getIndexes();
```

（3）查看集合总索引记录大小

```
db.user.totalIndexSize();
```

（4）读取当前集合的所有 index 信息

```
db.user.reIndex();
```

（5）删除指定索引

```
db.user.dropIndex("myName");
```

（6）删除集合所有索引

```
db.user.dropIndexes();
```

10.5 基本查询

下面讲述 MongoDB 中的最基本的查询。

10.5.1 find 简介

MongoDB 使用 find() 来进行文档的查询，然后以非结构化的方式来显示返回的文档。
例如：

```
db.user.find();
```

如果需要结构化显示返回的文档可以加上 pretty() 方法，如下所示：

```
db.user.find().pretty();
```

结构化显示查询文档如图 10-2 所示。

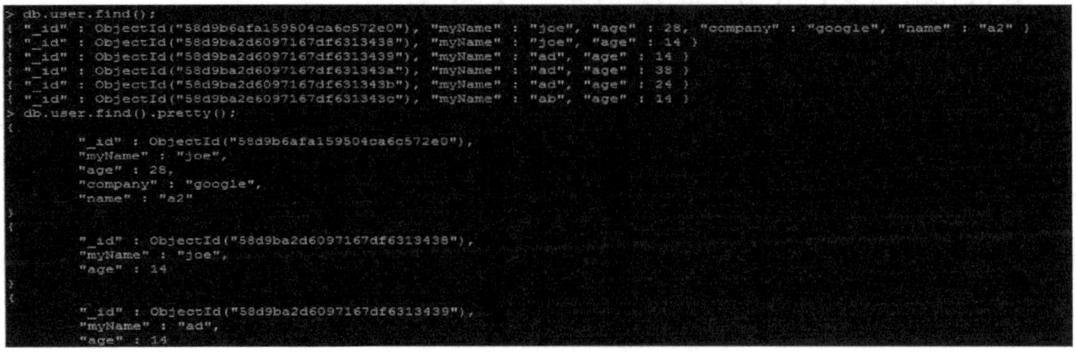

图 10-2　结构化显示查询文档

find()括号中可以设置两个参数，以逗号分隔识别。两个参数都必须是文档，第一个参数是查询条件，第二个参数则指定返回的字段，_id 默认返回。

例如：

```
db.user.find({"myName":"joe"},{"age":1})
```

查询 user 集合中 myName 为 joe 的文档，且只返回 age 字段。

括号外可以跟查询辅助方法，对查询的数量和跳过多少条数据进行设置。

更多查询条件的用法和查询辅助方法我们将在下面的章节讲解。

10.5.2　游标

游标是一种容器，可以用来存放 find 执行结果。而放入游标中的数据无论是单条还是包括多条数据结果集，每次都只能提取一条数据。

游标一般用于遍历数据集。通过 hasNext()判断是否有下一条数据，next()获取下一条数据。

例如：

```
var cursor= db.user.find();
while(cursor.hasNext()){
var temp=cursor.next()
print(temp.myName);
}
```

游标还实现了迭代器接口，所以可以使用 forEach。

```
var cursor= db.user.find();
cursor.forEach(function(temp){
print(temp.myName);
});
```

游标遍历如图 10-3 所示。

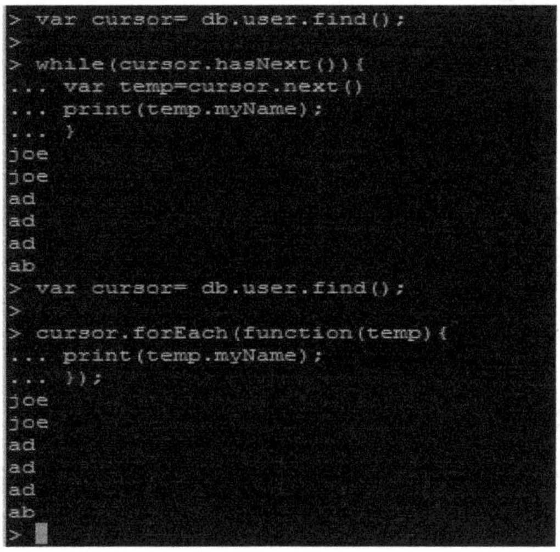

图 10-3　游标遍历

10.6 条件查询

find()的第一个参数是查询条件文档，查询条件文档需要满足 BSON 格式，MongoDB 提供了很多种查询方式。

10.6.1 与操作

```
db.user.find({"myName":"joe","age":16})
```

查询出同时满足 myName 为 joe 和 age 为 16 的文档。

10.6.2 或操作$or

```
db.user.find({$or: [{age: 14}, {age: 28}]})
```

查询出 age 为 14 或者 age 为 28 的文档，满足其中一个条件即可。

10.6.3 大于$gt

```
db.user.find({age: {$gt: 20}})
```

查询 age 大于 20 的文档。

10.6.4 小于$lt

```
db.user.find({age: {$lt: 20}})
```

查询 age 小于 20 的文档。

10.6.5 大于等于$gte

```
db.user.find({age: {$gte: 20}})
```

查询 age 大于等于 20 的文档。

10.6.6 小于等于$lte

```
db.user.find({age: {$lte: 20}})
```

查询 age 小于等于 20 的文档。

10.6.7 类型查询$type

$type 操作符用来查询文档中字段与指定类型匹配的数据，并返回结果。
指定类型表格如表 10-1 所示。

表 10-1　数据类型与$type 参数对应表

Type	Number	Alias	Notes
Double	1	"double"	
String	2	"string"	
Object	3	"object"	
Array	4	"array"	
Binary data	5	"binData"	
Undefined	6	"undefined"	Deprecated.
ObjectId	7	"objectId"	
Boolean	8	"bool"	
Date	9	"date"	
Null	10	"null"	
Regular Expression	11	"regex"	
DBPointer	12	"dbPointer"	Deprecated.
JavaScript	13	"javascript"	
Symbol	14	"symbol"	Deprecated.
JavaScript (with scope)	15	"javascriptWithScope"	
32-bit integer	16	"int"	
Timestamp	17	"timestamp"	
64-bit integer	18	"long"	
Decimal128	19	"decimal"	New in version 3.4.
Min key	-1	"minKey"	
Max key	127	"maxKey"	

使用方式如下：

```
db.user.find( { "myName" : { $type : 2 } } );
db.user.find( { "myName" : { $type : "string" } } );
```

查询 myName 字段为 String 类型的文档。

10.6.8　是否存在$exists

```
db.user.find({"age": {$exists: true}})
```

查询 age 字段存在的文档。

10.6.9　取模$mod

```
db.user.find({"age": {$mod : [10, 0]}});
```

查询 age 取模 10 等于 0 的数据。

10.6.10　不等于$ne

```
db.user.find({ "age" : { "$ne" : 23}})
```

查询 age 不等于 23 的数据。

10.6.11　包含$in

```
db.user.find({ "myName" : { "$in" : [ "joe" , "ab"]}})
```

查询 myName 的值被包含在["joe" ,"ab"]数组中的文档。

10.6.12　不包含$nin

```
db.user.find({ "myName" : { "$nin" : [ "joe" , "ab"]}})
```

查询 myName 的值不被包含在["joe" ,"ab"]数组中的文档。

10.6.13　$not: 反匹配

以上所有字段查询操作都能取非，比如：

```
db.user.find({ "myName" : { "$in" : [ "joe" , "ab"]}})
db.user.find({ "myName" : {$not:{ "$in" : [ "joe" , "ab"]}}})
```

10.7　特定类型查询

我们在条件查询中学习的操作都是针对普通数据类型的字段进行的查询。本小节学习一些特定类型的查询。

10.7.1　null

null 在 MongoDB 中表示为空，也就是没有这个字段或者该字段为 null 类型时。相关查询如下：

```
db.user.find({"company":null})
```

查询 company 字段为 null 的文档。

```
db.user.find({"company":{$nin:[null]} })
```

查询 company 字段不为空的文档。

10.7.2　正则查询（模糊查询）

之前学习的条件查询都是精确查询或者范围查询，如果我们对要查的字段的值记不清楚了，可以使用模糊查询。MongoDB 中可以使用正则查询来达到模糊查询的效果。

1. 什么是正则表达式

正则表达式，又称规则表达式，英语为 Regular Expression，在代码中常简写为 regex、regexp 或 RE，计算机科学的一个概念。正则表通常被用来检索、替换那些符合某个模式（规则）的文本，也就是符合规则的文本会被匹配到。

2. 正则表达式的基本符号和例子

正则表达式的用法博大精深，我们这里只能简单举几个例子，感兴趣的读者可以自己深入学习正则表达式。

常用的元字符的代码及说明：

- .: 匹配除换行符以外的任意字符。
- \w: 匹配字母、数字、下划线、汉字。
- \s: 匹配任意的空白符。
- \d: 匹配数字。
- \b: 匹配单词的开始或结束。
- ^: 匹配字符串的开始。
- $: 匹配字符串的结束。

常用的限定符的代码/语法及说明如下：

- *: 重复零次或更多次。
- +: 重复一次或更多次。
- ?: 重复零次或一次。
- {n}: 重复 n 次。
- {n,}: 重复 n 次或更多次。
- {n,m}: 重复 n 到 m 次。

常用的反义代码/语法及说明：

- \W: 匹配任意不是字母，数字，下划线，汉字的字符。
- \S: 匹配任意不是空白符的字符。
- \D: 匹配任意非数字的字符。
- \B: 匹配不是单词开头或结束的位置。
- [^x]: 匹配除了 x 以外的任意字符。
- [^aeiou]: 匹配除了 aeiou 这几个字母以外的任意字符。

例子：

- \S+匹配不包含空白符的字符串。
- <a[^>]+>匹配用尖括号括起来的以 a 开头的字符串。

例子：

- "^J": 表示以"J"开始的字符串，比如"Joe"，"Jay"等。
- "of despair$": 表示以"of despair"结尾的字符串。
- "^abc$": 表示开始和结尾都是"abc"的字符串，也就是"abc"自己了。

● "notice": 表示任何包含"notice"的字符串。

方括号表示某些字符允许在一个字符串中的某一特定位置出现：

● "[ab]": 表示一个字符串有一个"a"或"b"（相当于"a¦b"）。
● "[a-d]": 表示一个字符串包含小写的'a'到'd'中的一个（相当于"a¦b¦c¦d"或者 "[abcd]"）。
● "^[a-zA-Z]": 表示一个以字母开头的字符串。
● "[0-9]%": 表示一个百分号前有一位的数字。
● ",[a-zA-Z0-9]$": 表示一个字符串以一个逗号后面跟着一个字母或数字结束。

3. MongoDB 中的正则用法

MongoDB 使用//表示启用正则表达式，如下：

```
db.user.find({"name":/^j/})
```

查询 name 字段以 j 开头的文档。

10.7.3　嵌套文档

BSON 格式的文档是可以相互嵌套的，例如如下文档 phone 字段的值就是一个子文档：

```
{
"name" : "huangz",
"phone" : { "home" : 123321,
       "mobile" : 15820123123}
}
```

1. 精确匹配查询

指定完整的文档，查询出子文档完全匹配指定文档的文档。

```
db.user.find({"phone":{"home" : 123321,"mobile" :  15820123123}})
```

查询出子文档为{"phone":{"home" : 123321,"mobile" : 15820123123}}的文档。

2. 点查询

如果我们不知道子文档的完整文档，只知道子文档中一个字段的值，可以通过点查询。

```
db.user.find({"phone.home":123321})
```

查询 phone 子文档的 home 值为 123321 的文档。

10.7.4　数组

文档中某个字段的值可能是数组，以下是数组的查询方式。

1. 数组单元素查询

```
db.user.find({favorite_number:6});
```

查询 favorite_number 数组包含数值 6 的文档。

2. $all 数组多元素查询

$all 操作符表示字段的值完全包含指定数组。

```
db.user.find({favorite_number : {$all : [6, 8]}});
```

查询 favorite_number 字段完全包含数组[6, 8]的文档。

{name: 'David', age: 26, favorite_number: [6, 8, 9] } 完全包含数组[6, 8]，可以查询到。

{name: 'David', age: 26, favorite_number: [6, 7, 9] } 不包含[6, 8]，则不符合查询条件。

3. $size 数组长度查询

```
db.user.find({favorite_number: {$size: 3}});
```

查询 favorite_number 字段的值数组长度为 3 的文档。

4. $slice 返回数组子集

通过$slice 作为限定参数可以只返回数组的部分数据。

```
db.user.find({},{favorite_number: {$slice: 2}});
db.user.find({},{favorite_number: {$slice: -2}});
```

{favorite_number: {$slice: -2}}需要放在第二个参数作为限定参数，而不是放在第一个参数。

$slice:2 表示只返回 favorite_number 数组的前两个元素。

$slice:-2 表示只返回 favorite_number 数组的后两个元素。

5. 精确匹配查询

指定完整的数组，查询出完全匹配指定数组的文档。

```
db.user.find({favorite_number :[6, 8]});
```

查询出 favorite_number 的数组等于[6, 8]的文档。

6. 点查询

点查询用于查询更复杂的数组，例如数组中包含的是子文档的情况：

```
{
  "name" : "joe",
  "phone" :[ { "home" : 123321,
               "mobile" : 1854046352},
```

```
    {  "home" :  123652,
          "mobile" :  15820123123} ,
       {  "home" :  123456,
          "mobile" :  13820123123}
    ]
}
```

需要查询 phone 数组中子文档的 home 值为 123456 的文档，使用命令：

```
db.user.find({"phone.home":123456});
```

7. 索引查询

数组都有索引，例如[6,8]，6 是第 0 个元素，8 是第 1 个元素（数组索引以 0 开头）。要查找某个元素指定值的文档可以使用点和索引值：

```
db.user.find({"favorite_number.0":6});
```

查询 favorite_number 数组第 0 个元素是 6 的文档。

注意 favorite_number.0 需要加双引号，否则会报错。

点查询中只要数组的子文档里有一个 home 值满足查询值就会返回文档。如果我们要精确到第几个元素也可以用索引查询。

```
db.user.find({"phone.2.home":123456});
```

查询第 2 个元素的 home 值是 123456 的文档。

8. 元素查询$elemMatch

数组的子文档如果有多个字段，查询出子文档同时满足两个条件的文档有两种方式：

```
db.user.find({"phone.home":123456,"phone.mobile":13820123123});
```

或者

```
db.user.find( {
     phone: {
       $elemMatch: {
          home :123456,
        mobile: 13820123123
}
        }
     } )
```

10.8　高级查询$where

细心的读者会发现我们在上面小节所使用的查询条件都是键值对的 BSON 格式，如果是很复杂的查询条件，需要构造的 BSON 就会很复杂，而且有些查询条件由于 BSON 格式的显示是无法表达的。MongoDB 提供了一个$where 操作器，利用这个$where 可以执行任意的 JavaScript 作为查询条件的一部分，这样 MongoDB 就几乎能完成所有的查询需求。

10.8.1　JavaScript 语言简介

JavaScript 一种直译式脚本语言，是一种动态类型、弱类型、基于原型的语言，内置支持类型。它的解释器被称为 JavaScript 引擎，是浏览器的一部分，广泛用于客户端的脚本语言，最早是在 HTML 网页上使用，用来给 HTML 网页增加动态功能。JavaScript 脚本语言同其他语言一样，有它自身的基本数据类型、表达式和算术运算符及程序的基本程序框架。JavaScript 提供了 4 种基本的数据类型和 2 种特殊数据类型用来处理数据和文字，而变量提供存放信息的地方，表达式则可以完成较复杂的信息处理。JavaScript 代码不进行预编译就可以运行。

10.8.2　JavaScript 编程简单例子

```
db.user.find().forEach(function(item){
   if(item.age>18){
   item.tag="adult";
   }
 db.user.save(item);
})
```

这段 JavaScript 脚本可以在 mongo 中直接运行，意思是遍历 user 集合中的文档，如果文档中 age 字段数值大于 18，则给文档增加一个 tag 字段，tag 值设置为 adult。

10.8.3　JavaScript 与$where 结合使用

查询 age > 18 的记录，以下 4 条命令作用都一样。

```
db.user.find({age: {$gt: 18}});
```

或者

```
db.user.find({$where: "this.age > 18"});
```

或者

```
db.user.find("this.age > 18");
```

或者

```
f = function() {return this.age > 18}; db.user.find(f);
```

10.9 查询辅助

查询辅助主要是跟在 find()方法之后，对数据的查询给出一些限定条件。

10.9.1 条数限制 limit

```
db.user.find().limit(2);
```

只查出 user 集合前 2 条数据。

10.9.2 起始位置 skip

```
db.user.find().skip(3).limit(5);
```

跳过前 3 条数据，从第 4 条记录开始，返回 5 条记录（limit(5)）。

10.9.3 排序 sort

```
db.user.find().sort({age: 1});
```

查询文档并按 age 升序返回数据。

```
db.user.find().sort({age: -1});
```

查询文档并按 age 降序返回数据。

10.10 修改器

update()更新文档时，第二个参数可以是完整的文档，也可以是修改器。MongoDB 提供了多种修改器给我们使用。

10.10.1 $set

$set 用于指定修改的字段和值。

```
db.user.update({"name":"joe"},{$set:{"age":18,"company":"google"}});
```

把 name 为 joe 的文档 age 字段值修改为 18，company 字段的值修改为 google。

10.10.2　$unset

$unset 用于取消字段，也就是去掉文档中的某个字段。

```
db.user.update({"name":"joe"},{$unset:{"company":1}});
```

把 name 为 joe 的文档 company 字段去掉。

10.10.3　$inc

$inc 用于增加或减少数值。

```
db.user.update({"name":"joe"},{$inc: {age: 50}});
```

把 name 为 joe 的文档 age 增加 50。

10.10.4　$push

$push 用于把元素追加到数组字段中，如果字段不存在，会新增一个数组类型的字段进去。

```
db.user.update({"name":"joe"},{$push: {phone:
{"home":456789,"mobile":"13562352412"}}});
```

name 为 joe 的文档下的数组 phone 追加元素{"home":456789,"mobile":"13562352412"}。

10.10.5　$pushAll

$pushAll 作用与$push 类似，$push 追加的是单个元素，$pushAll 则是给数组追加多个元素，以数组的形式作为参数。

```
db.user.update({"name":"joe"},{$pushAll: {phone:
[{"home":456789,"mobile":"13562352412"},{"home":123456,"mobile":"13562352412"}
]}});
```

name 为 joe 的文档下的数组 phone 追加元素{"home":456789,"mobile":"13562352412"}和{"home":123456,"mobile":"13562352412"}。

10.10.6　$pull

$pull 删除数组中满足条件的元素，数组中如有多个元素满足，则都会被删除。

```
db.user.update({"name":"joe"},{$pull: {phone:{"home": 456789} }});
```

name 为 joe 的文档，phone 数组里元素的 home 值为 456789 的元素被删除。

10.10.7　$addToSet

$addToSet 增加一个值到数组内，类似于$push，但是只有当这个值不在数组内才增加，避免重复添加。

```
db.user.update({"name":"joe"},{$addToSet: {phone:
{"home":456789,"mobile":"13562352412"}}});
```

name 为 joe 的文档下的数组 phone 追加元素{"home":456789,"mobile":"13562352412"}，如果已经有该元素，则不添加。

10.10.8　$pop

$pop 删除数组的第一个或最后一个元素，根据参数来决定，1 表示删除最后一个元素，-1 表示删除第一个元素。

```
db.user.update({"name":"joe"},{$pop: {phone:1}});
```

name 为 joe 的文档删除 phone 数组中的最后一个元素。

10.10.9　$rename

$rename 修改字段名称：

```
db.user.update({"name":"joe"},{$rename: {"phone":"call"}});
```

name 为 joe 的文档把字段名 phone 修改为 call。

10.10.10　$bit

$bit 位操作，主要是将数值转换为二进制。进行对比得到结果值。

MongoDB 提供了三种位操作：and、or 和 xor。xor 是 MongoDB 2.6 版本新增加的支持。

and 运算通常用于二进制的取位操作，例如一个数 and 1 的结果就是取二进制的最末位。这可以用来判断一个整数的奇偶，二进制的最末位为 0 表示该数为偶数，最末位为 1 表示该数为奇数。

or 运算通常用于二进制特定位上的无条件赋值，例如一个数 or 1 的结果就是把二进制最末位强行变成 1。如果需要把二进制最末位变成 0，对这个数 or 1 之后再减一就可以了，其实际意义就是把这个数强行变成最接近的偶数。

异或（xor）的符号是^。按位异或运算，对等长二进制模式或二进制数的每一位执行逻辑按位异或操作，操作的结果是如果某位不同则该位为 1，否则该位为 0。

xor 运算的逆运算是它本身，也就是说两次异或同一个数最后结果不变，即（a xor b) xor b = a。xor 运算可以用于简单的加密，比如我想对我女朋友说 1314520，但怕别人知道，于是双方约定拿我的生日 19900503 作为密钥。1314520 xor 19900503 = 20686479，我就把 20686479 告诉女朋友。她对这个数字进行解密，再次计算 20686479 xor 19900503 的值，得到 1314520，于是她就明白了我要说的话。

因为位操作只能针对整型数值和 Long 型数值，所以我们这里先增加数据再进行运算。

```
db.bit.save({ _id: 1, expdata: NumberInt(13) });
db.bit.update({_id: 1},{ $bit: { "expdata": { and: NumberInt(5) } } });
db.bit.update({_id: 1},{ $bit: { "expdata": { or: NumberInt(5) } } });
db.bit.update({_id: 1},{ $bit: { "expdata": { xor: NumberInt(5) } } });
```

10.11　原生聚合运算

有数据的地方就离不开统计。尤其是需要对 Web 应用的数据进行统计分析时就需要对数据进行聚合。

聚合，指分散地聚集到一起，在网络用语中指对互联网各种信息的集合。MongoDB 的原生聚合运算有：count、distinct、group 以及 mapreduce。

10.11.1　数量查询 count

count 是最简单的聚合运算，返回文档的数量。

我们在之前的命令中已经学习过它的运用，count()中可以带查询条件文档。

```
db.user.count({age: {$gte: 18}})
```

查询年龄大于 18 的文档数量。

需要注意的是 count 的原理很简单，它只是去统计满足条件的文档的数量，没有充分考虑分片的情况。

所以在分片集群中 count 统计的数量是不准确的，会略大于真实数量值。

因为在迁移块时，同一个文档可能存在于不同的分片上，所以统计时会计算多了。

MongoDB 2.2 版本之后增加了新的聚合管道 aggregate，aggregate 考虑到了 shard 的环境，所以官方文档是推荐使用 aggregate 来进行 shard 环境下的 count。

aggregate 解决了分片集群计数的问题，我们在下一小节学习 aggregate。

更多关于聚合运算 count 的信息可以查看官网链接：

```
https://docs.mongodb.com/manual/reference/command/count/
```

10.11.2　不同值 distinct

distinct 用来找出指定字段的所有不同的值，使用时必须指定集合和字段。

我们有数据如下：

```
> db.user.find()
{ "_id" : ObjectId("58d9b6afa159504ca6c572e0"), "myName" : "joe", "age" : 28,
"company" : "google", "name" : "a2" }
```

```
{ "_id" : ObjectId("58d9ba2d6097167df6313438"), "myName" : "joe", "age" : 14 }
{ "_id" : ObjectId("58d9ba2d6097167df6313439"), "myName" : "ad", "age" : 14 }
{ "_id" : ObjectId("58d9ba2d6097167df631343a"), "myName" : "ad", "age" : 38 }
{ "_id" : ObjectId("58d9ba2d6097167df631343b"), "myName" : "ad", "age" : 24 }
{ "_id" : ObjectId("58d9ba2e6097167df631343c"), "myName" : "ab", "age" : 14 }
```

使用命令：

```
db.runCommand({"distinct":"user", "key":"age"})
```

找出 user 集合 age 字段的所有值。输出如下：

```
> db.runCommand({"distinct":"user", "key":"age"})
{ "values" : [ 28, 14, 38, 24 ], "ok" : 1 }
```

更多关于聚合运算 distinct 的信息可以查看官网链接：

```
https://docs.mongodb.com/manual/reference/command/distinct/
```

10.11.3　分组 group

group 根据我们设定的字段将文档分为不同的组，然后把每个组的文档中的数据进行聚合再返回一个最终的结果文档。

group 命令的语法：

```
db.collection.group({
    key:{field:1},
    initial:{count:0},
    cond:{},
    reduce: function ( curr, result ) { },
    keyf: function(doc){},
    finalize:function(result) {}
})
```

key 指定按什么字段进行分组。

keyf 有时候指定字段不能满足我们需要的分组情况，可以把文档中的字段经过重组后作为指定分组字段，这时候就需要使用 keyf，keyf 把函数的返回值作为指定字段使用。doc 参数表示当前的文档，我们可以对 doc 中的字段进行重组后作为分组的指定字段。

key 和 keyf 必须二选一。

initial，进行分组前变量初始化，该处声明的变量可以在以下回调函数中作为 result 的属性使用。

reduce，处理业务的方法，我们在这里进行数据统计。使用 key 做的分组会依次传入这个方法中，curr 参数代表当前分组中此刻遍历到的文档，result 参数就代表当前分组。

cond，可选配置，对哪些数据进行统计的查询条件。

finalize，可选配置，汇总分组结果的方法，result 参数也就是 reduce 的 result，都是代表当前分组，这个函数是在走完当前分组结束后回调。

除了分组的 key 字段外，结果文档中只包含 finalize 函数中操作过的属性字段。

做 group 之前首先要明确自己的思路，要进行什么样的统计操作。

我们有数据如下：

```
> db.user.find()
{ "_id" : ObjectId("58d9b6afa159504ca6c572e0"), "myName" : "joe", "age" : 28,
"company" : "google", "name" : "a2" }
{ "_id" : ObjectId("58d9ba2d6097167df6313438"), "myName" : "joe", "age" : 14 }
{ "_id" : ObjectId("58d9ba2d6097167df6313439"), "myName" : "ad", "age" : 14 }
{ "_id" : ObjectId("58d9ba2d6097167df631343a"), "myName" : "ad", "age" : 38 }
{ "_id" : ObjectId("58d9ba2d6097167df631343b"), "myName" : "ad", "age" : 24 }
{ "_id" : ObjectId("58d9ba2e6097167df631343c"), "myName" : "ab", "age" : 14 }
```

我们这里可以做一个统计：每个年龄有多少人，则使用 age 字段作为 key，在 reduce 时进行同组的数量计数，finalize 中组织结果文档格式。

使用代码如下：

```
db.user.group({
    key:{age:1},
    initial:{count:0},
    cond:{"age":{$gt:13}},
    reduce: function(curr,result) {
     result.count += 1;
    },
    finalize:function(result) {
      result.年龄=result.age;
      result.人数=result.count;
    }
});
```

代码表示使用 age 作为分组，初始化 count 变量值为 0，只选出 age 大于 13 的数据进行统计，每遍历一个当前分组中的文档，当前分组的数量加 1，最后增加结果字段年龄和人数。

输入结果为：

```
> db.user.group({
...     key:{age:1},
...     initial:{count:0},
...     cond:{"age":{$gt:13}},
...     reduce: function(curr,result) {
```

```
...         result.count += 1;
...     },
...   finalize:function(result) {
...     result.年龄=result.age;
...     result.人数=result.count;
...   }
... });
[
    {
            "age" : 28,
            "count" : 1,
            "年龄" : 28,
            "人数" : 1
    },
    {
            "age" : 14,
            "count" : 3,
            "年龄" : 14,
            "人数" : 3
    },
    {
            "age" : 38,
            "count" : 1,
            "年龄" : 38,
            "人数" : 1
    },
    {
            "age" : 24,
            "count" : 1,
            "年龄" : 24,
            "人数" : 1
    }
]
```

原生的聚合运算 group 在 MongoDB 3.4 版本中 group 命令已经不推荐使用，MongoDB 3.4 及以后的版本实现 group 请使用 aggregate 聚合管道中的 group 策略或者使用 mapreduce 来实现 group。

更多关于聚合运算 group 的信息可以查看官网链接：

https://docs.mongodb.com/manual/reference/command/group/

10.11.4　灵活统计 MapReduce

MongoDB 提供的原生聚合运算 count、distinct 和 group 并没能满足所有的统计需求，更多的高级聚合函数，比如 sum、average、max、min、variance（方差）和 standard deviation（标准差）等需要通过 MapReduce 来实现。

MapReduce 执行流程如图 10-4 所示。

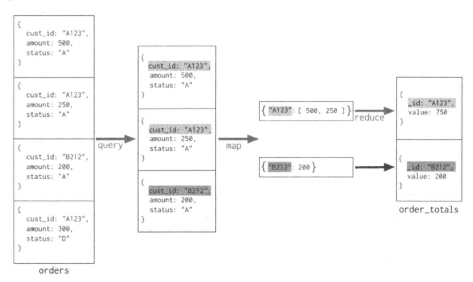

图 10-4　MapReduce 执行流程

MapReduce 命令的语法：

```
db.collection.mapReduce(
function() { emit(key,value);},
function(key,values){},
{out: collection 或者{},
query:{},
sort: {},
limit: number,
finalize: function (key, reduced) {}
})
```

第一个 function 是 map 函数，提交两个参数 key 和 value，数据会根据 key 的值进行分组，把同组的 value 的值放入 values 中。key 和 values 作为 reduce 函数的参数。

第二个 function 是 reduce 函数，key 参数是分组的字段，values 参数是同组的值。我们在 reduce 函数中做业务处理，比如说计数等。

out 指定结果集生成在什么地方，可以是一个集合名，也可以使用如下文档进行配置：

```
{ inline : 1}
{ replace : "collectionName" }
```

```
{ merge : "collectionName"}
{ reduce : "collectionName" }
```

{ inline : 1}将结果集放在内存中，返回内容给客户端，仅适用于结果集符合 16MB 返回限制的情况。

其他配置都是保存到集合中。

保存到集合会遇到一种情况，如果最近运行过一次 mapreduce，要输出的集合中已经有了数据，这时候就需要指定用哪种处理模式：

- replace: 如果已经存在该集合，则把旧集合替换成新集合。也就是旧集合的数据不保留。
- merge: 合并含有相同键的结果文档。
- reduce: 调用 reduce 函数根据新值来处理旧集合的值。
- query: 可选，查询条件，指定哪些数据参与 MapReduce。
- sort: 可选，指定排序。
- limit: 可选，限制参与 mapreduce 的记录数。
- finalize: 可选，用于修改重组结果集的方法。

我们有数据如下：

```
> db.user.find()
{ "_id" : ObjectId("58d9b6afa159504ca6c572e0"), "myName" : "joe", "age" : 28,
"company" : "google", "name" : "a2" }
{ "_id" : ObjectId("58d9ba2d6097167df6313438"), "myName" : "joe", "age" : 14 }
{ "_id" : ObjectId("58d9ba2d6097167df6313439"), "myName" : "ad", "age" : 14 }
{ "_id" : ObjectId("58d9ba2d6097167df631343a"), "myName" : "ad", "age" : 38 }
{ "_id" : ObjectId("58d9ba2d6097167df631343b"), "myName" : "ad", "age" : 24 }
{ "_id" : ObjectId("58d9ba2e6097167df631343c"), "myName" : "ab", "age" : 14 }
```

我们使用 MapReduce 做一个统计：每个年龄有多少人，this 表示当前文档，使用 this.age 的值作为 key。在 reduce 时进行同组的数量计数，finalize 中组织结果文档格式。

代码如下：

```
db.user.mapReduce(
    function () {
        emit(
            this.age,
            {age: this.age, count: 1}
        );
    },
    function (key, values) {
        var count = 0;
```

```
        values.forEach(function(val) {
            count += val.count;
        });
        return {age: key, count: count};
    },
    {

    out: { inline : 1 },
    finalize: function (key, reduced) {
        return {"年龄": reduced.age, "人数": reduced.count};
    }

    }
)
```

输入如下:

```
> db.user.mapReduce(
... function () {
... emit(
... this.age,
... {age: this.age, count: 1}
... );
... },
... function (key, values) {
... var count = 0;
... values.forEach(function(val) {
... count += val.count;
... });
... return {age: key, count: count};
... },
... {
... out: { inline : 1 },
... finalize: function (key, reduced) {
... return {"年龄": reduced.age, "人数": reduced.count};
... }
... }
... )
{
    "results" : [
            {
                "_id" : 14,
```

```
                    "value" : {
                            "年龄" : 14,
                            "人数" : 3
                    }
            },
            {
                    "_id" : 24,
                    "value" : {
                            "年龄" : 24,
                            "人数" : 1
                    }
            },
            {
                    "_id" : 28,
                    "value" : {
                            "年龄" : 28,
                            "人数" : 1
                    }
            },
            {
                    "_id" : 38,
                    "value" : {
                            "年龄" : 38,
                            "人数" : 1
                    }
            }
    ],
    "timeMillis" : 37,
    "counts" : {
            "input" : 6,
            "emit" : 6,
            "reduce" : 1,
            "output" : 4
    },
    "ok" : 1
}
```

我们这里实现计数 sum 的汇总，如果要实现其他 average、max、min、variance（方差）和 standard deviation（标准差）等更多的功能，只需要修改 reduce 方法体中的业务代码即可。

10.12　聚合管道

MongoDB 2.2 版本后开始支持 Aggregation Pipeline（聚合管道），Java 驱动包从 2.9.0 版本开始支持 MongoDB 2.2 的特性。

MongoDB 中聚合（aggregate）主要用于处理数据，诸如统计平均值、求和等，并返回计算后的数据结果。

聚合管道是一个强大的工具，能够在分片集群中很好地运行。

聚合管道使用不同的管道阶段操作器可以做不同的统计，管道阶段操作器的值叫管道表达式，表达式几乎兼容了 find 中大量的查询用法，还增加了一些统计表达式。管道的概念是将当前命令的输出结果作为下一个命令的参数，MongoDB 的聚合管道将 MongoDB 文档在一个管道处理完毕后将结果传递给下一个管道处理。管道阶段操作器是可以重复使用的，比如同一批数据进行管道处理时，可以多次使用管道阶段操作器$group。

10.12.1　aggregate 用法

aggregate 命令的语法：

```
db.collection.aggregate(
[{},{}...]
)
```

aggregate 方法中的参数数组表示管道操作，数组中的每个文档表示一种管道操作。aggregate 执行流程如图 10-5 所示。

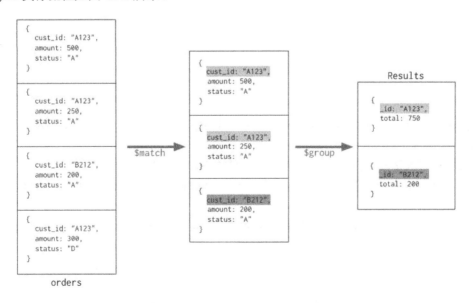

图 10-5　aggregate 执行流程

10.12.2　管道操作器

官方用语 Pipeline Stages，也叫管道阶段。管道阶段需要使用 Stage Operators 识别，我把它称为管道操作器，也叫管道操作符。管道操作器类型很多，这里给出几种常用的管道操作器的用法，更多相关管道操作器请查看官网链接：

```
https://docs.mongodb.com/manual/reference/operator/aggregation-pipeline/
```

1. $project

$project 用于修改输入文档的结构。例如引入文档已存在字段，排除 aggregat 结果集中的 _id 字段（aggregat 结果集默认包含_id 字段），以及在结果集中增加新字段，或者在结果集中修改原字段（不影响原数据）。

我们有数据如下：

```
> db.user.find()
{ "_id" : ObjectId("58d9ba2d6097167df6313438"), "name" : { "first" : "adrian",
"last" : "joe" }, "age" : 14, "phone" : 111128912345 }
```

使用代码：

```
db.user.aggregate(
  [
    { $project: { _id:0,
        age: 1,
        phone: "123456789",
        lastName: "$name.last"
      }
    }
  ]
)
```

aggregate 使用 0 值表示结果集中排除字段，1 值表示结果集中包含字段，这里排除_id，引入 age。

结果集中修改字段直接给字段赋值即可，例如:phone: "123456789"。

新建字段也是给新字段赋值即可，赋值时可以使用$符号引用原字段的值，如果是子文档中的值，则使用.符号连接。

我们这里新建 lastName 字段取值是原文档中 name 字段的子文档中的 last 字段的值。

输出结果如下：

```
> db.user.find()
{ "_id" : ObjectId("58d9ba2d6097167df6313438"), "name" : { "first" : "adrian",
"last" : "joe" }, "age" : 14, "phone" : 111128912345 }
> db.user.aggregate(
```

```
...     [
...       {
...         $project: {
...           _id:0,
...           age: 1,
...           phone: "123456789",
...           lastName: "$name.last"
...         }
...       }
...     ]
... )
{ "age" : 14, "phone" : "123456789", "lastName" : "joe" }
> db.user.find()
{ "_id" : ObjectId("58d9ba2d6097167df6313438"), "name" : { "first" : "adrian",
"last" : "joe" }, "age" : 14, "phone" : 111128912345 }
```

2. $match

$match 用于过滤数据，只输出符合条件的文档。$match 使用 MongoDB 的标准查询操作，也就是兼容大多数 find 中的查询表达式。

```
db.user.aggregate([
          {
              $match:{"name.last":"joe"}
          }
])
```

输出 name 字段子文档中 last 字段的值为 joe 的文档。

输出结果如下：

```
> db.user.aggregate([
...              {
...                  $match:{"name.last":"joe"}
...              }
... ])
{ "_id" : ObjectId("58d9ba2d6097167df6313438"), "name" : { "first" : "adrian",
"last" : "joe" }, "age" : 14, "phone" : 111128912345 }
```

3. $limit

$limit 用来限制 MongoDB 聚合管道返回的文档数。

```
db.user.aggregate(
```

```
    { $limit : 1 }
);
```

输出 1 条数据。

4. $skip

$skip 在聚合管道中跳过指定数量的文档，并返回余下的文档。

```
db.user.aggregate(
    { $skip : 2 });
```

跳过 2 条记录返回其他文档。

5. $unwind

$unwind 将文档中的某一个数组类型字段拆分成多条，每条包含数组中的一个值。
我们有数据：

```
> db.product.find()
{ "_id" : 1, "item" : "ABC1", "sizes" : [ "S", "M", "L" ] }
```

使用命令：

```
db.product.aggregate( [ { $unwind : "$sizes" } ] )
```

输出结果如下：

```
> db.product.aggregate( [ { $unwind : "$sizes" } ] )
{ "_id" : 1, "item" : "ABC1", "sizes" : "S" }
{ "_id" : 1, "item" : "ABC1", "sizes" : "M" }
{ "_id" : 1, "item" : "ABC1", "sizes" : "L" }
```

6. $group

$group 将集合中的文档分组，可用于统计结果，一般与管道表达式$sum 等组合使用。
我们有数据：

```
> db.user.find()
{ "_id" : ObjectId("58d9ba2d6097167df6313438"), "myName" : "joe", "age" : 14 }
{ "_id" : ObjectId("58d9ba2d6097167df6313439"), "myName" : "ad", "age" : 14 }
{ "_id" : ObjectId("58d9ba2d6097167df631343a"), "myName" : "ad", "age" : 38 }
```

把数据根据 age 字段进行分组，使用命令：

```
db.user.aggregate([{$group : {_id : "$age"}}])
```

输出结果如下：

```
> db.user.aggregate([{$group : {_id : "$age"}}])
```

```
{ "_id" : 38 }
{ "_id" : 14 }
```

7. $sort

$sort 将输入文档排序后输出，1 为按字段升序，-1 为降序。

我们有数据：

```
> db.user.find()
{ "_id" : ObjectId("58d9ba2d6097167df6313438"), "myName" : "joe", "age" : 14 }
{ "_id" : ObjectId("58d9ba2d6097167df6313439"), "myName" : "ad", "age" : 14 }
{ "_id" : ObjectId("58d9ba2d6097167df631343a"), "myName" : "ad", "age" : 38 }
```

使用命令：

```
db.user.aggregate([{$sort : {age :-1}}])
```

输出结果为：

```
> db.user.aggregate([{$sort : {age :-1}}])
{ "_id" : ObjectId("58d9ba2d6097167df631343a"), "myName" : "ad", "age" : 38 }
{ "_id" : ObjectId("58d9ba2d6097167df6313438"), "myName" : "joe", "age" : 14 }
{ "_id" : ObjectId("58d9ba2d6097167df6313439"), "myName" : "ad", "age" : 14 }
```

8. $lookup

$lookup 是 MongoDB 3.2 版本增加的新属性，用于多表连接返回关联数据。

$lookup 执行左连接到一个集合（非分片集合），两个集合必须在同一数据库中。

左连接是数据库操作的专有名词，数据库对多集合操作有左连接、内连接和右连接，目前 MongoDB 3.4 版本只支持左连接。数据集合连接如图 10-6 所示。

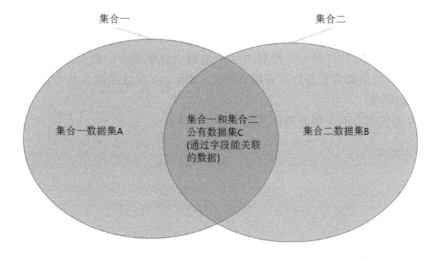

图 10-6　数据集合连接

如上图，获取 C 部分的公有数据叫做数据库的内连接操作，获取 A+C 部分是数据库的左连接操作，获取 B+C 部分是数据库的右连接操作。

集合一和集合二进行内连接时，结果集中只包含集合一和集合二中能相互关联匹配的数据。

集合一和集合二进行左连接时，无论集合一在集合二中是否得到关联匹配，集合一的所有文档都会出现在结果集中。

集合一和集合二进行右连接时，无论集合二在集合一中是否得到关联匹配，集合二的所有文档都会出现在结果集中。

我们之前很多查询统计操作都是针对单个集合的，如果我们在数据结构设计时使用关联存储，在旧版本的 MongoDB 中就需要查询多次才能得到想要的结果。而有了 $lookup 之后就能很方便地查询关联的数据集合了。

例子如下：

创建产品信息：

```
db.product.insert({"_id":1,"name":"产品1","price":99})
db.product.insert({"_id":2,"name":"产品2","price":88})
```

用户购买产品时会创建订单信息，如果我们使用内嵌文档的方式存储订单，让订单包含产品信息：产品名称和价格，那么当产品名称和价格有修改时，就需要大量地更新文档。

所以一般来说需要用产品_id 来做关联，订单中 pid 关联到 product 的_id，这样修改产品名称和价格时不需要更新 order 集合。

```
db.order.insert({"_id":1,"pid":1,"name":"订单1"})
db.order.insert({"_id":2,"pid":2,"name":"订单2"})
db.order.insert({"_id":3,"pid":2,"name":"订单3"})
db.order.insert({"_id":4,"pid":1,"name":"订单4"})
db.order.insert({"_id":5,"name":"订单5"})
db.order.insert({"_id":6,"name":"订单6"})
```

现在需要查询出订单中购买的产品价格大于 90 的订单信息，在没有$lookup 之前我们只能先查询出价格大于 90 的产品 id，然后用这些 id 再去订单集合中查询出订单信息。

这种情况下，使用聚合管道处理就很方便了，$lookup 左连接组合两个集合的信息，然后使用$match 过滤即可。

$lookup 左连接组合两个集合的信息使用命令如下：

```
db.order.aggregate([
    {
        $lookup:
        {
        from: "product",
        localField: "pid",
        foreignField: "_id",
```

```
            as: "orderDetail"
        }
    }
])
```

命令使用 order 集合与 product 集合做左连接，localField 表示 order 集合用来关联的字段，foreignField 表示 product 集合用来关联的字段，as 设置关联数据的字段名。

输出结果如下：

```
> db.order.aggregate([
...      {
...          $lookup:
...          {
...              from: "product",
...              localField: "pid",
...              foreignField: "_id",
...              as: "orderDetail"
...          }
...      }
... ])
{ "_id" : 1, "pid" : 1, "name" : "订单1", "orderDetail" : [ { "_id" : 1,
"name" : "产品1", "price" : 99 } ] }
{ "_id" : 2, "pid" : 2, "name" : "订单2", "orderDetail" : [ { "_id" : 2,
"name" : "产品2", "price" : 88 } ] }
{ "_id" : 3, "pid" : 2, "name" : "订单3", "orderDetail" : [ { "_id" : 2,
"name" : "产品2", "price" : 88 } ] }
{ "_id" : 4, "pid" : 1, "name" : "订单4", "orderDetail" : [ { "_id" : 1,
"name" : "产品1", "price" : 99 } ] }
{ "_id" : 5, "name" : "订单5", "orderDetail" : [ ] }
{ "_id" : 6, "name" : "订单6", "orderDetail" : [ ] }
```

我们可以看到 order 集合与 product 集合左连接，以 order 集合为基础，匹配了 product 集合的数据放到 orderDetail 字段中，匹配不到 product 的 order 集合数据仍然被包含在结果集中。左连接示意如图 10-7 所示。

```
> db.order.aggregate([
...     {
...         $lookup:
...         {
...             from: "product",
...             localField: "pid",
...             foreignField: "_id",
...             as: "orderDetail"
...         }
...     }
... ])
{ "_id" : 1, "pid" : 1, "name" : "订单1", "orderDetail" : [ { "_id" : 1, "name" : "产品1", "price" : 99 } ] }
{ "_id" : 2, "pid" : 2, "name" : "订单2", "orderDetail" : [ { "_id" : 2, "name" : "产品2", "price" : 88 } ] }
{ "_id" : 3, "pid" : 2, "name" : "订单3", "orderDetail" : [ { "_id" : 2, "name" : "产品2", "price" : 88 } ] }
{ "_id" : 4, "pid" : 1, "name" : "订单4", "orderDetail" : [ { "_id" : 1, "name" : "产品1", "price" : 99 } ] }
{ "_id" : 5, "name" : "订单5", "orderDetail" : [ ] }
{ "_id" : 6, "name" : "订单6", "orderDetail" : [ ] }
```

图 10-7　左连接

9. $geoNear

$geoNear 用于输出接近某一地理位置的有序文档。

$geoNear 是 MongoDB 2.4 版本增加的新属性，用于地理位置的查询。

find()语法中也有地理位置查询的相关用法，但在 aggregate 中使用$geoNear 有个好处是会返回距离信息。

存储地理数据和编写查询条件前，首先，你必须选择表面类型，这将被用在计算中。你所选择的类型将会影响你的数据如何被存储、建立的索引的类型，以及你的查询的语法形式。

MongoDB 提供了两种表面类型：平面和球面。

（1）平面

如果需要计算距离，就像在一个欧几里得平面上，您可以按照正常坐标对的形式存储位置数据并使用 2d 索引。

平面类型的地理位置信息能解决短距离的距离搜索场景。如果涉及大范围的距离搜索，可能会有偏差，因为地球是球型的。涉及大范围距离搜索请使用球面类型。

平面类型保存位置数据时使用普通坐标对，坐标对可以是数组或者内嵌文档，但是前两个 elements 必须存储固定的一对空间位置数值。例如以下坐标对都可用：

```
{ loc : [ 60 , 30 ] }
{ loc : { x : 90 , y : 32 } }
{ loc : { foo : 70 , y : 80 } }
{ loc : { lng: 40.739037, lat: 73.992964 } }
```

我们使用 lng 和 lat 的命名，新建数据如下：

```
db.places.save({name:"肯德基",loc : { lng: 40.739037, lat:
73.992964 },category:"餐饮"})
db.places.save({name:"麦当劳",loc : { lng : 42.739037, lat:
73.992964 },category:"餐饮"})
db.places.save({name:"农行",loc : { lng: 41.739037, lat: 73.992964 },category:"
```

银行"})
```
db.places.save({name:"地铁站",loc : { lng: 40.639037, lat:
73.992964 },category:"交通"})
```

需要给坐标对字段创建空间索引，才可以使用地理位置查询。

2d 索引默认取值范围[-179,-179]到[180,180]，包含这两个点，超出范围创建 2d 索引时将报错。

2d 索引创建方式如下：

```
db.places.createIndex( { "loc": "2d" } )
```

我们现在需要查到地铁站附近的文档信息，可以使用：

```
db.places.find({loc : {$near : { lng: 40.639037, lat:73.992964 }}})
```

但是 find 中查询出的文档只能自己去计算范围进行筛选。

aggregate 和$geoNear 能指定范围，比如我们要查范围在坐标值相差 2 度（平面单位）以内的文档：

```
db.places.aggregate([
  {
   $geoNear: {
     spherical:false,
     distanceMultiplier:1,
     near: { lng: 40.639037, lat:73.992964 },
     distanceField: "dist.distacnce",
     maxDistance: 2,
     query: { category: "餐饮" },
     includeLocs: "dist.location",
     num: 1
   }
  }
])
```

spherical 决定是否启用单位弧度，默认为 false，使用的是平面单位度。使用 2dsphere 索引 spherical 必须设置为 true。

near 设置中心坐标点。

distanceField 设置计算所得距离存放的字段名，子文档使用.符号。

distanceMultiplier 可选，设置返回距离数值乘以的倍数。

地理位置数据是普通坐标对的情况下：spherical 为 flase 时$geoNear 返回的计算距离值的单位默认是度（平面单位），如有需要可以使用 distanceMultiplier 调整距离值的单位。

因为平面单位 1 度约 111 千米，乘以 111（推荐值）得到千米数，平面单位 1 度约 69 英里（1 英里＝1.609344 千米），乘以 69（推荐值）得到英里数。

所以在 spherical 为 flase 时，如果需要返回距离单位是千米，distanceMultiplier 设置为 distanceMultiplier:111；如果需要返回的距离单位是英里，distanceMultiplier 设置为 69。

spherical 为 true 时，$geoNear 返回的计算距离值的单位默认是弧度（球面单位），如有需要可以使用 distanceMultiplier 调整距离值的单位。

因为球面单位 1 弧度约 6371 千米（地球半径），1 弧度约 6378137 米（地球半径），所以返回距离值乘以 6371 得到千米数，乘以 6378137 得到米数。

所以在 spherical 为 true 时，如果需要返回距离单位是千米，distanceMultiplier 设置为 6371；如果需要返回的距离单位是米，distanceMultiplier 设置为 6378137。

当地理位置数据是 GeoJSON 格式时：

spherical 无论设置为 true 还是 false，返回距离的单位都是米。

maxDistance，可选参数，最大范围。

地理位置数据是普通坐标对的情况下：

spherical 为 flase 时 $geoNear 的 maxDistance 单位默认是度（平面单位）。

如果要限制千米的范围，需要把公里值转换为平面单位度。

例如 2 千米的范围：

```
maxDistance: 2/111
```

spherical 为 true 时，$geoNear 的 maxDistance 单位默认是弧度（球面单位）。

如果要限制公里的范围，需要把公里值转换为弧度。

例如 2 千米的范围：

```
maxDistance: 2/6371
```

例如 500 米的范围：

```
maxDistance: 500/6378137
```

当地理位置数据是 GeoJSON 格式时：spherical 无论设置为 true 还是 false，范围的单位都是米。

query，可选参数，查询条件。

includeLocs，可选参数，设置查询到文档的坐标点的信息字段名。

num，限制返回条数，也可以使用 limit。

输出结果如下：

```
> db.places.aggregate([
...    {
...      $geoNear: {
...        spherical:false,
...        distanceMultiplier:1,
...        near: { lng: 40.639037, lat:73.992964 },
...        distanceField: "dist.distacnce",
...        maxDistance: 2,
```

```
...         query: { category: "餐饮" },
...         includeLocs: "dist.location",
...         num: 1
...     }
...   }
... ])
{ "_id" : ObjectId("58dc801cb9651c39afdafc3e"), "name" : "肯德基", "loc" :
{ "lng" : 40.739037, "lat" : 73.992964 }, "category" : "餐饮", "dist" :
{ "distacnce" : 0.10000000000000142, "location" : { "lng" : 40.739037, "lat" :
73.992964 } } }
```

（2）球面

如果需要计算地理数据就像在一个类似于地球的球形表面上，您可以选择球形表面来存储数据，这样就可以使用 2dsphere 索引。

您可以按照坐标轴:经纬度的方式把位置数据存储为 GeoJSON 对象。GeoJSON 的坐标参考系使用的是 WGS84 数据。

球面类型保存位置数据时可以使用普通坐标对，也可以使用 GeoJSON 对象。

GeoJSON 对象可以有单点、线段、多边形、多点、多线段、多个多边形、几何体集合，例如：

单点：

```
{ type: "Point", coordinates: [ 40, 5 ] }
```

线段：

```
{ type: "LineString", coordinates: [ [ 40, 5 ], [ 41, 6 ] ] }
```

多边形：

```
{
  type: "Polygon",
  coordinates: [ [ [ 0 , 0 ] , [ 3 , 6 ] , [ 6 , 1 ] , [ 0 , 0 ] ] ]
}
```

type 表示类型，coordinates 表示几何点。注意几何点的顺序是 lng, lat。

更多 GeoJSON 信息可以查看官网链接：

```
https://docs.mongodb.com/manual/reference/geojson/ 。
```

我们这里以最简单的单点来学习。

新建数据如下：

```
db.places.save({name:"肯德基",loc : { type: "Point", coordinates: [ 40.639037,
73.992964 ] },category:"餐饮"})
```

```
db.places.save({name:"麦当劳",loc : { type: "Point", coordinates: [ 42.739037,
73.992964 ] },category:"餐饮"})
db.places.save({name:"农行",loc : { type: "Point", coordinates: [ 41.739037,
73.992964 ] },category:"银行"})
db.places.save({name:"地铁站",loc : { type: "Point", coordinates: [ 40.639037,
73.992964 ] },category:"交通"})
```

创建 2dsphere 索引使用代码：

```
db.places.createIndex( { loc : "2dsphere" } )
```

$geoNear 用于输出某一地理位置 2 千米内的文档代码如下：

```
db.places.aggregate([
  {
    $geoNear: {
      spherical: true,
      near: { type: "Point", coordinates: [ 40.639037, 73.992964 ] },
      distanceField: "dist.distacnce",
      maxDistance: 2000,
      query: { category:"餐饮" },
      includeLocs: "dist.location",
      num: 5
    }
  }
])
```

2dsphere 索引 spherical 必须设置为 true，因为 GeoJSON 格式的数据，maxDistance 和返回距离的单位都是米，所以直接使用参数 maxDistance: 2000 就是 2 千米。

输出结果如下：

```
> db.places.aggregate([
...   {
...     $geoNear: {
...       spherical: true,
...       near: { type: "Point", coordinates: [ 40.639037, 73.992964 ] },
...       distanceField: "dist.distacnce",
...       maxDistance: 2000,
...       query: { category:"餐饮" },
...       includeLocs: "dist.location",
...       num: 5
...
```

```
...        }
...     }
... ])
{ "_id" : ObjectId("58dc7f31ad307d26ec284271"), "name" : "肯德基", "loc" :
{ "type" : "Point", "coordinates" : [ 40.639037, 73.992964 ] }, "category" : "
餐饮", "dist" : { "distacnce" : 0, "location" : { "type" : "Point",
"coordinates" : [ 40.639037, 73.992964 ] } } }
```

更多 MongoDB 地理信息距离单位说明查看附录 A。

更多 2d 索引的信息可查看官网链接：

```
https://docs.mongodb.com/manual/core/2d/
```

更多 2dsphere 索引的信息可查看官网链接：

```
https://docs.mongodb.com/manual/core/2dsphere/
```

更多地理位置查询操作可查看官网链接：

```
https://docs.mongodb.com/manual/reference/operator/query-geospatial/
```

10.12.3　管道表达式

管道操作器的值就叫做管道表达式，并且每个管道表达式是一个文档结构，由字段名、字段值和一些表达式操作符组成。管道表达式很多跟 find 中使用的表达式类似，例如：$or、$not、$gt 等。因为种类和数量太多，这里也只给出常用的几种用法，更多管道表达式请查看官网链接：

```
https://docs.mongodb.com/manual/reference/operator/aggregation/#expression-
operators
```

测试数据准备：

```
db.product.insert({"_id":1,"name":"产品1","price":99,"type":"服装"})
db.product.insert({"_id":2,"name":"产品2","price":88,"type":"服装"})
db.product.insert({"_id":3,"name":"产品3","price":29,"type":"饰品"})
db.product.insert({"_id":4,"name":"产品4","price":78,"type":"服装"})
db.product.insert({"_id":5,"name":"产品5","price":9,"type":"饰品"})
db.product.insert({"_id":6,"name":"产品6","price":18,"type":"饰品"})
```

数据如下：

```
> db.product.find()
{ "_id" : 1, "name" : "产品1", "price" : 99, "type" : "服装" }
{ "_id" : 2, "name" : "产品2", "price" : 88, "type" : "服装" }
{ "_id" : 3, "name" : "产品3", "price" : 29, "type" : "饰品" }
```

```
{ "_id" : 4, "name" : "产品4", "price" : 78, "type" : "服装" }
{ "_id" : 5, "name" : "产品5", "price" : 9, "type" : "饰品" }
{ "_id" : 6, "name" : "产品6", "price" : 18, "type" : "饰品" }
```

（1）求和$sum

```
db.product.aggregate([{$group : {_id : "$type", price : {$sum : "$price"}}}])
```

输出结果：

```
> db.product.aggregate([{$group : {_id : "$type", price : {$sum : "$price"}}}])
{ "_id" : "饰品", "price" : 56 }
{ "_id" : "服装", "price" : 265 }
```

（2）平均值$avg

```
db.product.aggregate([{$group : {_id : "$type", price : {$avg : "$price"}}}])
```

输出结果：

```
> db.product.aggregate([{$group : {_id : "$type", price : {$avg : "$price"}}}])
{ "_id" : "饰品", "price" : 18.666666666666668 }
{ "_id" : "服装", "price" : 88.33333333333333 }
```

（3）最小值$min

```
db.product.aggregate([{$group : {_id : "$type", price : {$min : "$price"}}}])
```

输出结果：

```
> db.product.aggregate([{$group : {_id : "$type", price : {$min : "$price"}}}])
{ "_id" : "饰品", "price" : 9 }
{ "_id" : "服装", "price" : 78 }
```

（4）最大值$max

```
db.product.aggregate([{$group : {_id : "$type", price : {$max : "$price"}}}])
```

输出结果：

```
> db.product.aggregate([{$group : {_id : "$type", price : {$max : "$price"}}}])
{ "_id" : "饰品", "price" : 29 }
{ "_id" : "服装", "price" : 99 }
```

（5）数组添加$push

```
db.product.aggregate([{$group : {_id : "$type", tags : {$push : "$name"}}}])
```

输出结果：

```
> db.product.aggregate([{$group : {_id : "$type", tags : {$push : "$name"}}}])
```

```
{ "_id" : "饰品", "tags" : [ "产品3", "产品5", "产品6" ] }
{ "_id" : "服装", "tags" : [ "产品1", "产品2", "产品4" ] }
```

（6）数组添加$addToSet

```
db.product.aggregate([{$group : {_id : "$type", tags : {$addToSet :
"$name"}}}])
```

输出结果：

```
> db.product.aggregate([{$group : {_id : "$type", tags : {$addToSet :
"$name"}}}])
{ "_id" : "饰品", "tags" : [ "产品6", "产品5", "产品3" ] }
{ "_id" : "服装", "tags" : [ "产品4", "产品2", "产品1" ] }
```

$addToSet 与$push 的区别在于重复的值不会进入数组中。

（7）首元素$first

$first 获取分组文档中第一个文档的数据。

```
db.product.aggregate([{$group : {_id : "$type", product : {$first :
"$name"}}}])
```

输出结果：

```
> db.product.aggregate([{$group : {_id : "$type", product : {$first :
"$name"}}}])
{ "_id" : "饰品", "product" : "产品3" }
{ "_id" : "服装", "product" : "产品1" }
```

（8）尾元素$last

$last 获取分组文档中最后一个文档的数据。

```
db.product.aggregate([{$group : {_id : "$type", product : {$last : "$name"}}}])
```

输出结果：

```
> db.product.aggregate([{$group : {_id : "$type", product : {$last :
"$name"}}}])
{ "_id" : "饰品", "product" : "产品6" }
{ "_id" : "服装", "product" : "产品4" }
```

10.12.4　复合使用示例

我们有数据如下：

```
> db.user.find()
{ "_id" : ObjectId("58d9b6afa159504ca6c572e0"), "myName" : "joe", "age" : 28,
```

```
"company" : "google", "name" : "a2" }
{ "_id" : ObjectId("58d9ba2d6097167df6313438"), "myName" : "joe", "age" : 14 }
{ "_id" : ObjectId("58d9ba2d6097167df6313439"), "myName" : "ad", "age" : 14 }
{ "_id" : ObjectId("58d9ba2d6097167df631343a"), "myName" : "ad", "age" : 38 }
{ "_id" : ObjectId("58d9ba2d6097167df631343b"), "myName" : "ad", "age" : 24 }
{ "_id" : ObjectId("58d9ba2e6097167df631343c"), "myName" : "ab", "age" : 14 }
```

我们使用 aggregate 做一个统计，age 大于 13 的文档按 age 分组后统计每组数量。

使用代码如下：

```
db.user.aggregate([
    { $match: { age:{"$gt":13} } },
 { $sort: { age: 1 } },
    { $limit: 2 },
    { $group: { _id: "$age", "人数": { $sum: 1 } } },
  ]
)
```

返回结果如下：

```
> db.user.aggregate([
...        { $match: { age:{"$gt":13} } },
...        { $group: { _id: "$age", "人数": { $sum: 1 } } }
...        ]
... )
{ "_id" : 24, "人数" : 1 }
{ "_id" : 38, "人数" : 1 }
{ "_id" : 14, "人数" : 3 }
{ "_id" : 28, "人数" : 1 }
```

aggregate 默认返回分组信息_id，如果要去掉，可使用$project。

因为 aggregate 是按顺序处理的管道阶段操作器，所以管道的排序也很重要，下面两端代码使用相同的管道阶段操作器，但是不同的顺序，实现的效果也是不同的：

代码一：

```
db.user.aggregate([
    { $match: { age:{"$gt":13} } },
   { $sort: { age: 1 } },
    { $limit: 2 },
    { $group: { _id: "$age", "人数": { $sum: 1 } } }
  ]
)
```

代码段一表示选出 age 大于 13 的文档按 age 的升序排序，取前 2 个文档参与 group，用 age 分组并统计人数。

返回结果：

```
> db.user.aggregate([
...        { $match: { age:{"$gt":13} } },
...      { $sort: { age: 1 } },
...        { $limit: 2 },
...        { $group: { _id: "$age", "人数": { $sum: 1 } } }
...    ]
... )
{ "_id" : 14, "人数" : 2 }
```

代码二：

```
db.user.aggregate([
    { $match: { age:{"$gt":13} } },
    { $group: { _id: "$age", "人数": { $sum: 1 } } },
    { $sort: { _id: 1 } },
    { $limit: 2 }
  ]
)
```

代码二表示选出 age 大于 13 的文档用 age 分组并统计人数，所得结果按_id 的升序排序，取前 2 个文档作为结果返回。

输出结果：

```
> db.user.aggregate([
...        { $match: { age:{"$gt":13} } },
...        { $group: { _id: "$age", "人数": { $sum: 1 } } },
...      { $sort: { _id: 1 } },
...        { $limit: 2 }
...    ]
... )
{ "_id" : 14, "人数" : 3 }
{ "_id" : 24, "人数" : 1 }
```

第 11 章
GUI工具：数据库外部管理工具

第 10 章我们在 MongoDB 提供的原生 Shell 客户端中对 MongoDB 数据库进行了操作。Shell 客户端只能使用命令行进行操作，为了更方便、更直观地可视化操作 MongoDB，很多第三方的 GUI 工具已经被开发出来，本章我们就来学习 GUI 工具。

11.1 MongoDB 的 GUI 工具简介

图形用户界面（Graphical User Interface，简称 GUI，又称图形用户接口）是指采用图形方式显示操作界面，让用户进行可视化操作。MongoDB 官方本身提供了一些可视化工具，例如 MongoDB Cloud Manager、MongoDB Compass。MongoDB Cloud Manager 偏向于部署、运维、监控，而 MongoDB Compass 则偏向于数据管理、查询优化等。MongoDB Atlas 是 MongoDB 官方提供的 DBaaS 服务（DataBase as a Service），目前支持在 Amazon AWS 上构建 MongoDB 的云服务，未来有可能会支持更多的云厂商（例如 Azure、Alibaba Cloud 等），并通过 Cloud Manager +Compass 来提供可视化的数据管理。但是 MongoDB 官方提供的 GUI 工具是企业版才支持的功能，社区用户只可以下载试用。

其他第三方的工具有 MongoClient、Mongo-express、AdminMongo、HumongouS.io、NoSQL Manager for MongoDB、Robomongo、MongoChef、Mongobooster、Mongo Management Studio、MongoMonito、MongoCMS、MongoApp、Mongobird、PHPmongoDB、MongoVision、MongoVUE、Edda 等。

读者可以选择自己喜欢的 GUI 工具，需要注意的是第三方工具有些工具维护跟不上，不支持 MongoDB 3.0 版本以上的数据显示。

更多 MongoDB 的 GUI 工具信息可参考官网链接：

```
https://docs.mongodb.com/ecosystem/tools/administration-interfaces/
```

11.2 Robomongo 基本操作

我们选用 Robomongo 来进行操作示范，在 Robomongo 官网下载安装程序后跟着引导安装即可，Robomongo 官网地址：https://robomongo.org/。

11.2.1　连接 MongoDB

打开工具后在头部选项卡中选择 File→Connect，在打开的窗口中选择 Create，输入要连接的数据库 ip 和端口即可创建新连接，单击连接（如果启用了用户认证 tab 到 Authentication 针对数据库输入用户名密码和加密方式）。Robomongo 连接数据库如图 11-1 所示。

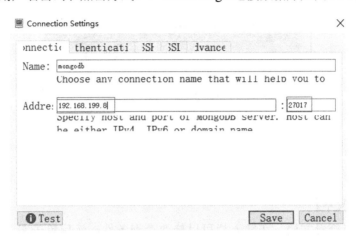

图 11-1　Robomongo 连接数据库

11.2.2　创建删除数据库

连接好数据库之后对着数据库右击，选择 Create Database，如图 11-2 所示，输入数据库名 test 即可创建数据库。对着数据库名右击，选择 Drop Database，即可删除数据库。

图 11-2　创建数据库

11.2.3　插入文档

数据库展开后有一个 Collections 文件夹，右击可以创建 Collection，对着创建好的 Collection 右击，选择 Insert Document 可以进行文档输入，文档需要符合 BSON 文档格式，输入完毕后单击右下角的 Save。插入文档如图 11-3 所示。

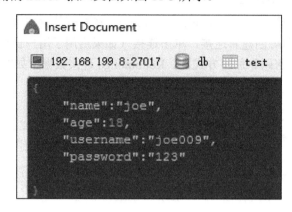

图 11-3　插入文档

11.2.4　查询文档

双击集合可以查看文档，在输入栏可以修改查询条件，然后单击左上角的绿色按钮运行。例如使用 db.getCollection('test').find({"name":"joe"})查询语句，查询文档如图 11-4 所示。

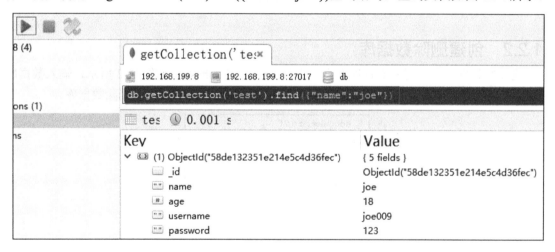

图 11-4　查询文档

11.2.5　更新文档

对着集合名右击，选择 Update Documents，然后输入查询修改参数，更新文档如图 11-5 所示。

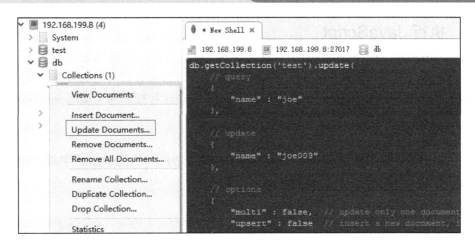

图 11-5　更新文档

11.2.6　创建索引

　　集合展开后有一个 Indexes 文件夹，对着 Indexes 文件夹右击，选择 Add Index 可以增加索引，输入索引名称，输入索引文档（字段和排序），索引文档满足 Bson 格式：1 表示升序，-1 表示降序。添加索引如图 11-6 所示。

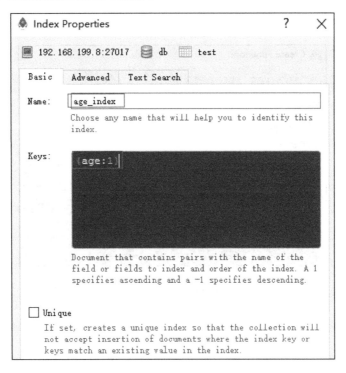

图 11-6　添加索引

11.2.7 执行 JavaScript

数据库展开后有一个 Functions 文件夹，对着文件夹右击，选择 Add Function 可以增加 JavaScript 函数，我们这里增加 addTrueName 函数。增加函数后对着数据库名右击，选择 Open Shell，输入 db.eval("return addTrueName();")，单击运行按钮即可调用 addTrueName 函数。

在 function 中我们可以编写自己的业务实现代码。

我们这里要做的操作是：给 user 集合的每个文档添加一个 trueName 字段，并赋值等于 userName，再在 userName 字段的值后面加上 110。

代码如下：

```javascript
function () {
  db.user.find().forEach(function(item){
    item.trueName=item.userName;
      item.userName=item.userName+"110";
      db.user.save(item);
  }
  )
}
```

增加函数如图 11-7 所示。

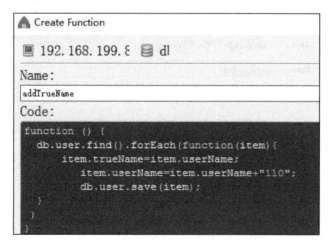

图 11-7　增加函数

第 12 章 监控

随着 MongoDB 服务中保存的数据越来越多，承受越来越密集的访问，对 MongoDB 服务状态的监控就越重要。只有经常关注 MongoDB 服务的状态是否健康，才能更好地防止故障以及对 MongoDB 服务的部署做出相应优化。

12.1 原生管理接口监控

MongoDB 提供了原生的管理接口：REST 接口和 HTTP 接口。REST 接口可用于配置监控、告警脚本和其他一些管理任务，HTTP 接口在 Web 界面上显示 MongoDB 服务的情况。REST 接口和 HTTP 接口都需要在启动时添加--rest 参数，或在配置文件加上 rest=true 开启 REST 接口支持才可使用。在浏览器输入 MongoDB 服务的 ip 地址和实例端口加上 1000，即可在 Web 界面查看 MongoDB 服务的状况。例如，192.168.192.8 默认启动端口是 27017，使用 http://192.168.199.8:28017/即可访问。需要注意的是，HTTP 接口在 MongoDB 3.2 版本之后已经不赞成使用，而且在生产环境中不能开启--rest 模式，否则会有安全风险。HTTP 接口监控如图 12-1 所示。

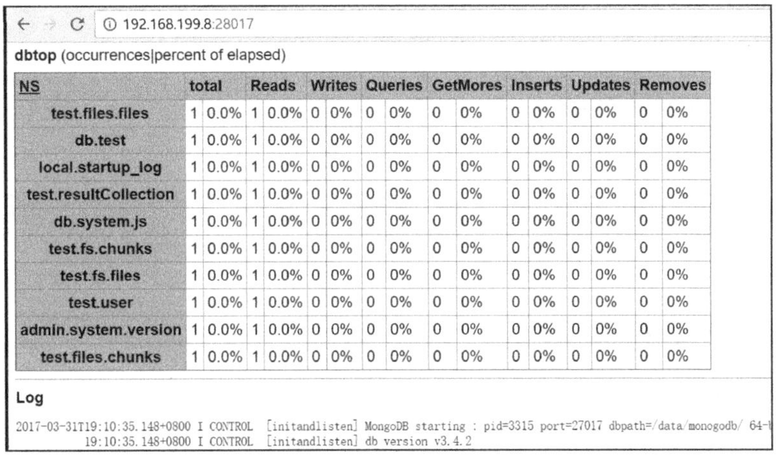

192.168.199.8:28017

dbtop (occurrences|percent of elapsed)

NS	total		Reads		Writes		Queries		GetMores		Inserts		Updates		Removes	
test.files.files	1	0.0%	1	0.0%	0	0%	0	0%	0	0%	0	0%	0	0%	0	0%
db.test	1	0.0%	1	0.0%	0	0%	0	0%	0	0%	0	0%	0	0%	0	0%
local.startup_log	1	0.0%	1	0.0%	0	0%	0	0%	0	0%	0	0%	0	0%	0	0%
test.resultCollection	1	0.0%	1	0.0%	0	0%	0	0%	0	0%	0	0%	0	0%	0	0%
db.system.js	1	0.0%	1	0.0%	0	0%	0	0%	0	0%	0	0%	0	0%	0	0%
test.fs.chunks	1	0.0%	1	0.0%	0	0%	0	0%	0	0%	0	0%	0	0%	0	0%
test.fs.files	1	0.0%	1	0.0%	0	0%	0	0%	0	0%	0	0%	0	0%	0	0%
test.user	1	0.0%	1	0.0%	0	0%	0	0%	0	0%	0	0%	0	0%	0	0%
admin.system.version	1	0.0%	1	0.0%	0	0%	0	0%	0	0%	0	0%	0	0%	0	0%
test.files.chunks	1	0.0%	1	0.0%	0	0%	0	0%	0	0%	0	0%	0	0%	0	0%

Log

```
2017-03-31T19:10:35.148+0800 I CONTROL  [initandlisten] MongoDB starting : pid=3315 port=27017 dbpath=/data/monogodb/ 64-
          19:10:35.148+0800 I CONTROL  [initandlisten] db version v3.4.2
```

图 12-1　HTTP 接口监控

12.2 使用 serverStatus 在 Shell 监控

serverStatus 命令可以查看 MongoDB 服务的状态，有助于了解诊断和性能分析。使用 mongo 命令进入 Shell 客户端后输入命令：

```
db.serverStatus();
```

serverStatus 输出的信息非常多，书中就不全部给出了，需要详细了解的可参考官网说明。serverStatus 命令相关官网地址：

```
https://docs.mongodb.com/manual/reference/command/serverStatus/
```

在实际使用中 db.serverStatus()命令输出的信息太多，看不过来，一般是根据要监控的情况使用细分的函数来查看。分为以下几种情况。

主机名：

```
db.serverStatus().host
```

锁信息：

```
db.serverStatus().locks
```

全局锁信息：

```
db.serverStatus().globalLock
```

内存信息：

```
db.serverStatus().mem
```

连接数信息：

```
db.serverStatus().connections
```

额外信息：

```
db.serverStatus().extra_info
```

索引统计信息：

```
db.serverStatus().indexCounters
```

后台刷新信息：

```
db.serverStatus().backgroundFlushing
```

游标信息：

```
db.serverStatus().cursors
```

网络信息：

```
db.serverStatus().network
```

副本集信息：

```
db.serverStatus().repl
```

副本集的操作计数器：

```
db.serverStatus().opcountersRepl
```

操作计数器：

```
db.serverStatus().opcounters
```

断言信息 asserts：

```
db.serverStatus().asserts
```

writeBacksQueued：

```
db.serverStatus().writeBacksQueued
```

持久化 dur：

```
db.serverStatus().dur
```

记录状态信息：

```
db.serverStatus().recordStats
```

工作集配置：

```
db.serverStatus( { workingSet: 1 } ).workingSet
```

指标信息 metrics：

```
db.serverStatus().metrics
```

想监控具体某个参数，把参数名放在 db.serverStatus().之后即可。

12.3 使用 mongostat 在 Shell 监控

serverStatus 命令是静态的监控，MongoDB 提供了动态的监控执行工具 mongostat。mongostat 会动态输出一些 serverStatus 提供的重要信息，每秒输出一次。mongostat 的使用方式跟 mongo 客户端一样，需要在 mongostat 可执行文件下使用命令：

```
./ mongostat
```

如果 MongoDB 可执行文件 Bin 目录已经加入环境变量，则直接使用：

```
mongostat
```

mongostat 监控界面如图 12-2 所示。

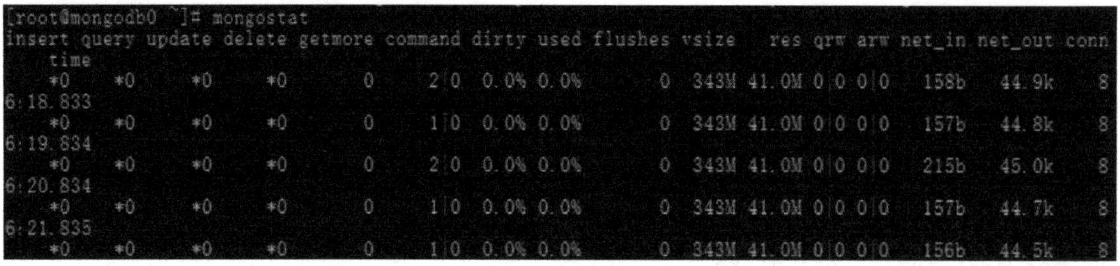

```
[root@mongodb0 ~]# mongostat
insert query update delete getmore command dirty used flushes vsize   res qrw arw net_in net_out conn
    time
    *0    *0     *0     *0       0     2|0  0.0% 0.0%       0  343M 41.0M 0|0 0|0   158b   44.9k    8
6:18.833
    *0    *0     *0     *0       0     1|0  0.0% 0.0%       0  343M 41.0M 0|0 0|0   157b   44.8k    8
6:19.834
    *0    *0     *0     *0       0     2|0  0.0% 0.0%       0  343M 41.0M 0|0 0|0   215b   45.0k    8
6:20.834
    *0    *0     *0     *0       0     1|0  0.0% 0.0%       0  343M 41.0M 0|0 0|0   157b   44.7k    8
6:21.835
    *0    *0     *0     *0       0     1|0  0.0% 0.0%       0  343M 41.0M 0|0 0|0   156b   44.5k    8
```

图 12-2　mongostat 监控

12.4 使用第三方插件监控

目前已经有很多第三方 MongoDB 的监控插件，比如 Hyperic、Nagios、Ganglia、Cacti、Zabbix、Munin、Openfalcon 等。感兴趣的读者可以进行了解学习，本书不再讲解。

第 13 章

◀ 安全和访问控制 ▶

MongoDB 的安全模式默认是关闭的，也就是不需要账号密码就能够访问数据库，这给我们的开发和使用带来了很多便利，但是 MongoDB 需要在一个可信任的运行环境中。很多 MongoDB 的使用者并没有意识到这点，没有经过任何设置就把 MongoDB 暴露在外网环境中，无异于让数据裸奔。2017 年年初发生了比较轰动的黑客赎金事件，很多 MongoDB 数据库中的数据被黑客删除索要赎金，MongoDB 官方做出了回应，这些攻击完全可以通过 MongoDB 中内置的完善的安全机制来预防，只要按照我们的安全文档正确使用这些功能，就可以避免攻击事件的发生。由此可见，正确的 MongoDB 打开姿势很重要。

我们可以通过以下几个方面来提高 MongoDB 数据库的安全性。

13.1 绑定监听 ip

MongoDB 可以通过设置--bind_ip 参数来设置 MongoDB 服务监听哪些 ip，设置了监听之后，只有使用这些 ip 才能够访问这个 MongoDB 服务。只需要在启动时或者配置文件中加上--bind_ip 即可，多个 ip 用逗号隔开。例如，192.168.199.8 上的 MongoDB 实例可使用命令如下：

```
mongod --bind_ip 127.0.0.1, 192.168.199.8
```

表示只监听 127.0.0.1 和 192.168.199.8，只有使用这两个 ip 才能连接该 MongoDB。

绑定监听 ip 后的 MongoDB 服务在 mongo 客户端连接时需要加上设置的 ip 参数，例如：

```
mongo 192.168.199.8
```

如果 192.168.199.8 上的 MongoDB 服务使用 192.168.199.9 作为--bind_ip 参数会报错 bind() failed Cannot assign requested address for socket: 192.168.199.9:27017，说明这个 ip 与本机不对应。

注意，网上很多资料说--bind_ip 是用来限制哪些 ip 能够访问 MongoDB 的，这种说法是错误的。限制 ip 访问是限制监听后的效果，--bind_ip 并不能直接限制哪个 ip 不能访问 MongoDB 服务（使用 Linux 等防火墙能实现该功能）。

通俗点说，--bind_ip 就是告诉 MongoDB 实例它自己叫什么名字，比如 ip 是 192.168.199.8 的服务器启动了 MongoDB 实例，它的外网 ip 是 122.130.22.14。如果我们不设置--bind_ip，在连接这个 MongoDB 实例时，可以在 192.168.199.8 上使用 mongo 127.0.0.1 来连接，可以在局域网的机子中使用 mongo 192.168.199.8 来连接，可以在公网环境中使用 mongo 122.130.22.14 来连接。因为这三个身份都是它。但是如果我们使用了 mongod --bind_ip 192.168.199.8，告诉 MongoDB 你的名字是 192.168.199.8，你只监听这个 ip，其他机子用这个称呼连接你时你才答应。设置好之后在 192.168.199.8 上使用 mongo 127.0.0.1 来连接会失败，在公网环境中使用 mongo 122.130.22.14 来连接也会失败，因为 MongoDB 现在只认 192.168.199.8 这个名字。也就是只有局域网中的机子（包括本机）才能使用 mongo 192.168.199.8 连接访问 MongoDB，间接实现了限制 ip 访问的功能。

若绑定为 127.0.0.1，则只能本机访问 MongoDB 服务，不指定--bind_ip 默认所有 IP 都能访问 MongoDB 服务。

13.2 设置监听端口

MongoDB 默认的监听端口是 27017，为了安全起见，可以修改这个监听端口，避免恶意的连接尝试。在启动时或者配置文件中加上--port 即可，使用命令：

```
mongod --port 36000
```

把 MongoDB 服务的端口设置为 36000，则 mongo 客户端连接时也需要带端口，使用命令如下：

```
mongo 127.0.0.1:36000
```

13.3 用户认证

MongoDB 在默认的情况下启动时是没有开启用户认证的，如果需要使用账号密码验证功能，需要先打开用户认证的开关。MongoDB 3.0 版本之后用户创建和权限方面变化了很多，早期版本在网上能找到很多资料，本书以 MongoDB 3.4 版本为例，更多信息可查看官网链接：

```
https://docs.mongodb.com/manual/tutorial/enable-authentication/
```

13.3.1 启用认证

启动 MongoDB 时加上--auth 即可开启认证模式，使用命令：

```
mongod --auth
```

在开启了访问权限控制的 MongoDB 实例上，用户能进行的操作取决于登录账号的角色（roles）。

13.3.2　添加用户

在开启访问权限控制时，需要确保 admin 库中有一个被分配了 userAdmin 或者 userAdminAnyDatabase 角色的用户账号。这个账号可以管理用户和角色，比如：创建用户、获取角色权限、创建或修改自定义角色等。

在访问权限控制开启之前或之后，都可以执行创建用户的操作。如果你在开启访问权限控制之前没有创建任何用户，MongoDB 提供一个特有机制，让你能够在 admin 库中创建管理员账号。一旦管理员账号创建完毕，其他账号则必须使用该管理员账号进行创建和控制权限。

（1）创建管理员账号

```
use admin
db.createUser(
  {
    user: "myUserAdmin",
    pwd: "abc123",
    roles: [ { role: "userAdminAnyDatabase", db: "admin" } ]
  }
)
```

使用命令 use admin 创建的用户账号信息保存在 admin 数据库下。

（2）创建普通账号

```
use test
db.createUser(
  {
    user: "myTester",
    pwd: "xyz123",
    roles: [ { role: "readWrite", db: "test" },
            { role: "read", db: "reporting" } ]
  }
)
```

使用命令 use test 创建的用户账号信息保存在 test 数据库下。

13.3.3　用户权限控制

我们已经看到创建用户时是需要带 roles 参数的，这就是用户的权限控制。role 表示可以执行的操作，db 表示可以操作的数据库。

权限除了在创建用户时赋值，也可以之后修改。

（1）查看用户权限

```
use test
db.getUser("myTester")
```

会输出：

```
...
roles: [ { role: "readWrite", db: "test" },
   { role: "read", db: "reporting" } ]
```

（2）查看权限能执行哪些操作

例如我们要看 test 数据库中 read 权限能执行哪些操作：

```
use test
db.getRole( "read", { showPrivileges: true } )
```

（3）授权

```
use test
db.grantRolesToUser(
   "myTester",
   [
     { role: "readWrite", db: "reporting" }
   ]
)
```

myTester 用户增加 reporting 数据库的读写权限。

（4）取消权限

```
use test
db.revokeRolesFromUser(
   "myTester",
   [
     { role: "readWrite", db: "reporting" }
   ]
)
```

myTester 用户取消 reporting 数据库的读写权限。

更多权限参数相关信息可以查看官网链接：

```
https://docs.mongodb.com/manual/reference/built-in-roles/
```

和

```
https://docs.mongodb.com/manual/tutorial/manage-users-and-roles/#view-a-role-
s-privileges
```

13.3.4　用户登录

（1）启动 mongo 客户端时登录：

```
mongo --port 27017 -u "myUserAdmin" -p "abc123" --authenticationDatabase
"admin"
```

参数--authenticationDatabase "admin"表示 myUserAdmin 用户在 admin 数据库下。

（2）进入 mongo 客户端后再登录：

```
mongo --port 27017
use admin
db.auth("myUserAdmin", "abc123" )
```

输出 1 则表示登录成功。

13.3.5　修改密码

```
db.changeUserPassword("myTester", "456789")
```

将 myTester 的密码修改为 456789，需要 admin 管理员权限。

13.3.6　删除用户

```
db.dropUser("myTester")
```

需要 admin 管理员权限。

第 14 章

◀ 数据管理 ▶

数据的备份和恢复是工作中常用的操作，本章学习数据的管理。

14.1 数据备份 mongodump

MongoDB 提供了可执行文件 mongodump 用于数据备份，mongodump 的原理是对 MongoDB 进行普通查询，然后写入文件中。在 mongodump 可执行文件的 bin 目录使用命令：

```
./mongodump  -d test  -o /home/joe/
```

有配置环境的 Linux 任意路径使用命令（mongodump 备份的数据文件如图 14-1 所示）：

```
mongodump  -d test  -o /home/joe/
```

mongodump 也可以使用-q 参数增加查询条件，只导出满足条件的文档，使用命令：

```
mongodump  -d test  -c user  -q "{name: 'joe'}"  -o /home/joe/
```

注意-q 参数值的标点符号，否则会报错 positional arguments not allowed。

更多 mongodump 的参数使用命令./mongodump --help 查看，如图 14-1 所示。

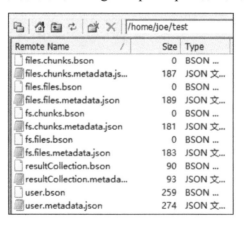

图 14-1　mongodump 备份的数据文件

14.2　数据恢复 mongorestore

mongorestore 可执行文件与 mongodump 搭配使用，用于恢复数据库。

mongorestore 使用的数据文件就是 mongodump 备份的数据文件，使用命令如下：

```
mongorestore  -d  test  /home/joe/test  --drop
```

使用/home/joe/test 路径下的 BSON 和 JSON 文件恢复数据库 test，--drop 参数表示如果已经存在 test 数据库则删除原数据库，去掉--drop 则恢复数据库时与原数据库合并。

14.3　数据导出 mongoexport

mongodump 主要是针对库的备份，MongoDB 还提供了一种针对集合的备份工具：可执行文件 mongoexport。mongoexport 可以指定导出的格式，还可以指定导出的字段，比较灵活。

14.3.1　导出 JSON 格式

导出 JSON 格式的备份文件使用命令：

```
mongoexport -d test -c user -o /home/joe/user.dat
```

导出 test 数据库中 user 集合到目录/home/joe 下的 user.dat 文件中，查看 user.dat 文件发现里面的数据是 JSON 格式的。

mongoexport 也可以使用-q 参数增加查询条件，只导出满足条件的文档，使用命令：

```
mongoexport -d test -c user  -q "{name: 'joe'}" -o /home/joe/user.dat
```

注意-q 参数值的标点符号，否则会报错 too many positional arguments。

14.3.2　导出 CSV 格式

导出 CSV 格式的备份文件使用命令：

```
mongoexport -d test -c user --csv -f id,name,age -o /home/joe/user.csv
```

导出 test 数据库中 user 集合到目录/home/joe 下的 user.csv 文件中。-f 参数用于指定只导出 id、name 以及 age 字段。因为 CSV 是表格类型的，对于内嵌文档太深的数据导出效果不是很好，所以一般来说会指定某些字段导出。

14.4 数据导入 mongoimport

数据导入工具 mongoimport 与 mongoexport 配合使用，使用 mongoexport 导出的备份文件进行数据恢复。

14.4.1 JSON 格式导入

```
mongoimport -d test -c user  /home/joe/user.dat  --upsert
```

使用备份文件/home/joe/user.dat 导入数据到 test 数据库的 user 集合中，--upsert 表示更新现有数据，如果不使用--upsert，则导入时已经存在的文档会报_id 重复，数据不再插入。也可以使用--drop 删除原数据。

14.4.2 CSV 格式导入

```
mongoimport -d test -c user --type csv --headerline --file /home/joe/user.csv
```

导入/home/joe 目录下的 user.csv 文件中的数据到 test 的 user 集合。

--headerline 指明不导入第一行，CSV 格式的文件第一行为列名。

第 15 章
◄ MongoDB驱动 ►

前面几个章节我们都是使用 MongoDB 原生客户端或者第三方客户端在对 MongoDB 进行操作，这样的使用场景并不能满足我们在工作环境中使用 MongoDB。比如我们的 Web 应用可能是使用 Java 语言编写的，或者使用 PHP 语言编写。

这时候怎么能够让我们的程序使用 MongoDB 数据库做存储和读取呢？答案是使用 MongoDB 驱动。MongoDB 驱动让我们可以使用自己熟悉和喜欢的计算机语言对 MongoDB 数据库进行操作，前提是 MongoDB 提供了这种语言的驱动支持。

15.1 MongoDB 驱动支持的开发语言

计算机语言的种类非常多，我们可以在 TIOBE 官网上进行了解。TIOBE 编程语言排行榜是编程语言流行趋势的一个指标，每月更新，这份排行榜排名基于互联网上有经验的程序员、课程和第三方厂商的数量。排名使用著名的搜索引擎（诸如 Google、MSN、Yahoo!、Wikipedia、YouTube 以及 Baidu 等）进行计算。请注意这个排行榜只是反映某个编程语言的热门程度，并不能说明一门编程语言好不好，或者一门语言所编写的代码数量多少。

这个排行榜可以用来考查你的编程技能是否与时俱进，也可以在开发新系统时作为一个语言选择依据。 TIOBE 官网地址：

```
https://www.tiobe.com/tiobe-index/
```

比如，2017 年 3 月份 TIOBE 编程语言排行榜前 20 列表如图 15-1 所示。

Mar 2017	Mar 2016	Change	Programming Language	Ratings	Change
1	1		Java	16.384%	-4.14%
2	2		C	7.742%	-6.86%
3	3		C++	5.184%	-1.54%
4	4		C#	4.409%	+0.14%
5	5		Python	3.919%	-0.34%
6	7	∧	Visual Basic .NET	3.174%	+0.61%
7	6	∨	PHP	3.009%	+0.24%
8	8		JavaScript	2.667%	+0.33%
9	11	∧	Delphi/Object Pascal	2.544%	+0.54%
10	14	∧	Swift	2.268%	+0.68%
11	9	∨	Perl	2.261%	+0.01%
12	10	∨	Ruby	2.254%	+0.02%
13	12	∨	Assembly language	2.232%	+0.39%
14	16	∧	R	2.016%	+0.73%
15	13	∨	Visual Basic	2.008%	+0.33%
16	15	∨	Objective-C	1.997%	+0.54%
17	48	∧	Go	1.982%	+1.78%
18	18		MATLAB	1.854%	+0.66%
19	19		PL/SQL	1.672%	+0.48%
20	26	∧	Scratch	1.472%	+0.70%

图 15-1　2017 年 3 月份 TIOBE 编程语言排行榜前 20

MongoDB 还没来得及对所有的计算机语言提供驱动支持，但是可以放心的是目前常用的比较热门的计算机语言都已经得到了 MongoDB 驱动支持。

目前 MongoDB 驱动支持的开发语言有：C、C++、C#、Java、Node.js、Perl、PHP、Python、Motor、Ruby、Scala、Go、Erlang。

相关驱动的下载和使用 API 等可以查看官网 MongoDB Drivers 的信息，官网地址：

```
https://docs.mongodb.com/ecosystem/drivers/
```

MongoDB Drivers 列表如图 15-2 所示。

Documentation	Releases	Source	API	JIRA	Online Course
C ⟋	Releases ⟋	Source ⟋	API ⟋	JIRA ⟋	
C++11 ⟋	Releases ⟋	Source ⟋	API ⟋	JIRA ⟋	
C#	Releases ⟋	Source ⟋	API ⟋	JIRA ⟋	Course ⟋
Java	Releases ⟋	Source ⟋	API ⟋	JIRA ⟋	Course ⟋
Node.js	Releases ⟋	Source ⟋	API ⟋	JIRA ⟋	Course ⟋
Perl	Releases ⟋	Source ⟋	API ⟋	JIRA ⟋	
PHP	Releases ⟋	Source ⟋	API ⟋	JIRA ⟋	
Python	Releases ⟋	Source ⟋	API ⟋	JIRA ⟋	Course ⟋
Motor	Releases ⟋	Source ⟋	API ⟋	JIRA ⟋	
Ruby	Releases ⟋	Source ⟋	API ⟋	JIRA ⟋	
Scala	Releases ⟋	Source ⟋	API ⟋	JIRA ⟋	

图 15-2　MongoDB Drivers

15.2 驱动使用流程

不同开发语言的驱动使用流程是类似的，我们这里可以先了解大概的流程。按照流程走一遍，我们就可以在这种开发语言中使用 MongoDB 了。

（1）开发语言开发环境配置

首先是开发语言开发环境的配置，不同的开发语言需要不同的环境和编辑器，比如 Java 语言需要 JDK 的环境，以及有 Eclipse 等各种编辑器可以选择；C#需要.NET 框架环境，有 VS 等编辑器可以选择。

（2）加载驱动

首先在官网 MongoDB Drivers 的地址 https://docs.mongodb.com/ecosystem/drivers/里面选择 MongoDB 驱动包并下载。

环境配置完后新建项目，在该项目中加载 MongoDB 驱动即可。加载驱动的方法每个开发语言有所差异，原理上都是把 MongoDB 驱动包引入项目中，让项目可以使用即可。

（3）查阅操作语法

如何查阅开发语言使用 MongoDB 的操作语法因人而异，有经验的开发者可以在项目中调用方法时查看方法和参数或者查看 MongoDB 驱动包的源码，新手可以在搜索引擎中搜索相关资料，或者在官网中查看，例如 github[16]中就有相关操作的例子。

官网 MongoDB Drivers 的地址 https://docs.mongodb.com/ecosystem/drivers/ ，里面有 API 信息的链接，以及 github 的地址。github 中还提供不同语言的操作示例，如图 15-3 所示。

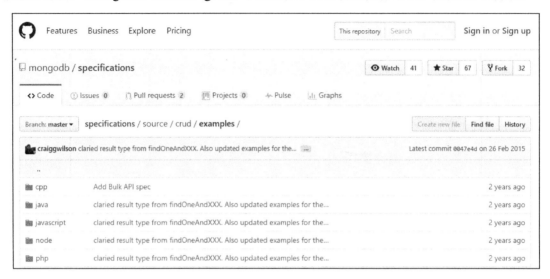

图 15-3　github 中不同语言的操作示例

（4）测试操作

加载好驱动之后根据查到的操作语法，尝试对 MongoDB 数据库做操作。主要完成连接数据库，增删改查，聚合操作 count、distinct、mapreduce 和 aggregate，以及对 GridFS 文件的操作，之后基本上就能使用这门语言进行开发工作了。

---

[16] GitHub 是一个面向开源及私有软件项目源码的托管平台，因为只支持 Git 作为唯一的版本库格式进行托管，故名 GitHub。

第 16 章

◀ Java操作MongoDB ▶

Java 是一门面向对象的编程语言，可以编写桌面应用程序、Web 应用程序、分布式系统和嵌入式系统应用程序等。要进行 Java 开发首先需要安装 Java 编辑器。目前有很多 Java IDE 编辑器，比较常用的有 Eclipse、NetBeans、IntelliJ IDEA Community Edition、Myeclipse 等。Eclipse 和 IntelliJ IDEA Community Edition 是免费的，NetBeans 是开源的，Myeclipse 则需要付费注册。我们这里选用 Eclipse。

16.1 安装 JDK

JDK 是整个 Java 开发的核心，它包含了 Java 的运行环境、Java 工具和 JAVA 基础的类库。所以在安装编辑器之前需要安装 JDK。

首先需要到官网下载 JDK，官网下载地址为：

```
http://www.oracle.com/technetwork/java/javase/downloads/jdk8-downloads-
2133151.html
```

根据自己计算机的环境选择版本即可。注意，最新版的 Eclipse Neon 至少需要 JDK 1.8 才能进行安装。我这里已经下载好了 jdk-8u121-windows-x64.exe，安装过程跟随向导单击 Next 按钮往下即可。

安装完成之后需要配置环境变量。

（1）新建变量名：JAVA_HOME（这是 JDK 安装路径）
变量值：C:\Program Files\Java\jdk1.8.0_121

（2）编辑变量名：Path
单击右下的编辑文本，在最后增加变量：;%JAVA_HOME%\bin;%JAVA_HOME%\jre\bin

（3）新建变量名：CLASSPATH
变量值：.;%JAVA_HOME%\lib;%JAVA_HOME%\lib\dt.jar;%JAVA_HOME%\lib\tools.jar
（注意：CLASSPATH 变量值前面有个"."）

设置完成之后，测试是否安装成功。重新打开 cmd 控制台，输入命令：java –version 或者 javac，打印出版本号或者命令提示则说明配置成功，如图 16-1 所示。

如果确认配置正确，但是不生效，可重启重试。

图 16-1　JDK 安装成功信息

16.2　Eclipse 安装

首先需要在 Eclipse 官网下载安装程序。Eclipse 官网下载地址：http://www.eclipse.org/downloads/。根据自己的计算机环境选择版本即可，这里选择 Win64 版本，如图 16-2 所示。

Get Eclipse Neon

Install your favorite Eclipse packages.

DOWNLOAD 64 BIT

Download Packages

图 16-2　下载 Eclipse

下载完成后得到安装文件 eclipse-inst-win64.exe，双击运行，然后选择 Eclipse IDE for Java EE Developers，跟随向导完成安装即可。安装完成后启动，设置工作空间目录，也就是项目源代码存放的地方。

16.3　加载驱动

官方指向的 github 源码网站下载的 MongoDB 驱动包是驱动包的源码，有兴趣的读者可以自行研究，我们这里为了方便读者可以直接在其他第三方网站中下载 jar 包。

我们在第三方 jar 包管理网站 http://search.maven.org 中搜索 mongo-java-driver 下载 jar 包。如图 16-3 所示。

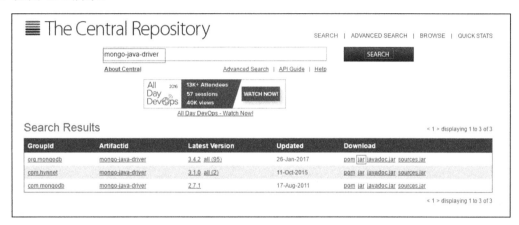

图 16-3　http://search.maven.org 驱动 jar 包下载

执行 File→New→Project→Java Project→填写项目名 test→Finish，新建一个 Java 项目后，把 jar 包复制粘贴放进项目中，对着 jar 包右击，单击 Build Path→Add to Build Path 即可，如图 16-4 所示。

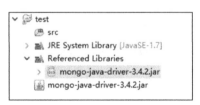

图 16-4　jar 包 Build Path 引入项目

16.4　查阅 Java 操作语法

github 中操作语法的文档链接是 http://mongodb.github.io/mongo-java-driver/3.4/driver/getting-started/quick-start/。

github 中 MongoDB 驱动在 Java 中的操作示例链接是 https://github.com/mongodb/specifications/blob/master/source/crud/examples/java/src/main/java/examples/MongoCollectionUsageExample.java。github 中 Java 操作 MongoDB 的示例如图 16-5 所示。

```
20  import com.mongodb.client.model.UpdateOptions;
21  import org.mongodb.Document;
22
23  import static java.util.Arrays.asList;
24  import static java.util.concurrent.TimeUnit.SECONDS;
25
26  public class MongoCollectionUsageExample {
27
28      public static void usageExample(MongoCollection<Document> col) {
29
30          // Java's argument passing is very rudimentary compared to most other
31          // languages.  No named parameters, no optional parameters, etc.
32          // To make it as easy as possible for users to do the simple things simply
33          // and the slightly more complex thing not too much more complex,
34          // and still abiding by the spec rules for no positional optional parameters
35          // the Java driver provides two overloads for each method:
36          //
37          // 1. An overload with positional parameters for all required model fields
38          // 2. An overload with the same positional parameters for all required model
39          //     fields, plus an options parameter whose type defines a fluent API for
40          //     specifying each optional parameter
41
42
43          // find
44
45          //   find with no criteria, since criteria is optional
46          col.find();
47
48          //   find with criteria, specified in options since...criteria is optional
49          col.find(new FindOptions().criteria(new Document("x", 1)));
50
51          //   adding limit is easy once you have options
52          col.find(new FindOptions().criteria(new Document("x", 1))
53                                  .limit(10));
54
55          //   as are query flags
56          col.find(new FindOptions().tailable(true)
57                                  .awaitData(true));
58
```

图 16-5　github 中 Java 操作 MongoDB 的示例

16.5 测试操作

我们先了解每种操作的用法，最后学习如何运行。使用代码时需要在 Java 文件中使用 import 引入相关的类，Eclipse 自动引入相关的快捷键是 Ctrl+Shift+O。

16.5.1　连接数据库

```
MongoClient mongoClient = new MongoClient("192.168.199.8" , 27017 );//创建数据库
实体
MongoDatabase database = mongoClient.getDatabase("test"); //连接 test 数据库
MongoCollection<Document> collection = database.getCollection("user"); //获取
user 集合
```

或者使用 MongoClientURI：

```
MongoClient mongoClient = new MongoClient(new
MongoClientURI("mongodb://192.168.199.8:27017"));
```

开启数据库认证的情况下连接数据库：

```
String user; // 用户名
String database; // 存放 user 集合的数据库名
char[] password; //密码字符数组
MongoCredential credential = MongoCredential.createCredential(user, database,
password);
MongoClient mongoClient = new MongoClient(new ServerAddress("host1", 27017),
                                Arrays.asList(credential));
```

MongoDB 还提供了不同加密方式：SCRAM-SHA-1、MONGODB-CR、X.509、Kerberos (GSSAPI) 、LDAP (PLAIN)。

MongoDB 3.0 之后，默认的加密机制从 MONGODB-CR 变成了 SCRAM-SHA-1。

不同加密机制的连接方式参考官网链接：

```
http://mongodb.github.io/mongo-java-driver/3.4/driver/tutorials/authentication/
```

16.5.2　插入数据

（1）单条插入

```
Document document = new Document("name", "user0")
        .append("contact", new Document("phone", "228-555-0149"))
        .append("email", "user@example.com")
.append("location",Arrays.asList(-73.92502, 40.8279556)))
        .append("age",18)
        .append("likeNum", Arrays.asList(8, 10));
collection.insertOne(document);
```

（2）多条插入

```
List<Document> datas = new ArrayList<Document>();
for (int i=1; i < 10; i++) {
String userName="user"+i;
Document document = new Document("name",userName)
        .append("contact", new Document("phone", "228-555-0149"+i)
                        .append("email", userName+"@example.com")
                        .append("location",Arrays.asList(-73.92502+i,
40.8279556)))
        .append("age",18+i)
        .append("likeNum", Arrays.asList(i, 8, 9));
 datas.add(document);
```

```
    }
collection.insertMany(datas);
```

16.5.3　查询数据

（1）查询所有

```
collection.find();
```

（2）与查询

查询年龄大于等于 20，小于 21，喜欢数字有 9 的 user：

```
collection.find(new Document("age", new Document("$gte", 20).append("$lt",
21)).append("likeNum", 9));
```

除了文档的形式还能使用内置静态方法：

```
collection.find(and(gte("age", 20), lt("age", 21), eq("likeNum", 9)));
```

注意使用静态内置方法需要手动添加引入：

```
import static com.mongodb.client.model.Filters.*;
```

（3）或查询

查询年龄是 18 或者 19 的 user：

```
collection.find(or(eq("age", 18), eq("age", 19)));
```

（4）模糊查询

查询 name 字段值有 user 的文档：

```
Pattern pattern = Pattern.compile("user");
BasicDBObject query = new BasicDBObject("name", pattern);
collection.find(query);
```

（5）地理信息查询

首先得创建地理位置索引：

```
collection.createIndex(Indexes.geo2dsphere("contact.location"));
```

查询位置-73.92505, 40.8279556 附近 2 米之外，5000 米以内的点，Filters.near 方法传入 Bson geometry 类型时单位是米。

```
Point refPoint = new Point(new Position(-73.92505, 40.8279556));
collection.find(Filters.near("contact.location", refPoint, 5000.0, 2.0));
```

16.5.4　更新数据

（1）单条更新

updateOne 方法第一个参数是查询条件，如果查出多条，也只修改第一条；第二个参数是修改条件。

把年龄为 18 的第一个文档中 contact 子文档的 phone 字段修改为 000-2231-1289：

```
collection.updateOne(new Document("age", 18), new Document("$set", new
Document("contact.phone", "000-2231-1289")));
```

（2）多条更新

把年龄为 18 的所有文档 likeNum 数据中都增加一个数值 0：

```
collection.updateMany(
            eq("age", 18),
        new Document("$push",new Document("likeNum",0))
            );
```

16.5.5　删除数据

（1）删除单条记录

删除年龄为 22 的第一条文档：

```
collection.deleteOne(eq("age",22));
```

（2）删除多条记录

删除年龄为 18 的所有记录：

```
collection.deleteMany(eq("age",18));
```

16.5.6　聚合方法执行

（1）执行 count

查询年龄为 19 的文档数量：

```
collection.count(new BasicDBObject("age", 19));
```

（2）执行 distinct

查询 age 有多少不同值：

```
collection.distinct("age", Integer.class);
```

因为 age 在数据库中存储的是 Int32 类型，所以在 Java 中使用整型 Integer；如果是其他数据类型的话，class 类型需要对应。

查询 likeNum 中有 9 的文档 age 有多少不同值：

```
collection.distinct("age", new Document("likeNum", 9),Integer.class);
```

（3）执行 mapreduce

筛选出 name 为 user3 的文档：

```
String map = "function Map(){if(this.name=='user3'){emit('result',this);}}";
String reduce = "function Reduce(key, values) {return values[0];}";
MapReduceIterable<Document> out = collection.mapReduce(map,reduce);
      for(Document u:out){
          System.out.println(u);
      }
```

（4）执行 aggregate

likeNum 中有 9 的文档根据 age 分组后统计数量：

```
collection.aggregate(
    Arrays.asList(
            Aggregates.match(Filters.eq("likeNum", 9)),
            Aggregates.group("$age", Accumulators.sum("count", 1))
    )
);
```

16.5.7   操作 GridFS

（1）新建 GridFS 集合

新建一个存放 GridFS 文件的集合 files：

```
MongoClient mongoClient = new MongoClient("192.168.199.8" , 27017 );
MongoDatabase myDatabase = mongoClient.getDatabase("test");
GridFSBucket gridFSBucket = GridFSBuckets.create(myDatabase, "files");
```

（2）上传文件

上传文件需要指定上传路径和文件名，比如在 F 盘中新建一个 txt 文件 mongodb.txt：

```
try {
    InputStream streamToUploadFrom = new FileInputStream(new
File("F:/mongodb.txt"));
    // Create some custom options
    GridFSUploadOptions options = new GridFSUploadOptions()
     .chunkSizeBytes(358400)
    .metadata(new Document("type", "presentation"));
    ObjectId fileId = gridFSBucket.uploadFromStream("mongodb-tutorial",
streamToUploadFrom, options);
} catch (FileNotFoundException e){
    // handle exception
}
```

（3）查询文件

```
gridFSBucket.find();
```

或者增加查询条件：

```
gridFSBucket.find(eq("metadata.type", "presentation"));
```

（4）下载文件

下载文件需要存储在 GridFS 中的文件的 fileId，以及设置下载文件存放的地址和文件名，这里设置为 F:/mongodb_download.txt。

```
String fileName= "mongodb-tutorial";
//下载文件数据库中 files.files 的 filename
        try {
            FileOutputStream streamToDownloadTo = new
FileOutputStream("F:/mongodb_download.txt");
```

```
            gridFSBucket.downloadToStream(fileName, streamToDownloadTo);
            streamToDownloadTo.close();
            System.out.println(streamToDownloadTo.toString());
        } catch (IOException e) {
            // handle exception
        }
```

（5）重命名文件

```
ObjectId fileId=new ObjectId("58e0f8db6464ee74a4a25b96");
//下载文件数据库中 files.files 的 _Id
gridFSBucket.rename(fileId, "newFileName");
```

（6）删除文件

```
ObjectId fileId=new ObjectId("58e0f8db6464ee74a4a25b96");
//下载文件数据库中 files.files 的 _Id
gridFSBucket.delete (fileId);
```

16.5.8　运行示例

学习操作语法之后我们尝试运行它们，我们把需要执行的操作放在一个 Java 文件的 main 方法中运行。然后在 Eclipse 的 console 控制台以及客户端连接数据库查看结果。

对着项目 src 目录右击，选择 NEW→新建 Class 文件→命令为 Test→Finish。

Test.java 的代码如下：

```
package test;

import java.util.ArrayList;
import java.util.Arrays;
import java.util.List;

import org.bson.Document;

import com.mongodb.MongoClient;
import com.mongodb.client.FindIterable;
import com.mongodb.client.MongoCollection;
import com.mongodb.client.MongoDatabase;
import static com.mongodb.client.model.Filters.*;
public class Test {
    public static void main(String[] args) {
        //连接 test 数据库
        MongoClient mongoClient = new MongoClient("192.168.199.8" , 27017 );
        MongoDatabase database = mongoClient.getDatabase("test");
        MongoCollection<Document> collection = database.getCollection("user");
        //插入数据
        List<Document> datas = new ArrayList<Document>();
        for (int i=1; i < 10; i++) {
        String userName="user"+i;
        Document document = new Document("name",userName)
                    .append("contact", new Document("phone", "228-555-0149"+i)
```

```
    .append("email", userName+"@example.com")
    .append("location",Arrays.asList(-73.92502+i, 40.8279556)))
    .append("age",18+i)
    .append("likeNum", Arrays.asList(i, 8, 9));
    datas.add(document);
            }
    collection.insertMany(datas);
    //与查询并输出结果
    System.out.println("与查询:");
    FindIterable<Document> result=collection.find(new Document("age", new
Document("$gte", 20).append("$lt", 21)).append("likeNum", 9));
    System.out.println(result.first());


    }
}
```

Console 控制台输出结果为:

```
与查询:
Document{{_id=58e0e4ee6464ee61a05b5fab, name=user2,
contact=Document{{phone=228-555-01492, email=user2@example.com, location=[-
71.92502, 40.8279556]}}, age=20, likeNum=[2, 8, 9]}}
```

客户端中查看 user 集合已经有写入的 9 个文档。Robomongo 客户端中查看 user 集合界面如图 16-6 所示。

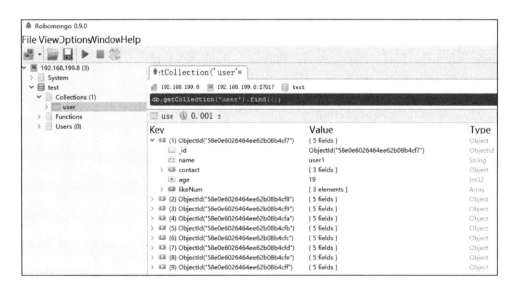

图 16-6　Robomongo 客户端中查看 user 集合

如果要执行其他操作,再修改 main 方法中的代码即可。

第三部分

管理与开发进阶篇

第 17 章

◀ 副本集部署 ▶

我们在第 6 章已经学习了有关副本集的理论原理，也知道了主从复制其实是副本集的一种，主从复制有比较明显的缺陷：当主节点出现故障停电或者死机等情况发生时，整个 MongoDB 服务集群就不能正常运作了，需要人工地去处理这种情况。所以在工作中很少使用主从复制了，一般都用副本集。所以本章节主要记录如何部署副本集，在最后小节会简单给出主从复制部署的运行命令。

17.1 总体思路

当副本集的总可投票数为偶数时，可能出现无法选举出主节点的情况，mongod 会提示：

```
[rsMgr] replSet total number of votes is even - add artiber or give one member
an extra vote.
```

2 个节点组成副本集是不合理的，因为这样的副本集不具备故障切换能力：

- 当 SECONDARY 节点挂掉，剩下一个 PRIMARY，此时副本集运行不会出问题，但不具备副本集的功能了，相当于单实例 MongoDB 服务。

- 当 PRIMARY 节点挂掉，此时副本集只剩下一个 SECONDARY，它只有 1 票，不超过总节点数的半数，不会成功选举自己为 PRIMARY 节点。会报错误提示：
  [rsMgr]replSet can't see a majority,will not try to elect self.

我们有两种方案，一是设置 MongoDB 集群的节点数量为奇数，二是当 MongoDB 集群的节点数量为偶数时，适当增加仲裁节点，增加集群的稳定性。

由此可知，算上仲裁节点，至少需要三个节点才能有效组成副本集。三个节点组成的副本集，当 PRIMARY 节点挂掉了，可以顺利选出一个 PRIMARY 节点，此时要马上修复挂掉的节点，因为不修复的话，如果当前的 PRIMARY 节点又挂了，剩下一个 SECONDARY 节点是不能选出 PRIMARY 节点的。

所以尝试部署副本集的可行方案是：3 个数据节点或 2 个数据节点+1 个仲裁节点。

我们这里记录 2 个数据节点+1 个仲裁节点的部署步骤，学会了之后就可以同理部署出 3 个数据节点甚至更多节点的副本集。

17.2 MongoDB 环境准备

根据我们的部署思路，我们需要有三台计算机作为 MongoDB 的服务器，2 台配置为数据节点，1 台配置为仲裁节点不保存数据。在生产环境中当时使用三台实体计算机是最好的，我们利用虚拟机来学习部署，实体机中的部署副本集步骤与虚拟机中是一样的。我们在 8.3 Linux 系统安装 MongoDB 小节中学习了虚拟机 Linux 系统的搭建，并且在上面安装了 MongoDB。我们已经有了一个虚拟机，我们可以用这个方法再搭建出两个虚拟机，或者使用克隆的方式快速复制出两个虚拟机。我这里就使用克隆的方式，在 VM 工具栏上单击虚拟机→管理→克隆，如图 17-1 所示，根据引导完成克隆。

图 17-1　克隆虚拟机

（1）选择克隆自虚拟机中的当前状态。

（2）选择创建完整的克隆。

（3）填写虚拟机名称和选择虚拟机系统文件存放的路径。

（4）单击完成，稍等片刻就克隆完成了。

如果启动虚拟机时出现报错：The VMware Authorization Service is not running，需要在控制面板→管理工具→服务中找到 VMware Authorization Service 服务，启动 VMware Authorization Service 服务，并把它设置为自动。

这里一共准备了三个虚拟机。因为我的主机 Windows 系统的 ip 为 192.168.199.217，三个虚拟机应该与主机在同一个网段。修改静态 ip 时注意新克隆的虚拟机 MAC 地址（对着虚拟机右击，选择设置→网络适配器→高级可以查看）需要与 HWADDR 的值对应，如图 17-2 所示，同时 UUID 需要删除（重启后会自动生成）。它们的静态 ip 分别设置为：

● 192.168.199.8

- 192.168.199.9
- 192.168.199.10

图 17-2　克隆的虚拟机 MAC 地址需要与 HWADDR 的值对应

设置好 ip 后还需要把 ip 与主机名对应起来。

查看主机名使用命令：

```
hostname
```

因为有两个虚拟机是克隆的，所以三个虚拟机的主机名一样，都为 localhost.mongodb0，我这里使用 vi 命令编辑/etc/sysconfig/network 和/etc/hosts 文件修改主机名，命令如下：

```
vi /etc/sysconfig/network
```

把 HOSTNAME=localhost.mongodb0 中的 localhost.mongodb0 修改成我们设置的主机名。例如，mongodb0 机子这里修改为 HOSTNAME= mongodb0，按 Esc 键，输入:wq，按回车键，保存/etc/sysconfig/network 并退出。

```
vi /etc/hosts
```

可以看到一列内容为：

```
127.0.0.1  localhost localhost.localdomain localhost4 localhost4.localdomain4
```

需要把 localhost.localdomain 修改为我们设置的主机名，例如 mongodb0 机子这里修改为：

```
127.0.0.1  localhost  mongodb0  localhost4 localhost4.localdomain4
```

同时还需要把 ip 对应写入/etc/hosts 文件中，例如 mongodb0 机子在/etc/hosts 最后加入一行内容为：

179

[]

```
192.168.199.8 mongodb0
```

mongo0 与自己的 ip 对应，为了保证 mongodb0 能够通过主机名找到 mongodb1 和 mongodb2 的 ip 地址，几台主机能够通过主机相互识别，我们还需要把 mongodb1 和 mongodb2 的 ip 对应也写入/etc/hosts 中。我这里三个 ip 与虚拟机主机名对应为：

```
192.168.199.8  mongodb0
192.168.199.9  mongodb1
192.168.199.10  mongodb2
```

所以三个虚拟机都需要在/etc/hosts 中加入内容：

```
192.168.199.8  mongodb0
192.168.199.9  mongodb1
192.168.199.10  mongodb2
```

如图 17-3 所示按 Esc 键，输入:wq，按回车键，保存/etc/hosts 并退出。

图 17-3　设置 ip 与主机名的映射

重启服务器后生效，使用 hostname 命令验证主机名，使用 ping 命令验证三个虚拟机相互之间是否可以使用主机名 ping 通。

然后还需要把 MongoDB 服务启动使用的端口在防火墙中放开。如果对安全不严格的测试环境或者内网环境可以关闭防火墙，如果是生产环境下不能关闭防火墙则需要打开 MongoDB 服务启动使用的端口，例如这里是默认的 27017。使用的命令如下：

（1）永久性生效，重启后不会复原

开启：chkconfig iptables on

关闭：chkconfig iptables off

（2）即时生效，重启后复原

开启：　service iptables start

关闭：　service iptables stop

需要说明的是，对于 Linux 下的其他服务都可以用以上命令执行开启和关闭操作。

在开启了防火墙时，做如下设置：开启相关端口，修改/etc/sysconfig/iptables 文件：

```
vi /etc/sysconfig/iptables
```

添加以下内容：

```
-A INPUT -m state --state NEW -m tcp -p tcp --dport 27017 -j ACCEPT
```

同时需要注意的是，-A INPUT -m state --state NEW -m tcp -p tcp --dport 27017 -j ACCEPT 这条内容应该放在-A INPUT -j REJECT --reject-with icmp-host-prohibited 和-A FORWARD -j REJECT --reject-with icmp-host-prohibited 这两条内容之前，如图 17-4 所示。这两条内容的意思是在 INPUT 表和 FORWARD 表中拒绝所有其他不符合上述任何一条规则的数据包。并且发送一条 host prohibited 的消息给被拒绝的主机。

```
# Firewall configuration written by system-config-firewall
# Manual customization of this file is not recommended.
*filter
:INPUT ACCEPT [0:0]
:FORWARD ACCEPT [0:0]
:OUTPUT ACCEPT [0:0]
-A INPUT -m state --state ESTABLISHED,RELATED -j ACCEPT
-A INPUT -p icmp -j ACCEPT
-A INPUT -i lo -j ACCEPT
-A INPUT -m state --state NEW -m tcp -p tcp --dport 22 -j ACCEPT
-A INPUT -m state --state NEW -m tcp -p tcp --dport 27017 -j ACCEPT
-A INPUT -j REJECT --reject-with icmp-host-prohibited
-A FORWARD -j REJECT --reject-with icmp-host-prohibited
COMMIT
```

图 17-4　设置打开端口需放在 icmp-host-prohibited 之前

这个是 iptables 的默认策略，你也可以删除这两条内容确保打开端口有效。

然后重启防火墙：

```
service iptables restart
```

查看防火墙状态：

```
service iptables status
```

注意三个虚拟机的防火墙都需要打开 27017 端口或者直接关闭防火墙，然后确保三个虚拟机中的 MongoDB 能正常启动即可。

17.3　创建目录

mongodb0 使用命令：

```
mkdir -p /data/replset/r0    //机子0号存放数据的目录
mkdir -p /data/replset/key   //存放密钥的目录
mkdir -p /data/replset/log   //存放日记的目录
```

mongodb1 使用命令：

```
mkdir -p /data/replset/r1    //机子1号存放数据的目录
mkdir -p /data/replset/key   //存放密钥的目录
```

```
mkdir -p /data/replset/log   //存放日记的目录
```

mongodb2 使用命令：

```
mkdir -p /data/replset/r2    //机子2号存放数据的目录
mkdir -p /data/replset/key   //存放密钥的目录
mkdir -p /data/replset/log   //存放日记的目录
```

17.4 创建 Key

我们在第 13 章"安全和访问控制"中已经学习了单例的 MongoDB 服务想要开启安全认证只需要启动时加上--auth 参数即可，但是副本集中则需要设置 KeyFile 之后--auth 参数才有效。副本集认证的总体思路是用户名、密码和 KeyFile 文件，KeyFile 需要各个副本集服务启动时加载而且 KeyFile 文件的内容必须一致，然后在操作库时需要用户名、密码。

KeyFile 文件必须满足条件：

（1）至少 6 个字符，小于 1024 字节。

（2）认证的时候不考虑文件中空白字符。

（3）连接副本集成员的 KeyFile 和启动 mongos 进程的 KeyFile 文件内容必须一样。

（4）必须是 base64 编码，但是不能有等号。

（5）文件权限必须是 x00，也就是说，不能分配任何权限给 group 成员和 other 成员。

Keyfile 不是必选项，如果不需要 auth 认证功能，可以不带--keyfile 参数启动。如果有其中一个虚拟机用--keyfile 的方式启动，那其他机子没有这个 KeyFile 文件就无法加入副本集。

开启了 KeyFile，隐含就开启了 auth，这个时候连接副本集就需要进行认证了，否则只能通过本地例外方式操作数据库。

在副本集中添加用户需要在服务未加--keyFile 参数启动的情况下，按照单实例方法添加（访问任意一个副本器操作，其他副本集会自动同步），账户添加、授权成功后重新加入keyFile 启动服务，即可完成并使用。

客户端连接 MongoDB 集群服务时进行认证与连接单服务器环境时认证步骤是一样的，密钥文件只是集群中服务器进行内部沟通时使用，不影响客户端连接 MongoDB 的认证。密钥文件基本上是一个明文的文件，Hash 计算后被当做集群的内部密码。

mongodb0 使用命令：

```
echo "replset1 key" > /data/replset/key/r0
chmod 600 /data/replset/key/r*
```

mongodb1 使用命令：

```
echo "replset1 key" > /data/replset/key/r1
chmod 600 /data/replset/key/r*
```

mongodb2 使用命令：

```
echo "replset1 key" > /data/replset/key/r2
chmod 600 /data/replset/key/r*
```

replset1 key 就是我们设置的明文密码，只要内容满足 Keyfile 的条件，读者可以随意设置，例如还可以设置成 my secret key 等。chmod 600 是把 Keyfile 文件的权限修改成仅用户可使用，防止其他程序改写此 KEY。不同版本的 MongoDB 对权限要求也不同，如果启动时报错 keyFilers0.key are too open，则是因为 mongo key 文件权限过大造成的。可以试试 chmod 400 /data/replset/key/r* 或者 chmod　300 /data/replset/key/r*。

17.5　初始化副本集

准备好了目录和 KeyFile 之后就可以启动了（如果之前 MongoDB 处于启动状态，则需要先把它关闭）。进入 mongod 可执行文件的目录下，使用命令如下。

Mongodb0 使用命令：

```
./mongod --dbpath=/data/replset/r0 --replSet  replset1  --
logpath=/data/replset/log/r0.log  --logappend  --fork
```

mongodb1 使用命令：

```
./mongod --dbpath=/data/replset/r1 --replSet  replset1  --
logpath=/data/replset/log/r1.log  --logappend  --fork
```

mongodb2 使用命令：

```
./mongod --dbpath=/data/replset/r2 --replSet  replset1  --
logpath=/data/replset/log/r2.log  --logappend  --fork
```

参数--replSet 设置的是副本集的名称，我这里设置为 replset1，读者也可以起其他名字。如果需要加安全认证则需要分别加上参数--keyFile，参数如下：

Mongodb0 使用命令：

```
./mongod --dbpath=/data/replset/r0 --replSet  replset1  --
logpath=/data/replset/log/r0.log  --logappend  --fork  --keyFile
/data/replset/key/r0
```

mongodb1 使用命令：

```
./mongod --dbpath=/data/replset/r1 --replSet  replset1  --
logpath=/data/replset/log/r1.log  --logappend  --fork  --keyFile
/data/replset/key/r1
```

mongodb2 使用命令：

```
./mongod --dbpath=/data/replset/r2 --replSet  replset1 --
logpath=/data/replset/log/r2.log  --logappend  --fork  --keyFile
/data/replset/key/r2
```

使用--keyFile 模式启动，默认会启用--auth 认证模式。一般需要先在单例模式下创建好用户，再使用--keyFile 模式启动，认证后访问数据库。否则，在 mongo 客户端访问数据时会报错：

```
Error: error: {
     "ok" : 0,
     "errmsg" : "not authorized on test to execute command { find: \"say\",
filter: {} }",
     "code" : 13,
     "codeName" : "Unauthorized"
}
```

创建用户以及认证模式登录详见第 13 章“安全和访问控制”，我们这里就不使用--keyFile 模式了。

启动成功时输出信息为：

```
about to fork child process, waiting until server is ready for connections.
forked process: 1464
child process started successfully, parent exiting
```

进程数 forked process 可能不同，关键是要看到 started successfully。

如果出错，需要检查启动命令参数是否正确、标点符号是否正确，以及日志数据库文件存放路径是否存在等原因，或者可以尝试 9.7 节中给出的修复未正常关闭 MongoDB 的方法。

启动三个 MongoDB 服务之后，开始把它们初始化为副本集。在想要设置为 PRIMARY 节点的机子运行客户端 mongo。我们这里把 mongodb0 的机子设置为 PRIMARY 节点，在 mongodb0 的终端上 mongo 可执行文件所在的 bin 目录下输入命令：

```
mongo
```

进入 mongo 客户端之后输入副本集初始化命令：

```
rs.initiate()
```

只在 mongodb0 的机子上需要执行 rs.initiate()。

成功初始化显示输出如下：

```
{
     "info2" : "no configuration specified. Using a default configuration for
the set",
```

```
    "me" : "mongodb0:27017",
    "ok" : 1
}
```

如果初始化报错 No host described in new configuration 1 for replica set replset1 maps to this node 说明 ip 没有对应主机名，请参考 17.2 节"MongoDB 环境准备"中设置 ip 与主机名对应。完成报错信息显示如下：

```
{
    "info2" : "no configuration specified. Using a default configuration for
the set",
    "me" : "localhost.mongodb0:27017",
    "ok" : 0,
    "errmsg" : "No host described in new configuration 1 for replica set
replset1 maps to this node",
    "code" : 93,
    "codeName" : "InvalidReplicaSetConfig"
}
```

初始化成功之后可以查看副本集配置，在 mongo 客户端输入命令：

```
rs.conf()
```

输出信息为：

```
{
    "_id" : "replset1",
    "version" : 1,
    "protocolVersion" : NumberLong(1),
    "members" : [
        {
            "_id" : 0,
            "host" : "mongodb0:27017",
            "arbiterOnly" : false,
            "buildIndexes" : true,
            "hidden" : false,
            "priority" : 1,
            "tags" : {

            },
            "slaveDelay" : NumberLong(0),
            "votes" : 1
```

```
            }
        ],
        "settings" : {
            "chainingAllowed" : true,
            "heartbeatIntervalMillis" : 2000,
            "heartbeatTimeoutSecs" : 10,
            "electionTimeoutMillis" : 10000,
            "catchUpTimeoutMillis" : 2000,
            "getLastErrorModes" : {

            },
            "getLastErrorDefaults" : {
                "w" : 1,
                "wtimeout" : 0
            },
            "replicaSetId" : ObjectId("58d30b74fdced25c4fca25fd")
        }
}
```

初始化成功之后稍等一会就会发现 mongodb0:OTHER>变成了 mongodb0: PRIMARY>，说明 mongodb0 现在是 PRIMARY 节点的角色。

接着我们把两个节点加入进来。mongodb1 作为 SECONDARY 节点使用命令如下，在 mongo 客户端输入命令：

```
rs.add("mongodb1:27017")
```

需要两个参数：一个是主机名 mongodb1，另一个是 MongoDB 服务的端口号，我们这里启动时没有设置端口号，所以是默认的 27017。

如果报错 Quorum check failed because not enough voting nodes responded 说明 mongodb0 与 mongodb1 之间的 MongoDB 服务不能连通，原因有很多种，如下：

```
{
    "ok" : 0,
    "errmsg" : "Quorum check failed because not enough voting nodes
responded; required 2 but only the following 1 voting nodes responded:
mongodb0:27017; the following nodes did not respond affirmatively:
mongodb1:27017 failed with No route to host",
    "code" : 74,
    "codeName" : "NodeNotFound"
}
```

或者：

```
"errmsg" : "Quorum check failed because not enough voting nodes responded;
required 2 but only the following 1 voting nodes responded: mongodb0:27017;
the following nodes did not respond affirmatively:
mongodb1:27017 failed with Failed attempt to connect to mongodb1:27017;
couldn't connect to server mongodb1:27017,
connection attempt failed"
```

或者：

```
"errmsg" : "Quorum check failed because not enough voting nodes responded;
required 2 but only the following 1 voting nodes responded: mongodb0:27017;
the following nodes did not respond affirmatively:
mongodb1:27017 failed with not running with --replSet"
```

首先可以在 mongodb0 使用 ping 命令 ping 192.168.199.9 确认网络能连通，然后使用 ping mongodb1 命令确认域名能对应，防火墙需要关闭或者打开 MongoDB 服务所在的端口 27017。详细步骤请参照 17.2 节"MongoDB 环境准备"中设置 ip 与主机名对应。如果确认网络没问题，请确保 MongoDB 正常启动和端口的正确性。不想设置主机名的话，其实使用 ip 代替主机名作为添加参数也可以。例如这里可以使用命令 rs.add("192.168.199.9:27017")。

成功添加后输出信息：

```
{ "ok" : 1 }
```

mongodb2 作为 ARBITER 节点使用命令如下，在 PRIMARY 节点的 mongo 客户端输入命令：

```
rs.addArb("mongodb2:27017")
```

成功添加后输出信息：

```
{ "ok" : 1 }
```

才添加完 mongodb1 作为 SECONDARY 节点时需要启动的时间，mongodb0 会暂时降为 SECONDARY 节点。这时，如果运行 rs.addArb 命令，例如 replset1:SECONDARY> rs.addArb("mongodb2:27017")，会报错如下：

```
{
    "ok" : 0,
    "errmsg" : "replSetReconfig should only be run on PRIMARY, but my state
is SECONDARY; use the \"force\" argument to override",
    "code" : 10107,
    "codeName" : "NotMaster"
}
```

这种情况可以使用 rs.status()命令查看集群情况，新成员初始状态为"stateStr" : "(not

reachable/healthy)"，然后变成"stateStr" : "STARTUP"，然后变成"stateStr" : "RECOVERING"，最后当数据同步成功后，状态变为"stateStr" ： "SECONDARY"。等待启动完毕再执行 rs.addArb 命令即可。如果一直处于 STARTUP 状态有可能是该节点到原 PRIMARY 节点的网络不通，请参考 17.2 节"MongoDB 环境准备"中的网络配置。

正确添加后查看副本集状态输出如下：

```
replset1:PRIMARY> rs.status()
{
    "set" : "replset1",
    "date" : ISODate("2017-03-23T21:18:51.624Z"),
    "myState" : 1,
    "term" : NumberLong(3),
    "heartbeatIntervalMillis" : NumberLong(2000),
    "optimes" : {
        "lastCommittedOpTime" : {
            "ts" : Timestamp(1490303922, 1),
            "t" : NumberLong(3)
        },
        "appliedOpTime" : {
            "ts" : Timestamp(1490303922, 1),
            "t" : NumberLong(3)
        },
        "durableOpTime" : {
            "ts" : Timestamp(1490303922, 1),
            "t" : NumberLong(3)
        }
    },
    "members" : [
        {
            "_id" : 0,
            "name" : "mongodb0:27017",
            "health" : 1,
            "state" : 1,
            "stateStr" : "PRIMARY",
            "uptime" : 71809,
            "optime" : {
                "ts" : Timestamp(1490303922, 1),
                "t" : NumberLong(3)
            },
```

```
                    "optimeDate" : ISODate("2017-03-23T21:18:42Z"),
                    "infoMessage" : "could not find member to sync from",
                    "electionTime" : Timestamp(1490303835, 1),
                    "electionDate" : ISODate("2017-03-23T21:17:15Z"),
                    "configVersion" : 3,
                    "self" : true
            },
            {

                    "_id" : 1,
                    "name" : "mongodb1:27017",
                    "health" : 1,
                    "state" : 2,
                    "stateStr" : "SECONDARY",
                    "uptime" : 69756,
                    "optime" : {
                            "ts" : Timestamp(1490303922, 1),
                            "t" : NumberLong(3)
                    },
                    "optimeDurable" : {
                            "ts" : Timestamp(1490303922, 1),
                            "t" : NumberLong(3)
                    },
                    "optimeDate" : ISODate("2017-03-23T21:18:42Z"),
                    "optimeDurableDate" : ISODate("2017-03-23T21:18:42Z"),
                    "lastHeartbeat" : ISODate("2017-03-23T21:18:50.717Z"),
                    "lastHeartbeatRecv" : ISODate("2017-03-23T21:18:47.719Z"),
                    "pingMs" : NumberLong(0),
                    "configVersion" : 3
            },
            {

                    "_id" : 2,
                    "name" : "mongodb2:27017",
                    "health" : 1,
                    "state" : 7,
                    "stateStr" : "ARBITER",
                    "uptime" : 8,
                    "lastHeartbeat" : ISODate("2017-03-23T21:18:50.717Z"),
                    "lastHeartbeatRecv" : ISODate("2017-03-23T21:18:47.761Z"),
                    "pingMs" : NumberLong(0),
```

```
            "configVersion" : 3
        }
    ],
    "ok" : 1
}
```

到这里我们的副本集就启动好了，如果还要增加更多的 SECONDARY 节点，依旧使用 rs.add 命令即可，格式为 rs.add("主机名:端口")或者 rs.add("ip:端口")。如果还要增加更多的 ARBITER 节点，依旧使用 rs.addArb 命令即可，格式为 rs.addArb ("主机名:端口")或者 rs.addArb ("ip:端口")。

副本集的初始化除了先 rs.initiate()命令初始化，再使用 rs.add 等命令添加成员这种方式，还可以先新建一个 config 配置变量，然后使用 rs.initiate(config)命令初始化。使用 config 配置变量的好处是可以带参数，比如配置节点优先级等。例如在副本集未初始化之前，在 mongodb0 机子上进入 mongo 客户端，如下代码可以实现跟第一种方式初始化一样的效果，首先直接输入 config 配置变量如下：

```
config_replset1 =
 {
 _id:"replset1",
members:
[ {_id:0,host:"192.168.199.8:27017",priority:4},
{_id:1,host:"192.168.199.9: 27017",priority:2},
{_id:2,host:" 192.168.199.10: 27017",arbiterOnly : true}
]
}
```

然后使用带参数初始化命令：

```
rs.initiate(config_replset1);
```

17.6 数据同步测试

副本集部署好了之后，我们可以进行数据同步测试，测试副本集的数据同步是否生效，步骤如下：

首先向 PRIMARY（主节点）写入一条数据，如图 17-5 所示。在 PRIMARY 节点运行 mongo 客户端进入 replset1:PRIMARY>。

输入命令：

```
use test
```

```
db.say.insert({"text":"Hello World"})
db.say.find()
```

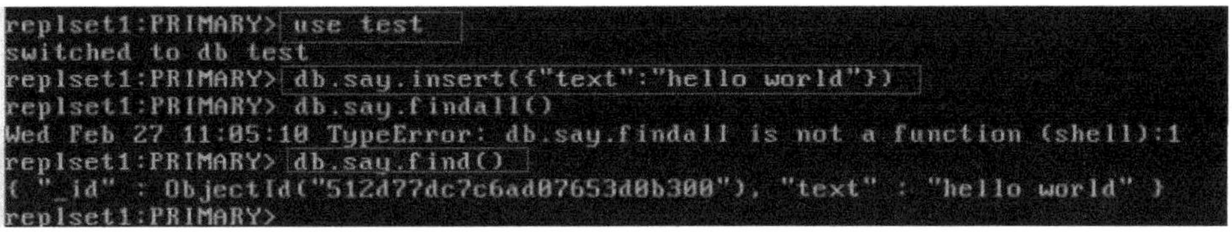

图 17-5　PRIMARY 节点写入数据

进入 SECONDARY（副节点）查看数据是否同步。

默认情况下 SECONDARY 节点不能读写，要设定 slaveOk 为 true 才可以从 SECONDARY 节点读取数据。

replSet 里只能有一个 Primary 节点，只能在 Primary 写数据，不能在 SECONDARY 写数据。

首先需要在 SECONDARY 节点设置 slaveOk 为 true，在 SECONDARY 节点运行 mongo 客户端进入 replset1: SECONDARY>。

使用命令如下：

```
db.getMongo().setSlaveOk()
```

或者：

```
rs.slaveOk()
```

然后查看 say 集合，使用命令：

```
use test
db.say.find()
```

结果输出了我们在 PRIMARY 节点中写入的数据如下：

```
replset1:SECONDARY> db.say.find()
{ "_id" : ObjectId("58d4451f76daae4a7dde1607"), "text" : "Hello World" }
```

说明副本集数据同步有效。

如果未设置 slaveOk 为 true，会看到报错信息：

```
replset1:SECONDARY> db.say.find()
Error: error: {
    "ok" : 0,
    "errmsg" : "not master and slaveOk=false",
    "code" : 13435,
    "codeName" : "NotMasterNoSlaveOk"
}
```

我们也可以在 ARBITER 节点上测试数据的写入和读取，会发现 ARBITER 节点不能写入数据，也不能读取数据，因为仲裁节点只负责投票。

17.7 故障切换测试

副本集还有个很重要的功能就是故障切换，我们这里可以做故障测试，把主节点关闭，看看副集点是否能接替主节点进行工作。

在 PRIMARY 节点运行 mongo 客户端进入 replset1:PRIMARY>，输入命令：

```
use admin
db.shutdownServer()
```

这个时候我们在原 SECONDARY 节点 mongodb1 机子上进入 mongo 客户端，发现它已经变成了 replset1:PRIMARY>，说明故障切换成功。

使用 rs.status()查看副本集状态如下：

```
replset1:PRIMARY> rs.status()
{
      "set" : "replset1",
      "date" : ISODate("2017-03-23T22:18:33.302Z"),
      "myState" : 1,
      "term" : NumberLong(4),
      "heartbeatIntervalMillis" : NumberLong(2000),
      "optimes" : {
            "lastCommittedOpTime" : {
                  "ts" : Timestamp(1490307105, 1),
                  "t" : NumberLong(3)
            },
            "appliedOpTime" : {
                  "ts" : Timestamp(1490307512, 1),
                  "t" : NumberLong(4)
            },
            "durableOpTime" : {
                  "ts" : Timestamp(1490307512, 1),
                  "t" : NumberLong(4)
            }
      },
      "members" : [
            {
```

```
                   "_id" : 0,
                   "name" : "mongodb0:27017",
                   "health" : 0,
                   "state" : 8,
                   "stateStr" : "(not reachable/healthy)",
                   "uptime" : 0,
                   "optime" : {
                           "ts" : Timestamp(0, 0),
                           "t" : NumberLong(-1)
                   },
                   "optimeDurable" : {
                           "ts" : Timestamp(0, 0),
                           "t" : NumberLong(-1)
                   },
                   "optimeDate" : ISODate("1970-01-01T00:00:00Z"),
                   "optimeDurableDate" : ISODate("1970-01-01T00:00:00Z"),
                   "lastHeartbeat" : ISODate("2017-03-23T22:18:31.922Z"),
                   "lastHeartbeatRecv" : ISODate("2017-03-23T22:11:51.702Z"),
                   "pingMs" : NumberLong(0),
                   "lastHeartbeatMessage" : "Connection refused",
                   "configVersion" : -1
           },
           {
                   "_id" : 1,
                   "name" : "mongodb1:27017",
                   "health" : 1,
                   "state" : 1,
                   "stateStr" : "PRIMARY",
                   "uptime" : 75384,
                   "optime" : {
                           "ts" : Timestamp(1490307512, 1),
                           "t" : NumberLong(4)
                   },
                   "optimeDate" : ISODate("2017-03-23T22:18:32Z"),
                   "electionTime" : Timestamp(1490307121, 1),
                   "electionDate" : ISODate("2017-03-23T22:12:01Z"),
                   "configVersion" : 3,
                   "self" : true
           },
```

```
        {
                "_id" : 2,
                "name" : "mongodb2:27017",
                "health" : 1,
                "state" : 7,
                "stateStr" : "ARBITER",
                "uptime" : 3591,
                "lastHeartbeat" : ISODate("2017-03-23T22:18:31.827Z"),
                "lastHeartbeatRecv" : ISODate("2017-03-23T22:18:32.775Z"),
                "pingMs" : NumberLong(0),
                "configVersion" : 3
        }
    ],
    "ok" : 1
}
```

可以看到 mongodb0 的状态为"stateStr" : "(not reachable/healthy)"，mongodb1 已经成为
PRIMARY。

17.8 Java 程序连接 MongoDB 副本集测试

要充分利用 MongoDB 副本集的性能，则需要在 Java 程序使用时把副本集的节点都进行
设置，如下代码测试了副本集的写入，三个节点有一个节点挂掉也不会影响应用程序客户端
对整个副本集的读写。Java 代码如下：

```
public class TestMongoDBReplSet {
public static void main(String[] args) {
try {
List<ServerAddress> addresses = new ArrayList<ServerAddress>();
ServerAddress address1 = new ServerAddress("192.168.199.8" , 27017);
ServerAddress address2 = new ServerAddress("192.168.199.9" , 27017);
ServerAddress address3 = new ServerAddress("192.168.199.10" , 27017);
addresses.add(address1);
addresses.add(address2);
addresses.add(address3);
MongoClient client = new MongoClient(addresses);
DB db = client.getDB( "test");
DBCollection coll = db.getCollection( "testdb");
```

```
// 写入
BasicDBObject object = new BasicDBObject();
object.append( "test2", "testval2" );
coll.insert(object);
DBCursor dbCursor = coll.find();
while (dbCursor.hasNext()) {
DBObject dbObject = dbCursor.next();
System. out.println(dbObject.toString());
}
} catch (Exception e) {
e.printStackTrace();
}
}
}
```

　　上述写入副本集的代码其实还是主节点负责接受写的操作，副节点是不接受写操作的。副节点一般来说只负责默认地同步数据，如果副节点要用来读取的话，需要设置 SlaveOk=true。设置副本节点负责读操作，Java 代码如下：

```
public class TestMongoDBReplSetReadSplit {
public static void main(String[] args) {
try {
List<ServerAddress> addresses = new ArrayList<ServerAddress>();
ServerAddress address1 = new ServerAddress("192.168.199.8" , 27017);
ServerAddress address2 = new ServerAddress("192.168.199.9" , 27017);
ServerAddress address3 = new ServerAddress("192.168.199.10" , 27017);
addresses.add(address1);
addresses.add(address2);
addresses.add(address3);
MongoClient client = new MongoClient(addresses);
DB db = client.getDB( "test" );
DBCollection coll = db.getCollection( "testdb" );
BasicDBObject object = new BasicDBObject();
object.append( "test2" , "testval2" );
//读操作从副本节点读取
ReadPreference preference = ReadPreference. secondary();
DBObject dbObject = coll.findOne(object, null , preference);
System. out .println(dbObject);
} catch (Exception e) {
e.printStackTrace();
```

```
    }
    }
    }
```

读参数除了 secondary 一共还有五个参数：primary、primaryPreferred、secondary、secondaryPreferred、nearest，分析如下。

- primary：默认参数，只从主节点上进行读取操作。
- primaryPreferred:大部分从主节点上读取数据，只有主节点不可用时从 secondary 节点读取数据。
- secondary：只从 secondary 节点上进行读取操作，存在的问题是 secondary 节点的数据会比 primary 节点数据"旧"。
- secondaryPreferred：优先从 secondary 节点进行读取操作，secondary 节点不可用时从主节点读取数据。
- nearest：不管是主节点、secondary 节点，从网络延迟最低的节点上读取数据。

读写分离做好了能够实现数据分流，减轻服务器的压力。

17.9 主从复制部署

MongoDB 的主从复制其实很简单，就是在运行主节点的服务器上开启 mongod 进程时，加入参数--master 即可；在运行从节点的服务器上开启 mongod 进程时，加入--slave 和--source 参数指定主节点即可。这样，在主数据库更新时，数据被复制到从数据库中。

详细部署步骤如下。

创建目录，mongodb0 使用命令：

```
mkdir -p /mongodb/db/master
mkdir -p /mongodb/log
```

mongodb1 使用命令：

```
mkdir -p /mongodb/db/slave
mkdir -p /mongodb/log
```

mongodb0 作为主节点启动使用命令：

```
mongod --dbpath=/mongodb/db/master  --fork --logpath=/mongodb/log/master.log -
-master
```

mongodb1 作为从节点启动使用命令：

```
mongod --dbpath=/mongodb/db/slave  --fork --logpath=/mongodb/log/slave.log  --
```

```
slave  --source= mongodb0:27017
```

测试主从数据库数据同步，在主节点插入数据，在从节点查看数据是否同步成功。

在主节点进入 mongo 客户端运行命令：

```
use test
db.say.save({line:"hello world"})
```

在从节点进入 mongo 客户端运行命令：

```
use test
db.getMongo().setSlaveOk()
db.say.find()
```

输出信息如下：

```
> use test
switched to db test
> db.say.find()
Error: error: {
    "ok" : 0,
    "errmsg" : "not master and slaveOk=false",
    "code" : 13435,
    "codeName" : "NotMasterNoSlaveOk"
}
> db.getMongo().setSlaveOk()
> db.say.find()
{ "_id" : ObjectId("58d45046025492ae07eb36ca"), "line" : "hello world" }
```

主从部署成功。

第 18 章

◀ 分片部署 ▶

我们在第 7 章了解 MongoDB 分片中学习了 MongoDB 分片的简介和自动分片的原理，MongoDB 分片对 MongoDB 存储的数据做分流，可以分担单台服务器的压力，本章就尝试部署 MongoDB 分片。

18.1 总体思路

部署一个分片集群需要 3 个部分：

（1）Shard Server

Shard Server 是实际存储数据的数据库，就是传说中的分片，每个分片保存所有数据的一部分。每个 Shard 可以是一个 MongoDB 实例，也可以是一组 MongoDB 实例构成集群——副本集（Replica Set）。MongoDB 官方建议每个 Shared 最好是一组副本集，这样具有更好的容灾性。我们将在第 19 章把分片与副本集结合部署。本章先使用单例 MongoDB 实例作为分片。我们有三个虚拟机，初步设计为做三个分片。

（2）Config Server

Config Server 是配置服务器，存储所有 Shard 节点的配置信息、每个 Chunk（块）的 Shard Key 范围、Chunk 在各个 Shard 的位置，以及分片集群中所有数据库 db 和所有集合（collection）的 sharding（分片）配置信息。mongos 本身没有物理存储分片服务器和数据路由信息，只是缓存在内存里；配置服务器则实际存储这些数据。mongos 第一次启动或者关掉重启就会从 Config Server 加载配置信息，以后如果配置服务器信息变化会通知到所有的 mongos 更新自己的状态，这样 mongos 就能继续准确路由。在生产环境通常需要多个 Config Server，因为它存储了分片路由的元数据，这个可不能丢失！多个 Config Server 保存的是一样的信息，就算挂掉其中一台，只要还有其他 Config Server， MongoDB 分片集群就能保持正常工作。MongoDB 3.2 版本之后 Config Server 支持部署成副本集，更多了一层保障，MongoDB 3.2 版本之前可以水平部署多个 Config Server，但是 MongoDB 3.4 版本多个 Config Server 必须配置成副本集。所以我们需要配置 3 个 Config Server 组成的副本集。

（3）Route Process

mongos 是一个 Route Process，为数据路由器、应用程序与数据库集群交互的入口，所有的请求都通过 mongos 进行协调，不需要在应用程序添加一个路由选择器，mongos 自己就是

一个请求分发中心，它负责把对应的数据请求转发到对应的 shard 服务器上。应用程序使用
分片集群与使用单例 MongoDB 服务器是一样的用法，应用程序只需要将查询、保存、更新
请求原封不动地发送给 mongos，mongos 会去询问 Config Server 是否需要在 Shard 上查询、
保存、更新，然后再连接到相应的 Shard 进行操作，最后将操作结果返回给应用程序。应用
程序本身不要具体把操作发给 Shard，只需要把操作请求发送给 mongos 就可以了。应用程序
在生产环境通常用多 mongos 作为请求的入口，防止其中一个挂掉，所有的 mongodb 请求都
没有办法操作。

图 18-1 分片基本架构是最基本的架构，但是单个 mongos 路由服务和单个 Config Server
存在致命的问题，如果它们中有一个挂了，集群就不可用了。所以我们在本章节采用如图
18-2 所示的分片架构。

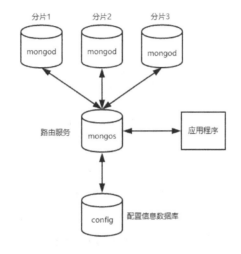

图 18-1　分片基本架构

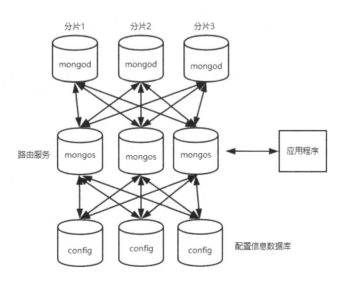

图 18-2　生产环境可用的分片架构

也就是部署 3 个单例 MongoDB 作为 Shard，部署 3 个 mongos 作为路由，部署三个

Config Server 作为配置信息的数据库服务。

理想情况下我们需要 9 台计算机，但是这样成本太高了，而且 mongos 和 Config Server 本身并不存储应用程序的数据，所以 mongos 和 Config Server 可以和 Shard 共用一台计算机，使用不同端口即可（同一台计算机以不同端口可以启动多个 MongoDB 实例）。我们这里刚好有三个虚拟机，它们的 ip 分别为 192.168.199.8、192.168.199.9、192.168.199.10。所以我们可以采用如图 18-3 所示的分配情况。

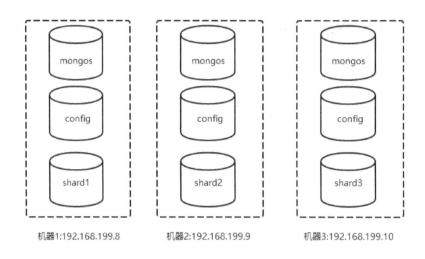

图 18-3　分配服务到机器

由于会使用不同的端口，所以我们在动手部署之前，需要理清楚使用哪些端口（只要不与其他端口冲突，端口号随意选），并且在防火墙打开这些端口，防火墙打开端口的具体步骤可以参考 17.2 MongoDB 环境准备中的网络配置。我的分片集群情况如表 18-1 所示。

表 18-1　分片集群情况

主机	IP	服务和端口
mongodb0	192.168.199.8	Shard1　　28000
		Config Server　40000
		mongos　60000
mongodb1	192.168.199.9	Shard2　　28000
		Config Server　40000
		mongos　60000
mongodb2	192.168.199.10	Shard3　　28000
		Config Server　40000
		mongos　60000

大家在部署分片集群时，也可以尝试使用表格理清自己的思路。

18.2　创建 3 个 Shard Server

我们第一步就来先部署 Shard Server，也就是 3 个单例 MongoDB 实例。

18.2.1　创建目录

mongodb0 使用命令：

```
mkdir -p /data/shard1
mkdir -p /data/shard1/log
```

mongodb1 使用命令：

```
mkdir -p /data/shard2
mkdir -p /data/shard2/log
```

mongodb2 使用命令：

```
mkdir -p /data/shard3
mkdir -p /data/shard3/log
```

18.2.2　以分片 Shard Server 模式启动

已配置环境变量可直接使用 mongod 命令，没配置环境变量需要进入 mongod 执行文件所在 bin 目录，使用./mongod 命令。分片模式启动与普通模式启动的区别在于使用--shardsvr 参数。

mongodb0 使用命令：

```
mongod --dbpath=/data/shard1 --port 28000 --
logpath=/data/shard1/log/shard1.log --logappend --fork  --shardsvr
```

mongodb1 使用命令：

```
mongod --dbpath=/data/shard2 --port 28000 --
logpath=/data/shard2/log/shard2.log --logappend --fork  --shardsvr
```

mongodb2 使用命令：

```
mongod --dbpath=/data/shard3 --port 28000 --
logpath=/data/shard3/log/shard3.log --logappend --fork  --shardsvr
```

18.3 启动 Config Server

部署 Config Server，Config Server 也是使用 mongod 启动，需要使用--configsvr 参数作为 Config Server 的识别。因为 MongoDB 3.4 多个 Config Server 需要配置成副本集，所以还需要加上参数--replSet replsetConfig。

18.3.1 创建目录

mongodb0 使用命令：

```
mkdir -p /data/shard/configdb1
```

mongodb1 使用命令：

```
mkdir -p /data/shard/configdb2
```

mongodb2 使用命令：

```
mkdir -p /data/shard/configdb3
```

18.3.2 以分片 Config Server 模式启动

mongodb0 使用命令：

```
mongod --dbpath /data/shard/configdb1 --port 40000 --
logpath=/data/shard1/log/config1.log --fork --configsvr --
replSet replsetConfig
```

mongodb1 使用命令：

```
mongod --dbpath /data/shard/configdb2 --port 40000 --
logpath=/data/shard2/log/config2.log --fork --configsvr --
replSet replsetConfig
```

mongodb2 使用命令：

```
mongod --dbpath /data/shard/configdb3 --port 40000 --
logpath=/data/shard3/log/config3.log --fork --configsvr --
replSet replsetConfig
```

MongoDB 3.4 版本多个 Config Server 只能使用 Config Server 副本集配置，所以我们还需要把多个 Config Server 初始化成副本集。

在 mongodb0 的 mongo 客户端中初始化副本集，需要注意的是，连接 mongo 时应该连接端口 40000 的 mongod 实例，使用命令：

```
mongo --port 40000
```

然后初始化副本集，使用命令：

```
rs.initiate();
```

稍等主节点启动成功后分别添加其他两个 Config Server 节点为副节点，使用命令：

```
rs.add("192.168.199.9:40000");
rs.add("192.168.199.10:40000");
```

18.4 启动 Route Process

Route Process 路由服务是使用 mongos 来启动的，需要设置--configdb 参数和 chunkSize 参数。--configdb 则是指定与 mongos 交互的 Config Server，多个 Config Server 时用逗号隔开即可。在 MongoDB 3.2 和之前的版本中，可以使用 --configdb 192.168.199.8:40000,192.168.199.9:40000,192.168.199.10:40000 命令指定多个非副本集的 Config Server，但 MongoDB 3.4 版本多个 Config Server 只能使用 Config Server 副本集配置了，使用参数--configdb 副本集名/ip:端口，ip:端口...我这里副本集名是 replsetConfig ，所以使用参数为--configdb　replsetConfig/192.168.199.8:40000,192.168.199.9:40000,192.168.199.10:40000，否则会报错：

```
FailedToParse: mirrored config server connections are not supported; for
config server replica sets be sure to use the replica set connection string.
```

--chunkSize 参数是可选参数，MongoDB 3.4 版本默认为 64MB，我们这里为了测试分片和块的拆分，把--chunkSize 设置为 1MB，生产环境保持默认即可。旧的版本中 chunkSize 的设置是在 mongos 启动时加上--chunkSize 1 即可，但是 MongoDB 3.4 在 mongos 启动时已经去掉了这个配置参数，会报错 Error parsing command line: unrecognised option '--chunkSize'。需要在启动 mongos 成功之后再设置。

mongos 启动命令分别如下。

mongodb0 使用命令：

```
mongos --configdb  replsetConfig/192.168.199.8:40000,192.168.199.9:40000,192.
168.199.10:40000 --port  60000  --logpath=/data/shard1/log/mongos.log --fork
```

mongodb1 使用命令：

```
mongos --configdb  replsetConfig/192.168.199.8:40000,192.168.199.9:40000,192.
168.199.10:40000 --port  60000  --logpath=/data/shard2/log/mongos.log --fork
```

mongodb2 使用命令：

```
mongos --configdb
```

```
replsetConfig/192.168.199.8:40000,192.168.199.9:40000,192.168.199.10:40000 --
port 60000 --logpath=/data/shard3/log/mongos.log -fork
```

启动成功后会输出：

```
about to fork child process, waiting until server is ready for connections.
forked process: 2300
child process started successfully, parent exiting
```

如果一直卡着没有输出，请检查启动语句，尤其是 Config Server 副本集名称。

为了测试方便，启动成功后，我们把 chunkSize 修改成 1MB，MongoDB 3.4 版本的 chunkSize 不在启动参数中设置，需要在 mongo 客户端设置，mongo 客户端进入 mongos 服务所在的端口，使用命令：

```
mongo --port 60000
use config
db.settings.save( { _id:"chunksize", value: 1 } )
```

三台机子都执行上述的命令，也就是三个 mongos 服务都修改 chunkSize 的大小。

查看 chunkSize 值的大小使用如下命令：

```
use config
db.settings.find()
```

18.5 配置 sharding

mongos 路由启动好了之后，就可以进行 sharding 的配置了，也就是添加分片。mongo 客户端进入 mongos 服务所在的端口，在其中一台机子中进入 mongos>使用命令：

```
mongo --port 60000
```

需要先切换到 admin 数据库，才能进行分片的添加，使用如下命令：

```
use admin
db.runCommand({addshard:"192.168.199.8:28000" })
db.runCommand({addshard:"192.168.199.9:28000" })
db.runCommand({addshard:"192.168.199.10:28000" })
```

或者使用命令：

```
sh.addShard( "192.168.199.8:28000")
sh.addShard( "192.168.199.9:28000")
sh.addShard( "192.168.199.10:28000")
```

添加成功输出如下：

```
mongos> use admin
switched to db admin
mongos> db.runCommand({addshard:"192.168.199.8:28000" })
{ "shardAdded" : "shard0000", "ok" : 1 }
mongos> db.runCommand({addshard:"192.168.199.9:28000" })
{ "shardAdded" : "shard0001", "ok" : 1 }
mongos> db.runCommand({addshard:"192.168.199.10:28000" })
{ "shardAdded" : "shard0002", "ok" : 1 }
```

到这里我们对分片的部署就完成了。

在没启用安装认证的情况下，我们可以使用第三方工具来连接查看分片集群中的数据，这样可以更好地了解分片的工作机制。

例如，我使用 Robomongo 工具根据 shard 和 Config Server 以及 mongos 的 ip 和端口来连接它们，可以看到如图 18-4 所示的情况。

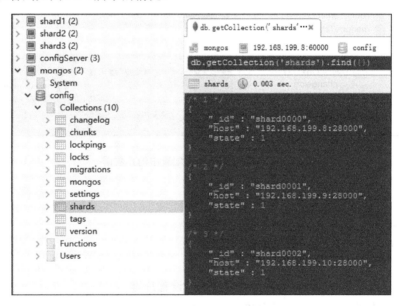

图 18-4　Robomongo 工具中查看分片集群

18.6　对数据库 mytest 启用分片

在任意机子中进入 mongos，比如在 mongodb0 机子中使用命令：

```
mongo --port 60000
```

然后切换到 admin 数据库，对 mytset 数据库设置分片，因为 MongoDB 中的数据库都会自动创建，所以我们这里不需要先新建 mytest 数据库。

```
use admin
db.runCommand({enablesharding:"mytest"})
```

或者：

```
sh.enableSharding("mytest")
```

设置成功输出：

```
{ "ok" : 1 }
```

此时分片集群 config 数据库中多了一个 databases 集合，记录了数据库分片的元数据如图 18-5 所示。

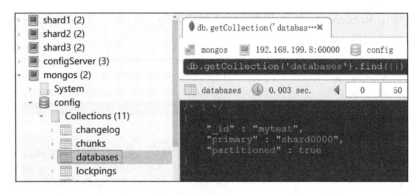

图 18-5　数据库分片在配置中的元数据

18.7　集合启用分片

对数据库 mytest 中的集合 student 启用分片，设置片键。

在任意机子中进入 mongos，比如在 mongodb0 机子中使用命令：

```
mongo --port 60000
```

对 mytest 数据库中的 student 集合启用分片和设置片键，因为 MongoDB 中的集合会自动创建，所以我们这里不需要先新建 student 集合。MongoDB 3.4 版本中设置片键有三种策略：哈希、区间和标签。

片键可以根据集合字段的情况进行选择，一般来说可以使用 _id。我们这里以 _id 字段为例。

1. 区间片键方式

把 mytest 数据库 student 集合的 _id 字段设置为区间片键，使用命令：

```
sh.shardCollection( "mytest.student", { _id:1 } )
```

2. 哈希片键方式

把 mytest 数据库 student 集合的_id 字段设置为哈希片键，使用命令：

```
sh.shardCollection( "mytest.student", { _id: "hashed" } )
```

3. 标签片键方式

标签片键比较特别，通过对分片节点打标签，再将片键按范围对应到这些标签上，对应片键范围的集合中的数据就会落在这个分片节点上。

首先需要对分片打标签，对分片打标签需要知道分片的_id，在 mongos>中使用命令查看：

```
sh.status()
```

输出内容为：

```
--- Sharding Status ---
  sharding version: {
      "_id" : 1,
      "minCompatibleVersion" : 5,
      "currentVersion" : 6,
      "clusterId" : ObjectId("58d4fa662b45e2a349b15aab")
}
  shards:
      {  "_id" : "shard0000",  "host" : "192.168.199.8:28000",  "state" : 1 }
      {  "_id" : "shard0001",  "host" : "192.168.199.9:28000",  "state" : 1 }
      {  "_id" : "shard0002",  "host" : "192.168.199.10:28000",  "state" : 1 }
  active mongoses:
      "3.4.2" : 3
autosplit:
      Currently enabled: yes
  balancer:
      Currently enabled:  yes
      Currently running:  no
          Balancer lock taken at Fri Mar 24 2017 18:52:23 GMT+0800 (CST) by
ConfigServer:Balancer
      Failed balancer rounds in last 5 attempts:  0
      Migration Results for the last 24 hours:
          No recent migrations
  databases:
      { "_id" : "mytest", "primary" : "shard0000", "partitioned" : true }
```

这里分片_id 分别为 shard0000、shard0001、shard0002,,则对分片打标签命令如下:

```
sh.addShardTag("shard0000", "tag1")
sh.addShardTag("shard0001", "tag2")
sh.addShardTag("shard0002", "tag2")
```

然后 student 的学号字段 code 设置标签片键范围,使用命令:

```
sh.addTagRange("mytest.student", { code: "1" }, { code: "600" }, "tag2")
sh.addTagRange("mytest.student", { code: "601" }, { code: "5000" }, "tag1")
```

这样设置后,学号 code 为 1~600 的会存储在分片 shard0001 或者 shard0002 中,学号为 601~5000 的会存储在分片 shard0000 中。

查看带有某个标签的分片,在 mongos>中使用命令:

```
use config
db.shards.find({ tags: "tag2" })
```

查看标签的片键值范围,使用命令:

```
use config
db.tags.find({ tags: "tag1" })
```

移除某个分片的标签使用命令如下:

```
sh.removeShardTag("shard0002", "tag2")
```

移除集合数据的标签片键范围使用命令如下:

```
use config
db.tags.remove({ _id: { ns: "mytest.student", min: { code: "1" }}, tag:
"tag2" })
```

18.8 分片集群插入数据测试

在 mongos>中使用命令:

```
use mytest
for(var i=1; i<=600000; i++)
db.student.insert({age:i,name:"mary",addr:"guangzhou",country:"China"})
```

执行可能需要一小会时间,我们直接在工具中查看 config 集合中的 chunks 元数据信息,就可以看到随着数据的写入分了多少片,以及片键的最小到最大的范围,如图 18-6 所示。

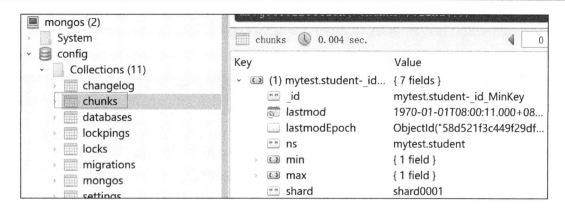

图 18-6　分片集群中 chunk 在 config 数据库中的元数据

3 个 shard 服务器里可以看到都有了 mytest 数据库以及 student 集合，存储数据成功后界面如图 18-7 所示。

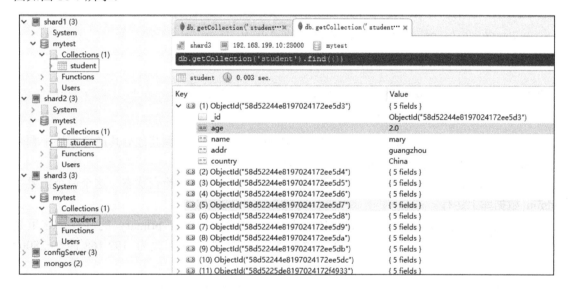

图 18-7　分片存储数据成功

到这里分片就部署成功，功能测试通过了。

18.9　分片的管理

18.9.1　移除 Shard Server，回收数据

在 mongos>中使用命令：

```
use admin
```

```
db.runCommand({"removeshard" : "192.168.199.8:28000"})
```

这个操作是立刻返回的，返回为：

```
{ "msg" : "draining started successfully", "state" : "started", "shard" :
"shard0000", "ok" : 1}
```

此时查看 config 数据库中的 shards 集合会发现 192.168.199.8:28000 分片已经被排除了。移除的分片服务器中的数据会清空，这些数据会被回收分配到剩余的两个分片中。这个过程取决于网络状况与数据量大小，这个操作需要花费十几分钟到几天的时间来完成。

检查迁移的状态

检查迁移的状态，再次在 admin 数据库运行 removeShard 命令，比如，对一个命名为 shard0000 的分片，运行命令：

```
use admin
db.runCommand( { removeShard: " shard0000" } )
```

这条命令返回类似如下的输出：

```
{ "msg" : "draining ongoing", "state" : "ongoing", "remaining" : { "chunks" :
42, "dbs" : 1 }, "ok" : 1}
```

在输出结果中，remaining 文档显示的是 MongoDB 必须迁移到其他分片的数据块中剩余的数据块数量与 primary 在这个分片的数据库数量。

在 remaining 字段变为 0 之前，持续运行 removeShard 命令检查状态，这个命令需要在 admin 数据库上运行。

如果要移除的分片是基片，如图 18-8 所示，也就是标注为 primary 的分片，这里是 192.168.199.8:28000，那么要先手动修改数据库 mytest 的基片，改为 192.168.199.9:28000 后，再移除 192.168.199.8:28000。

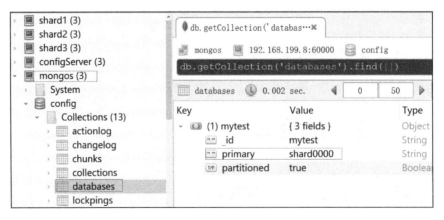

图 18-8 mytest 数据库的基片

在 mongos>中执行：

```
db.runCommand({"moveprimary" : "mytest","to" : "192.168.199.9:28000"})
```

等 primary 转移好后，再执行一次移除，即可成功移除 shard0000：

```
use admin
db.runCommand( { removeShard: " shard0000" } )
```

18.9.2　新增 Shard Server

在分片集群运行一段时间后，我们要增加新的分片机子，可以在 mongos>使用命令：

```
use admin
db.runCommand({"addshard" : "192.168.0.188:38011"})
```

MongoDB 规定分片集群加入的新 mongod 不能含有相同的数据库，如果有的话会报错，先把同名的数据库删除之后，才能新增为 Shard Server。

第 19 章

◄ 分片＋副本集部署 ►

19.1　总体思路

我们在第 18 章完成了单例 MongoDB 实例作为分片的 MongoDB 分片集群。但是这样的分片集群是存在风险的，因为每个分片都保存着应用程序所有数据的一部分数据，如果其中一个分片节点挂掉了，这部分数据就缺失了。MongoDB 官方建议每个 Shared 最好是一组 Replica Set，这样具有更好的容灾性。所以本章我们尝试分片＋副本集部署。根据我们在第 18 章中的分片架构，把 MongoDB 单例替换成 MongoDB 副本集，架构如图 19-1 所示。

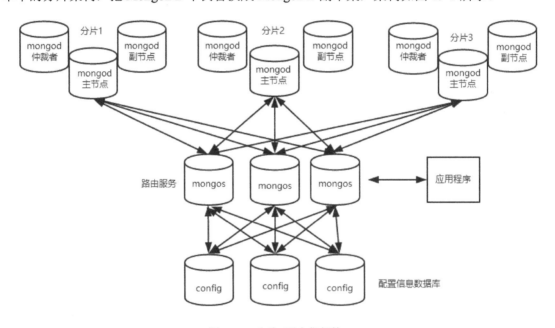

图 19-1　分片＋副本集架构

理想情况下，这种架构需要 15 台计算机，mongos 和 Config Server 不保存应用程序数据，不会消耗太多性能，所以可以与 Shard 分片部署在同一台计算机。副本集中的 MongoDB 实例主节点、副节点以及仲裁节点最好是单独使用一台计算机，这样才能达到最好的容灾性。但是，如果是条件有限的情况，也可以把它们与 mongos 和 Config Server 放在一起，如图 19-2 所示。

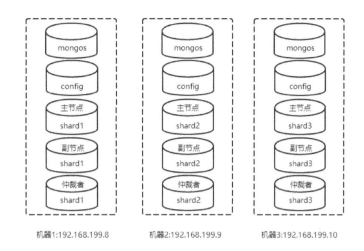

图 19-2　分片+副本集架构第一种设计

　　我们有三个虚拟机，所以还是做三个分片，可以在虚拟机上用不同端口启动三个 MongoDB 实例，分别作为主节点、副节点、仲裁者，组成副本集。但是，这种架构有一个致命缺点，它的一个分片中的主节点、副节点和仲裁者都放在同一台计算机下，如果只是主节点挂了，它的副本集还是能起作用的；如果这台计算机挂了，那么这个分片的数据就丢失了，并没有起到副本集的作用。所以最好把同一个分片的主节点和副节点放在不同计算机上，优化后的架构方案如图 19-3 所示。

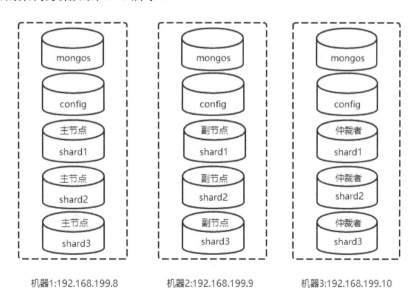

图 19-3　分片+副本集架构第二种设计

　　在分片+副本集架构第二种设计中，我们看到同一个分片的主节点和副节点分开放置，例如 shard1 的主节点放在机器 1 中，它的副节点放在机器 2 中，这样无论哪台机子挂掉了，分片都能正常工作。但是这种架构并不是最优的，因为我们看到机器 3 中都是放置的仲裁者节点，我们都知道仲裁者节点并不保存应用程序的数据。这样的架构机器 3 几乎没有起到分流数据的作用，机器 3 很空闲，不能充分利用它的性能。所以这样的架构还得继续优化，我们需要把主节点、副节点和仲裁者的位置换一下，在保证同一分片的主副节点放置在不同机器上的同时，使它们均匀分布，使用第三种设计如图 19-4 所示。

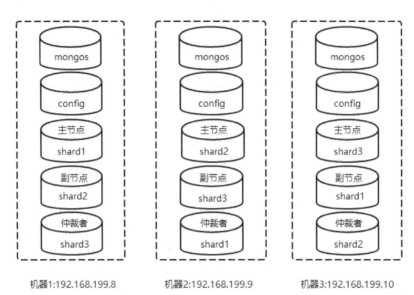

机器1:192.168.199.8   机器2:192.168.199.9   机器3:192.168.199.10

图 19-4　分片+副本集架构第三种设计

我们使用分片+副本集架构第三种设计，还是需要把使用的端口情况理清楚，并在防火墙把相应端口打开。防火墙打开端口的具体步骤可以参考 17.2 MongoDB 环境准备中的网络配置。我的分片+副本集端口情况如表 19-1 所示。

表 19-1　分片集群服务器和端口情况

主机	IP	服务和端口
mongodb0	192.168.199.8	Shard1_Master　　28000
		Shard2_Slave　　28001
		Shard3_Arbiter　　28002
		Config Server　40000
		mongos　60000
mongodb1	192.168.199.9	Shard2_Master　　28000
		Shard3_Slave　　28001
		Shard1_Arbiter　　28002
		Config Server　40000
		mongos　60000
mongodb2	192.168.199.10	Shard3_Master　　28000
		Shard1_Slave　　28001
		Shard2_Arbiter　　28002
		Config Server　40000
		mongos　60000

19.2   创建 3 个复制集

我们在第 18 章已经学习了分片，细心的读者会发现分片+副本集的架构与分片的架构相差就在于 shard 是副本集还是单例 MongoDB 实例。我们这里先部署需要的三个副本集。

19.2.1   创建目录

对照表 18-1 给出的分片集群服务器和端口情况后，得出需要新建的目录。

mongodb0 使用命令如下：

```
mkdir -p /data/shard1/master
mkdir -p /data/shard1/master/log
mkdir -p /data/shard2/slave
mkdir -p /data/shard2/slave/log
mkdir -p /data/shard3/arbiter
mkdir -p /data/shard3/arbiter/log
```

mongodb1 使用命令如下：

```
mkdir -p /data/shard1/arbiter
mkdir -p /data/shard1/arbiter/log
mkdir -p /data/shard2/master
mkdir -p /data/shard2/master/log
mkdir -p /data/shard3/slave
mkdir -p /data/shard3/slave/log
```

mongodb2 使用命令如下：

```
mkdir -p /data/shard1/slave
mkdir -p /data/shard1/slave/log
mkdir -p /data/shard2/arbiter
mkdir -p /data/shard2/arbiter/log
mkdir -p /data/shard3/master
mkdir -p /data/shard3/master/log
```

19.2.2   以复制集模式启动

三个副本集分别取名为 shard1、shard2 和 shard3，每台机器需要使用不同端口启动三个 MongoDB 实例，命令说明如下。

mongodb0 使用命令：

```
mongod --dbpath=/data/shard1/master --port 28000 --
```

```
logpath=/data/shard1/master/log/shard.log --logappend --fork  --shardsvr --
replSet shard1

mongod --dbpath=/data/shard2/slave --port 28001 --
logpath=/data/shard2/slave/log/shard.log --logappend --fork  --shardsvr --
replSet shard2

mongod --dbpath=/data/shard3/arbiter --port 28002 --
logpath=/data/shard3/arbiter/log/shard.log --logappend --fork  --shardsvr --
replSet shard3
```

mongodb1 使用命令：

```
mongod --dbpath=/data/shard2/master --port 28000 --
logpath=/data/shard2/master/log/shard.log --logappend --fork  --shardsvr --
replSet shard2

mongod --dbpath=/data/shard3/slave --port 28001 --
logpath=/data/shard3/slave/log/shard.log --logappend --fork  --shardsvr --
replSet shard3

mongod --dbpath=/data/shard1/arbiter --port 28002 --
logpath=/data/shard1/arbiter/log/shard.log --logappend --fork  --shardsvr --
replSet shard1
```

mongodb2 使用命令：

```
mongod --dbpath=/data/shard3/master --port 28000 --
logpath=/data/shard3/master/log/shard.log --logappend --fork  --shardsvr --
replSet shard3

mongod --dbpath=/data/shard1/slave --port 28001 --
logpath=/data/shard1/slave/log/shard.log --logappend --fork  --shardsvr --
replSet shard1

mongod --dbpath=/data/shard2/arbiter --port 28002 --
logpath=/data/shard2/arbiter/log/shard.log --logappend --fork  --shardsvr --
replSet shard2
```

19.2.3 初始化复制集

mongodb0 登录到 mongo 客户端初始化 shard1 副本集，使用命令如下：

```
mongo --port 28000
```

进入 mongos>后输入

```
rs.initiate()
rs.add("192.168.199.9:28002")
rs.add("192.168.199.10:28001")
```

mongodb1 登录到 mongo 客户端初始化 shard2 副本集，使用命令如下：

```
mongo --port 28000
```

进入 mongos>后输入：

```
rs.initiate()
rs.add("192.168.199.8:28001")
rs.add("192.168.199.10:28002")
```

mongodb2 登录到 mongo 客户端初始化 shard3 副本集，使用命令如下：

```
mongo --port 28000
```

进入 mongos>后输入：

```
rs.initiate()
rs.add("192.168.199.8:28002")
rs.add("192.168.199.9:28001")
```

19.3 创建分片需要的 Config Server 与 Route Process

19.3.1 创建目录

mongodb0 使用命令如下：

```
mkdir -p /data/shard/configdb
mkdir -p /data/shard/log
```

mongodb1 使用命令如下：

```
mkdir -p /data/shard/configdb
mkdir -p /data/shard/log
```

mongodb2 使用命令如下：

```
mkdir -p /data/shard/configdb
mkdir -p /data/shard/log
```

19.3.2 启动 Config Server、Route Process

mongodb0 使用命令启动 Config Server：

```
mongod --dbpath=/data/shard/configdb --port 40000 --
logpath=/data/shard/log/config.log --fork --configsvr --replSet configReplSet
```

mongodb1 使用命令启动 Config Server：

```
mongod --dbpath=/data/shard/configdb --port 40000 --
logpath=/data/shard/log/config.log --fork --configsvr --replSet configReplSet
```

mongodb2 使用命令启动 Config Server：

```
mongod --dbpath=/data/shard/configdb --port 40000 --
logpath=/data/shard/log/config.log --fork --configsvr --replSet configReplSet
```

如果未启动成功报错了可以查看日志，使用命令：

```
cat /data/shard/log/config.log
```

显示报错信息为：

```
bind() failed Address already in use for socket: 0.0.0.0:40000
```

说明有其他进程占用了 40000 端口。

可以使用 kill -2 命令退出占用的进程，查看命令如下：

```
ps -ef|grep 40000
```

输出信息为：

```
root     2480    1  0 Mar24 ?        00:00:00 mongos --configdb
cfgReplSet/192.168.199.8:40000,192.168.199.9:40000,192.168.199.10:40000 --port
60000 --logpath=/data/shard1/log/mongos.log --fork
root     2481  2480  0 Mar24 ?        00:01:19 mongos --configdb
cfgReplSet/192.168.199.8:40000,192.168.199.9:40000,192.168.199.10:40000 --port
60000 --logpath=/data/shard1/log/mongos.log --fork
root     3217  1236  0 01:37 pts/0    00:00:00 grep 40000
```

占用 40000 端口的进程有两个，进程号为 2480 和 2481，所以我们使用命令：

```
kill -2 2480
kill -2 2481
```

因为 MongoDB 3.4 版本多个 Config Server 必须以副本集的形式才能添加，所以

mongodb0 登录到 mongo 客户端初始化 config 副本集,使用命令如下:

```
mongo --port 40000
```

进入 mongos>后输入:

```
rs.initiate()
rs.add("192.168.199.9:40000")
rs.add("192.168.199.10:40000")
```

mongodb0 使用命令启动 mongos:

```
mongos  --configdb
configReplSet/192.168.199.8:40000,192.168.199.9:40000,192.168.199.10:40000  --
port 60000  --logpath=/data/shard/log/mongos.log --fork
```

mongodb1 使用命令启动 mongos:

```
mongos  --configdb
configReplSet/192.168.199.8:40000,192.168.199.9:40000,192.168.199.10:40000  --
port 60000  --logpath=/data/shard/log/mongos.log --fork
```

mongodb2 使用命令启动 mongos:

```
mongos  --configdb
configReplSet/192.168.199.8:40000,192.168.199.9:40000,192.168.199.10:40000  --
port 60000  --logpath=/data/shard/log/mongos.log --fork
```

注意 configReplSet 是 Config Server 副本集的名称,读者需要对应自己起的名称。

19.4 配置分片

配置分片也就是把复制集添加为分片节点,这是分片+副本集区别于分片集群的重要步骤,在其中一台机子中进入 mongos>执行配置命令,使用命令如下:

```
mongo --port 60000
```

进入 mongos>后输入:

```
use admin
db.runCommand({addshard:"shard1/mongodb0:28000,192.168.199.9:28002,192.168.199
.10:28001" })
db.runCommand({addshard:"shard2/192.168.199.8:28001,mongodb1:28000,192.168.199
.10:28002" })
db.runCommand({addshard:"shard3/192.168.199.8:28002,192.168.199.9:28001,mongod
```

```
b2:28000" })
```

添加成功后输出信息为:

```
{ "shardAdded" : "shard1", "ok" : 1 }
{ "shardAdded" : "shard2", "ok" : 1 }
{ "shardAdded" : "shard3", "ok" : 1 }
```

注意,shard1 和 shard2 以及 shard3 分别对应我们在 19.2 节"三个复制集"中创建的副本集名称以及下属的 name。

需要注意的是,name 中 ip 与 mongodb0 主机名不能自动识别替换,所以 name 要与副本集中 rs.status()命令查看的一致,具体的名称可以用如下命令查看:

```
mongo --port 28000
```

进入 PRIMARY>,输入命令:

```
rs.status()
```

如果不对应输出的错误信息如下:

```
{
    "code" : 96,
    "ok" : 0,
    "errmsg" : "in seed list
shard3/192.168.199.8:28002,192.168.199.9:28001,192.168.199.10:28000, host
192.168.199.10:28000 does not belong to replica set shard3; found { hosts:
[ \"mongodb2:28000\", \"192.168.199.8:28002\", \"192.168.199.9:28001\" ],
setName: \"shard3\", setVersion: 3, ismaster: true, secondary: false, primary:
\"mongodb2:28000\", me: \"mongodb2:28000\", electionId:
ObjectId('7fffffff0000000000000001'), lastWrite: { opTime: { ts: Timestamp
1490377813000|1, t: 1 }, lastWriteDate: new Date(1490377813000) },
maxBsonObjectSize: 16777216, maxMessageSizeBytes: 48000000, maxWriteBatchSize:
1000, localTime: new Date(1490377813902), maxWireVersion: 5, minWireVersion: 0,
readOnly: false, ok: 1.0 }"
}
```

到此分片+副本集的架构就部署成功了,相关分片和副本集的功能测试可参考第 17 章和第 18 章,这里就不重复叙述了。

第 20 章

springMVC+maven+MongoDB 框架搭建

我们在第 16 章"Java 操作 MongoDB"中学习了使用 Java 驱动操作 MongoDB，但是其中的操作都比较直白，没有经过封装，而且每次使用前都要先写数据库名和 ip 端口。我们在开发 Web 时，如果也直接使用 Java 驱动无疑会增加很多代码量。目前比较主流的 Web 开发框架 springMVC+maven 中已经增加了对 MongoDB 的支持，提供的 spring-data-mongodb 驱动包对原生的 MongoDB 官方 Java 驱动进行了一些封装，让我们在 Web 项目中能够很方便地操作 MongoDB。本章我们就来搭建 Mongodb 的 Web 框架。

20.1 SpringMVC 和 Maven 简介

SpringMVC 是一种基于 Java 的实现了 Web MVC 设计模式的轻量级 Web 框架，使用了 MVC 架构模式的思想，将 Web 层进行职责解耦，并对传统的 Web 请求响应进行了封装，框架的目的就是帮助我们简化开发，SpringMVC 能够帮助我们高效地开发 Java 的 Web 应用。

Maven 是 Apache 的一个开源项目，主要服务于基于 Java 平台的项目构建、依赖管理、项目信息管理。Maven 主要能为我们提供以下几个服务：

（1）自动编译。
（2）自动下载管理依赖 jar 包。
（3）获取项目信息。

20.2 Eclipse 安装 Maven 插件

在 16.1 节 Eclipse 安装中我们已经安装了 Eclipse，版本为 Version: Neon.3 Release (4.6.3)，它已经自带了 Maven 插件。如果使用其他的 IDE，需要检查是否已经自带了 Maven 插件，因为每种 IDE 的插件安装方式不同，这里就不详细说明了。

20.3 新建 Maven 类型的 Web 项目

已经安装 Maven 插件的 Eclipse 可以新建 Maven 类型的 Web 项目，步骤为在 Eclipse 选项卡中单击 File→New→Maven Project，如图 20-1 所示。如果 New 中没有 Maven Project，则在最后一列 Other 中找到 Maven Project。

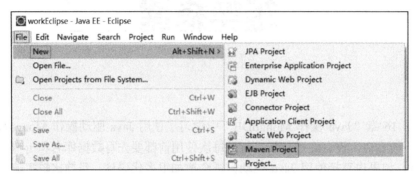

图 20-1　新建 Maven 项目

然后对项目进行快速配置，选中 Create a simple project(skip archetype selection) →Next→输入项目命名和信息，选择项目打包为 war，如图 20-2 所示。

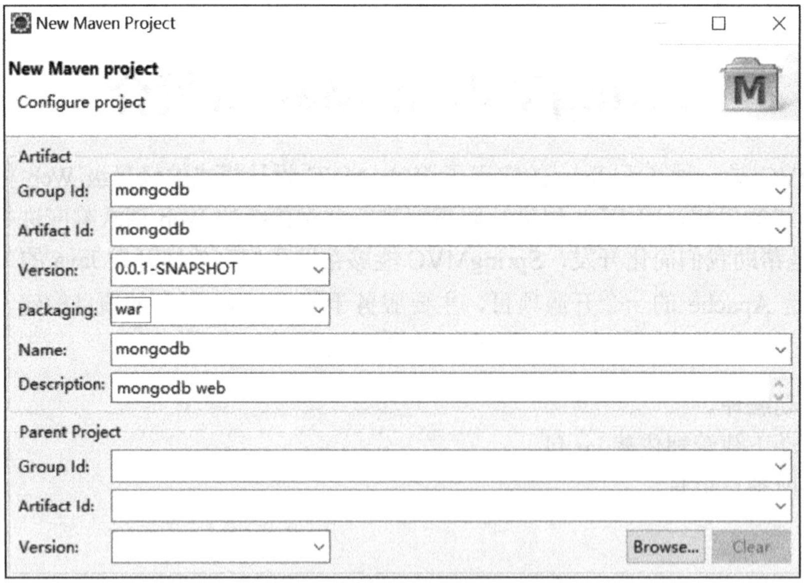

图 20-2　输入项目命名和信息

此时创建的 Maven 项目是 Java 项目，我们需要把它设置成 Web 项目。

对着项目右击，选择 Properties，进入属性页面，选择 Project Facets 菜单，Dynamic Web Module 选择为版本 3.0 和 Java 选择为版本 1.7，如图 20-3 所示。

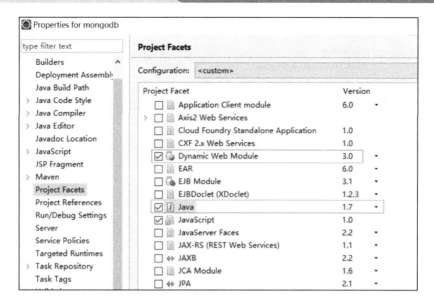

图 20-3　Project Facets 菜单选项

　　单击右下角的 Apply→OK。再次对着项目右击，选择 Properties，进入属性页面，选择 Project Facets 菜单，去掉勾选 Dynamic Web Module，单击右下角的 Apply→OK，然后再进入一次 Project Facets，勾选 Dynamic Web Module，这时候看到下方出现了 Further configuration available...选项。这里取消勾选再勾选就是为了触发这个选项的显示，如图 20-4 所示。单击 Further configuration available...，进入 Web Module 的设置。

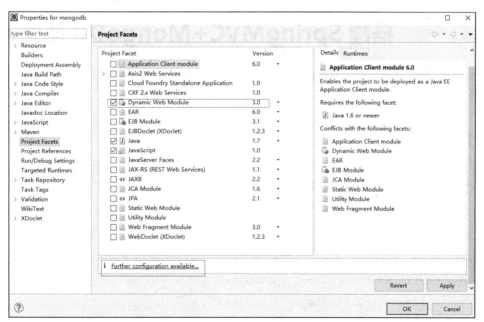

图 20-4　Further configuration available...选项

　　配置 Content directory 为 src/main/webapp，并勾选生成 web.xml 的选项，如图 20-5 所示。

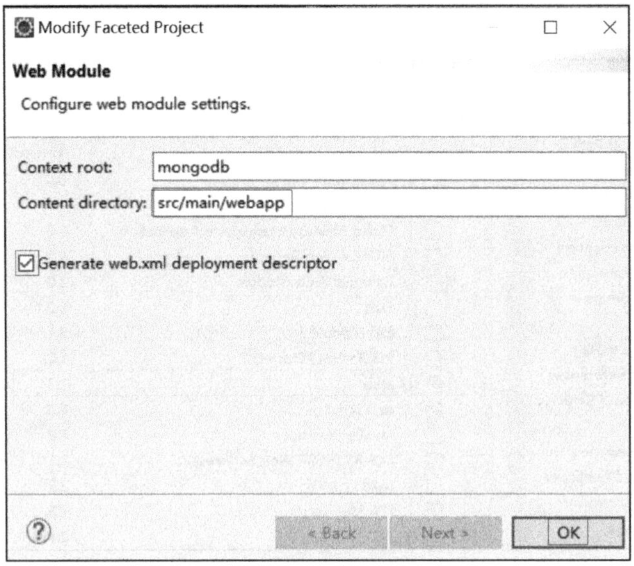

图 20-5　配置 Web Module

单击 OK 后会返回到 Project Facets 菜单，单击 Project Facets 菜单右下角的 Apply→OK。

这时候我们可以看到 mongodb 项目中 src/main/webapp 的 WEB-INF 目录下已经有 web.xml 文件了。这样我们的 Maven 类型的 Web 项目就新建成功了。

20.4　搭建 SpringMVC+MongoDB 框架

Maven 类型的 Web 项目新建成功后，我们就可以开始搭建 SpringMVC+MongoDB 框架了，它可以分为几个小步骤来操作。

20.4.1　jar 包引入

搭建 SpringMVC+MongoDB 框架需要引入 SpringMVC 需要的 jar 包和 MongoDB 需要的 jar 包，Maven 可以很方便地完成这个过程，在 pom.xml 中添加 jar 包的信息即可，Maven 会自动去下载需要的 jar 包，这个过程需要一些时间。增加 jar 包信息后的 pom.xml 内容如下：

```
<project xmlns="http://maven.apache.org/POM/4.0.0"
xmlns:xsi="http://www.w3.org/2001/XMLSchema-instance"
xsi:schemaLocation="http://maven.apache.org/POM/4.0.0
http://maven.apache.org/xsd/maven-4.0.0.xsd">
  <modelVersion>4.0.0</modelVersion>
  <groupId>mongodb</groupId>
  <artifactId>mongodb</artifactId>
  <version>0.0.1-SNAPSHOT</version>
```

```xml
<packaging>war</packaging>
<name>mongodb</name>
<description>mongodb web</description>
  <properties>
      <project.build.sourceEncoding>UTF-8</project.build.sourceEncoding>
  </properties>
<dependencies>
        <dependency>
        <groupId>org.apache.openejb</groupId>
        <artifactId>javaee-api</artifactId>
        <version>5.0-1</version>
        <scope>provided</scope>
    </dependency>
    <dependency>
        <groupId>javax.servlet</groupId>
        <artifactId>jstl</artifactId>
        <version>1.2</version>
        <scope>provided</scope>
    </dependency>
    <dependency>
        <groupId>javax.servlet.jsp</groupId>
        <artifactId>jsp-api</artifactId>
        <version>2.1</version>
        <scope>provided</scope>
    </dependency>


    <!-- aspectjweaver.jar 这是 Spring AOP 所要用到的包 -->
    <dependency>
        <groupId>org.aspectj</groupId>
        <artifactId>aspectjweaver</artifactId>
        <version>1.7.1</version>
    </dependency>

        <!-- spring mvc -->
    <dependency>
        <groupId>org.springframework</groupId>
        <artifactId>spring-webmvc</artifactId>
        <version>4.0.0.RELEASE</version>
```

```xml
    </dependency>

    <!-- spring3 -->
    <dependency>
        <groupId>org.springframework</groupId>
        <artifactId>spring-core</artifactId>
        <version>4.0.0.RELEASE</version>
    </dependency>
    <dependency>
        <groupId>org.springframework</groupId>
        <artifactId>spring-context</artifactId>
        <version>4.0.0.RELEASE</version>
    </dependency>

    <dependency>
        <groupId>org.springframework</groupId>
        <artifactId>spring-beans</artifactId>
        <version>4.0.0.RELEASE</version>
    </dependency>
    <dependency>
        <groupId>org.springframework</groupId>
        <artifactId>spring-web</artifactId>
        <version>4.0.0.RELEASE</version>
    </dependency>
    <dependency>
        <groupId>org.springframework</groupId>
        <artifactId>spring-expression</artifactId>
        <version>4.0.0.RELEASE</version>
    </dependency>
    <dependency>
        <groupId>org.springframework</groupId>
        <artifactId>spring-orm</artifactId>
        <version>4.0.0.RELEASE</version>
    </dependency>
    <dependency>
        <groupId>org.springframework</groupId>
        <artifactId>spring-test</artifactId>
        <version>4.0.0.RELEASE</version>
    </dependency>
```

```
        <!--jsp 页面使用的 jstl -->
        <dependency>
            <groupId>javax.servlet</groupId>
            <artifactId>jstl</artifactId>
            <version>1.2</version>
        </dependency>



        <!-- mongodb -->
        <dependency>
            <groupId>org.springframework.data</groupId>
            <artifactId>spring-data-mongodb</artifactId>
            <version>1.5.5.RELEASE</version>
        </dependency>

    </dependencies>
<build>
    <plugins>
        <!-- define the project compile level -->
        <plugin>
            <groupId>org.apache.maven.plugins</groupId>
            <artifactId>maven-compiler-plugin</artifactId>
            <version>2.3.2</version>
            <configuration>
                <source>1.7</source>
                <target>1.7</target>
            </configuration>
        </plugin>
    </plugins>
</build>
</project>
```

　　如果报错 Failed to read artifact descriptor，说明包的下载出错，主要是 Maven 的默认仓库是用的国外的，感兴趣的读者可以自行学习设置 Maven 仓库成国内第三方仓库镜像，这里就不细说了。遇到下载不下来 jar 包时，可以强制重新下载，对着项目右击→maven→update project →勾选 Forces updated releases /snapshots。

　　包下载完成后查看项目的 Libraries，发现 Maven Dependencies 中已经有了我们需要的 jar 包，如图 20-6 所示。

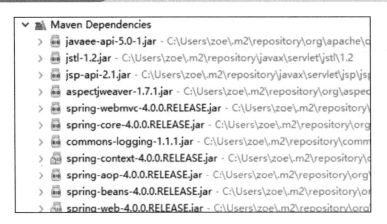

图 20-6　Maven 自动下载的 jar 包

20.4.2　新建 SpringMVC 配置文件

SpringMVC 配置文件是 xml 文件，里面主要设置包的路径和视图模式，让 SpringMVC 框架知道 Web 项目的 java 代码和 jsp 页面代码分明放置在哪一个地方。新建步骤如下：

Eclipse 选项卡中单击 File → New → Other → 搜索 xml → 选中 XML File → 选中 /src/main/resources 路径----》→输入 xml 名称为：springMVC.xml→Finish，如图 20-7 所示。

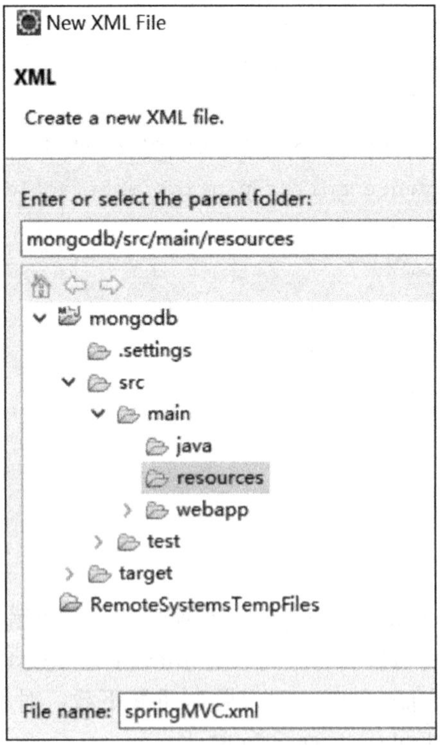

图 20-7　新建 xml 文件

springMVC.xml 的完整内容修改如下：

```xml
<?xml version="1.0" encoding="UTF-8"?>
<beans xmlns="http://www.springframework.org/schema/beans"
    xmlns:context="http://www.springframework.org/schema/context"
xmlns:p="http://www.springframework.org/schema/p"
    xmlns:mvc="http://www.springframework.org/schema/mvc"
xmlns:xsi="http://www.w3.org/2001/XMLSchema-instance"
    xsi:schemaLocation="http://www.springframework.org/schema/beans
      http://www.springframework.org/schema/beans/spring-beans-3.0.xsd
      http://www.springframework.org/schema/context
      http://www.springframework.org/schema/context/spring-context-3.1.xsd
      http://www.springframework.org/schema/mvc
      http://www.springframework.org/schema/mvc/spring-mvc-3.0.xsd">

 <!-- 支持注解 -->
    <mvc:annotation-driven />


    <!--自动装配 DefaultAnnotationHandlerMapping 和 AnnotationMethodHandlerAdapter
-->
<mvc:default-servlet-handler />


<!-- 设置自动扫描的路径,用于自动注入 bean    这里的路径与自己的项目目录对应-->
<!-- 扫描 controller 路由控制器   -->
<context:component-scan base-package="com.mongodb" />


    <!-- 设置静态资源可访问 -->
    <mvc:resources location="/" mapping="/**"/>


    <!-- 视图解析器 -->
<bean id="viewResolver"

class="org.springframework.web.servlet.view.InternalResourceViewResolver">
<property name="viewClass"
value="org.springframework.web.servlet.view.JstlView" />
<property name="suffix" value=".jsp" />  <!-- 视图文件类型 -->
<property name="prefix" value="/WEB-INF/views" /> <!-- 视图文件的文件夹路径 -->
</bean>
</beans>
```

229

我们这里设置 Java 代码的路径是 com.mongodb，JSP 的路径是/WEB-INF/views。所以需要在/src/main/java 中新建 Package，命名为 com.mongodb。在/src/main/webapp/ WEB-INF 中新建 views 文件夹，如图 20-8 所示。

图 20-8　新建目录

如果有报错请对着项目右击，选中 properties→Java Compiler，将 Compiler compliance level 修改为 1.7。

20.4.3　新建 MongoDB 配置文件

MongoDB 配置文件也是 xml 文件，主要是配置 Web 项目使用的 MongoDB 实例的 ip 和端口以及使用的数据库。例如，我这里使用 192.168.199.8 端口 27017 中的 test 数据库，在/src/main/resources 路径下新建 mongodb.xml 文件后，输入内容如下：

```xml
<?xml version="1.0" encoding="utf-8"?>
<!-- 指定 Spring 配置文件的 Schema 信息 -->
<beans xmlns="http://www.springframework.org/schema/beans"
    xmlns:xsi="http://www.w3.org/2001/XMLSchema-instance"
xmlns:aop="http://www.springframework.org/schema/aop"
    xmlns:p="http://www.springframework.org/schema/p"
xmlns:tx="http://www.springframework.org/schema/tx"
    xmlns:mongo="http://www.springframework.org/schema/data/mongo"
    xmlns:context="http://www.springframework.org/schema/context"
    xsi:schemaLocation="http://www.springframework.org/schema/beans
    http://www.springframework.org/schema/beans/spring-beans-3.1.xsd
    http://www.springframework.org/schema/tx
    http://www.springframework.org/schema/tx/spring-tx-3.0.xsd
```

```xml
    http://www.springframework.org/schema/context

    http://www.springframework.org/schema/context/spring-context.xsd

    http://www.springframework.org/schema/aop

    http://www.springframework.org/schema/aop/spring-aop-3.1.xsd">


    <bean id="mongo"
class="org.springframework.data.mongodb.core.MongoFactoryBean">

        <property name="host" value="192.168.199.8"/>

        <property name="port" value="27017"/>

    </bean>


    <bean id="mongoTemplate"
class="org.springframework.data.mongodb.core.MongoTemplate">

        <constructor-arg name="mongo" ref="mongo" />

        <constructor-arg name="databaseName" value="test"/>

    </bean>


</beans>
```

20.4.4 配置 web.xml

我们需要把前面新建的 springMVC.xml、mongodb.xml（名称与自己的前面的命名统一）在 web.xml 中配置引用。

完整 web.xml 内容如下：

```xml
<?xml version="1.0" encoding="UTF-8"?>
<web-app version="3.0"
xmlns="http://java.sun.com/xml/ns/javaee"
xmlns:xsi="http://www.w3.org/2001/XMLSchema-instance"
xsi:schemaLocation="http://java.sun.com/xml/ns/javaee
http://java.sun.com/xml/ns/javaee/web-app_3_0.xsd">
  <display-name></display-name>
<!-- spring mongodb -->
    <context-param>
        <param-name>contextConfigLocation</param-name>
        <param-value>classpath:mongodb.xml</param-value>
    </context-param>
    <!--spring mvc 配置 -->
    <servlet>
        <servlet-name>springMVC</servlet-name>
        <servlet-
class>org.springframework.web.servlet.DispatcherServlet</servlet-class>
        <init-param>
```

```
        <param-name>contextConfigLocation</param-name>
        <param-value>classpath:springMVC.xml</param-value>
    </init-param>
    <load-on-startup>1</load-on-startup>
  </servlet>

  <servlet-mapping>
    <servlet-name>springMVC</servlet-name>
    <url-pattern>/</url-pattern>
  </servlet-mapping>

  <!-- encodeing -->
  <filter>
    <filter-name>encodingFilter</filter-name>
    <filter-
class>org.springframework.web.filter.CharacterEncodingFilter</filter-class>
    <init-param>
        <param-name>encoding</param-name>
        <param-value>UTF-8</param-value>
    </init-param>
    <init-param>
        <param-name>forceEncoding</param-name>
        <param-value>true</param-value>
    </init-param>
  </filter>
  <!-- encoding filter for jsp page -->
  <filter-mapping>
    <filter-name>encodingFilter</filter-name>
    <url-pattern>/*</url-pattern>
  </filter-mapping>
  <listener>              <listener-
class>org.springframework.web.context.ContextLoaderListener</listener-class>
  </listener>
 </web-app>
```

20.4.5 创建 index.jsp 和 IndexController

测试 SpringMVC 框架需要一个路由控制器，我们在 com.mongodb 下新建 IndexController.java，对着 com.mongodb 包右击，单击 New→Class，在/WEB-INF/views 路径下新建一个 index.jsp。对着 WEB-INF/views 文件夹右击，单击 New→JSP File。

IndexController.java 内容如下：

```
package com.mongodb;


import org.springframework.stereotype.Controller;
import org.springframework.ui.Model;
```

```
import org.springframework.web.bind.annotation.RequestMapping;

@Controller
public class IndexController {
    @RequestMapping(value={"","/","/index"})
    public String  index(Model model)  {
                return "/index";

    }

}
```

index.jsp 页面内容如下：

```
<%@ page language="java" contentType="text/html; charset=utf-8"
    pageEncoding="utf-8"%>
<!DOCTYPE html PUBLIC "-//W3C//DTD HTML 4.01 Transitional//EN"
"http://www.w3.org/TR/html4/loose.dtd">
<html>
<head>
<meta http-equiv="Content-Type" content="text/html; charset=utf-8">
<title>测试 mongodb</title>
</head>
<body>
欢迎您
</body>
</html>
```

创建完之后，页面可能会报错：The superclass javax.servlet.http.HttpServlet was not found on the Java Build Path，这是缺少库导致的，在下一小节安装 Tomcat 后中会解决这个问题。

20.4.6　启动 Web 项目

经过上面的部署，我们的 Maven 类型的 Web 项目 SpringMVC+MongoDB 框架就搭建完成了，可以尝试一下能不能成功运行起来。运行 Web 项目需要 Web 服务器，Java Web 项目比较常用的服务器是 Tomcat，我们这里安装 Tomcat，然后设置 Eclipse 使用 Tomcat。

1. 安装 Tomcat

Tomcat 官网是 http://tomcat.apache.org/，Tomcat 下载下来是一个压缩文件，解压即可用。我这里下载了 apache-tomcat-8.5.12-windows-x64.zip，将压缩文件解压至自定义路径（我的路径: D:\ apache-tomcat-8.5.12）。注意，在安装 Tomcat 时，在其字母周围不要存在空格，否则可能导致配置不成功。

在系统变量里配置环境变量（不区分大小写）：

（1）新增变量名：CATALINA_HOME，变量值：D:\apache-tomcat-8.5.12。

（2）新增变量名：JRE_HOME （与安装 JDK 的路径对应），变量值：C:\Program Files\Java\jre1.8.0_121。

（3）编辑变量名：path，在最后加上变量值;%CATALINA_HOME% \lib; %CATALINA_HOME% \lib\servlet-api.jar; %CATALINA_HOME%\lib\jsp-api.jar。

配置完成后可以进入 tomcat 安装路径的 bin 目录下，单击 startup.bat 测试是否能启动成功。tomcat 启动 startup.bat，一闪而过说明报错了。右击 startup.bat，单击编辑，在文本的最后加上 pause，保存后重新运行 startup.bat，这时候窗口不会再一闪而过，而是停留在桌面上，这时候可以看到报错信息，一般是缺少了什么配置变量，根据提示去配置即可（调试成功后，把 pause 去掉就能正常使用 tomcat 了）。

2. Eclipse 配置 Tomcat

在 Eclipse 选项卡中，选择 Window→Preferences→Server→Runtime Environments→Add。

选择对应版本，我们这里选择 Tomcat v8.5 Server，新建一个本机服务，再进行下一步。

选择 Tomcat 安装路径，选择 JRE 版本，完成配置。

然后将 Tomcat 添加到 Build Path 的库中，对着项目右击，执行 Build Path→Configure Build Path→Add Library... →Server Runtime→选中 Apache Tomcat v8.5→Finish。

3. 启动 tomcat

对着项目名右击，执行 Run as→Run on Server 即可。此时，Console 控制台会输出启动信息。输出信息 Server startup in xxx ms 时，启动成功。

启动成功后可以在浏览器中访问项目：http://localhost:8080/mongodb/，如图 20-9 所示。

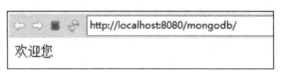

图 20-9　启动 mongodb 项目成功

第 21 章
◀ 注册登录功能的实现 ▶

第 20 章已经搭建好了工作中常用的 Web 框架。本章就结合 Spring Data MongoDB 的用法来完成一个 Web 应用程序中常见的功能：注册和登录。通过这个实例，我们就能掌握实际工作中 MongoDB 在 Web 应用开发中的使用方式了。Spring Data MongoDB 驱动调用 MongoDB 的使用方式跟第 16 章中官方支持 Java 的 MongoDB 驱动有些区别，我们将在本章最后一节给出常见的操作用法。

21.1　UI 框架 Bootstrap

21.1.1　简介

Bootstrap 是 Twitter 推出的一个用于前端开发的开源工具包。它由 Twitter 的设计师 Mark Otto 和 Jacob Thornton 合作开发，是一个 CSS/HTML 框架，用于开发响应式布局、移动设备优先的 Web 项目。Bootstrap 让前端开发更快速、简单，让所有开发者都能快速上手、所有设备都可以适配、所有项目都适用。这里使用 Bootstrap 作为我们的 UI 框架。Bootstrap 的官网是 http://www.bootcss.com/，更多 Bootstrap 的信息可查看官网。

21.1.2　应用 Bootstrap

把 Bootstrap 应用到我们的 Web 中很简单，只需要在官网下载 Bootstrap（如图 21-1 所示）的资源包，放到 Web 中，然后引用相关 CSS 和 JS 即可。

图 21-1　下载 Bootstrap

下载完毕后得到 bootstrap-3.3.7-dist.zip，解压后得到文件夹 bootstrap-3.3.7-dist，把这个文件放到 Web 项目的 src/main/webapp 目录下即可。我们在编写 JSP 页面时可以引用里面的资源。

21.2 新建用户实体

用户注册需要保存用户的信息，登录时则需要验证用户的信息，这些信息数据都是需要保存到 MongoDB 的。MongoDB 的好处就是不需要提前新建集合和设置字段的数据类型，只需要新建好 Java 中的实体 class，通过 Spring Data MongoDB 的方式保存到 MongoDB 即可。

MongoDB 会自动把 class 实体转化为 BSON 文档，自动对应数据类型。

对着 com.mongodb 右击，单击新建，Package 命名为 entity，在 entity 下新建的用户实体 class 命名为 User.java。

User.java 代码如下：

```
package com.mongodb.entity;

import javax.persistence.Entity;

@Entity
public class User {
    private String id;//用户id
    private String name;//用户名称
    private String username;//登录账户
    private String password;//登录密码
    public String getId() {
        return id;
    }
    public void setId(String id) {
        this.id = id;
    }
    public String getName() {
        return name;
    }
    public void setName(String name) {
        this.name = name;
    }
    public String getUsername() {
        return username;
    }
}
```

```
    }
    public void setUsername(String username) {
        this.username = username;
    }
    public String getPassword() {
        return password;
    }
    public void setPassword(String password) {
        this.password = password;
    }

}
```

21.3 注册功能编写

注册功能需要完成两个部分，一是注册页面，二是注册后端。注册页面 JSP 让用户输入信息，单击注册按钮后把数据发送到后端，后端 Java 代码中把注册信息保存到数据库。

21.3.1 注册页面代码

在/WEN-INF/views 中新建 register.jsp。

register.jsp 代码如下：

```
<%@ page language="java" contentType="text/html; charset=utf-8"
    pageEncoding="utf-8"%>
<%
String path = request.getContextPath();
String basePath =
request.getScheme()+"://"+request.getServerName()+":"+request.getServerPort()+
path+"/";
%>
<!DOCTYPE html PUBLIC "-//W3C//DTD HTML 4.01 Transitional//EN"
"http://www.w3.org/TR/html4/loose.dtd">
<html lang="zh-CN">
  <head>
    <meta charset="utf-8">
    <meta http-equiv="X-UA-Compatible" content="IE=edge">
    <meta name="viewport" content="width=device-width, initial-scale=1">
```

237

```html
    <!-- 上述3个meta标签*必须*放在最前面，任何其他内容都*必须*跟随其后！  -->
    <meta name="description" content="">
    <meta name="author" content="">
    <title>注册页</title>
    <!-- Bootstrap core CSS -->
    <link href="<%=basePath%>/bootstrap-3.3.7-dist/css/bootstrap.min.css"
rel="stylesheet">
  </head>
  <style type="text/css">
  body {
  padding-top: 40px;
  padding-bottom: 40px;
  background-color: #eee;
}

.form-signin {
  max-width: 330px;
  padding: 15px;
  margin: 0 auto;
}
.form-signin .form-signin-heading,
.form-signin .checkbox {
  margin-bottom: 10px;
}
.form-signin .checkbox {
  font-weight: normal;
}
.form-signin .form-control {
  position: relative;
  height: auto;
  -webkit-box-sizing: border-box;
    -moz-box-sizing: border-box;
        box-sizing: border-box;
  padding: 10px;
  font-size: 16px;
}
.form-signin .form-control:focus {
  z-index: 2;
}
```

```
.form-signin input[type="email"] {
 margin-bottom: -1px;
 border-bottom-right-radius: 0;
 border-bottom-left-radius: 0;
}
.form-signin input[type="password"] {
 margin-bottom: 10px;
 border-top-left-radius: 0;
 border-top-right-radius: 0;
}
</style>
 <body>


  <div class="container">
    <form class="form-signin" id="register" method="post" action="saveUser">
     <h2 class="form-signin-heading">注册</h2>
     <label for="inputName" class="sr-only">Name</label>
     <input type="name" name="name" class="form-control" placeholder="Name"
required autofocus>
      <label for="inputUsername" class="sr-only">Username</label>
     <input type="username" name="username" class="form-control"
placeholder="Username" required>
     <label for="inputPassword" class="sr-only">Password</label>
     <input type="password" name="password" class="form-control"
placeholder="Password" required>
      <button class="btn btn-lg btn-primary btn-block" type="submit">注册
</button>
    </form>
  </div> <!-- /container -->
 </body>
</html>
```

　　这里需要注意的是，input 中的 id 值要与后端代码中的@RequestParam 参数命名对应，
form 中的 action 路径需要与后端代码中的注册方法的@RequestMapping 对应。

21.3.2　注册后端代码

　　注册后端代码负责接受 JSP 页面传递过来的参数，组装成 User 实体保存入库。保存入库
时，需要借助 Spring Data MongoDB 包中的 MongoTemplate 类。在 MongoTemplate 类的声明
时加上@Autowired 注解，SpringMVC 框架就会把我们之前在 mongodb.xml 中定义的 bean 类

型的 mongoTemplate 信息关联起来。mongoTemplate 的 bean 里记录了我们要连接的数据库的地址和数据库名，这样就能把数据保存到数据库里了。生产环境中的注册，一般都会把密码经过加密后再保存入库，而不是存储明文，登录验证时，把用户输入的密码加密一次再与数据库中的密码作对比。一般的加密方法有 MD5 加密等，有兴趣的读者可以尝试，这里就不细说了。

在 com.mongodb 下新建一个 UserController.java。

UserController.java 的代码如下：

```java
package com.mongodb;

import org.springframework.beans.factory.annotation.Autowired;
import org.springframework.data.mongodb.core.MongoTemplate;
import org.springframework.stereotype.Controller;
import org.springframework.ui.Model;
import org.springframework.web.bind.annotation.RequestMapping;
import org.springframework.web.bind.annotation.RequestParam;

import com.mongodb.entity.User;

@Controller
public class UserController {
    @Autowired
    MongoTemplate mongoTemplate;

    @RequestMapping(value = { "register" })
    public String register() {
        //注册页面的路由，跳转到注册页面 register.jsp
        return "/register";
    }

    @RequestMapping(value = { "saveUser" })
    public String saveUser(Model model, @RequestParam String name,
@RequestParam String username,
        @RequestParam String password) {
        User user = new User();
        user.setName(name);
        user.setPassword(password);
        user.setUsername(username);
        mongoTemplate.save(user);//保存 User 到数据库
```

```
        return "/login";
    }
}
```

21.4 登录功能编写

登录功能也需要两部分，一是登录页面，二是登录后端代码，登录页面让用户输入账号密码，单击登录按钮后把用户密码传到登录后端，后端代码根据用户名密码去数据库中查询用户信息。如果查到了说明有该用户，用户登录成功。查不到用户，则登录失败。

21.4.1 登录页面代码

登录页面与注册页面比较类似，区别主要在于 form 的 action 路径，以及只需要填写 username 和 password。在/WEB-INF/views 中新建 login.jsp。

login.jsp 的代码为：

```
<%@ page language="java" contentType="text/html; charset=utf-8"
    pageEncoding="utf-8"%>
<%
String path = request.getContextPath();
String basePath =
request.getScheme()+"://"+request.getServerName()+":"+request.getServerPort()+
path+"/";
%>
<!DOCTYPE html PUBLIC "-//W3C//DTD HTML 4.01 Transitional//EN"
"http://www.w3.org/TR/html4/loose.dtd">
<html lang="zh-CN">
  <head>
    <meta charset="utf-8">
    <meta http-equiv="X-UA-Compatible" content="IE=edge">
    <meta name="viewport" content="width=device-width, initial-scale=1">
    <!-- 上述3个meta标签*必须*放在最前面，任何其他内容都*必须*跟随其后！ -->
    <meta name="description" content="">
    <meta name="author" content="">
    <title>登录页</title>
    <!-- Bootstrap core CSS -->
    <link href="<%=basePath%>/bootstrap-3.3.7-dist/css/bootstrap.min.css"
rel="stylesheet">
```

```
</head>
<style type="text/css">
body {
padding-top: 40px;
padding-bottom: 40px;
background-color: #eee;
}

.form-signin {
 max-width: 330px;
 padding: 15px;
 margin: 0 auto;
}
.form-signin .form-signin-heading,
.form-signin .checkbox {
 margin-bottom: 10px;
}
.form-signin .checkbox {
 font-weight: normal;
}
.form-signin .form-control {
 position: relative;
 height: auto;
 -webkit-box-sizing: border-box;
    -moz-box-sizing: border-box;
        box-sizing: border-box;
 padding: 10px;
 font-size: 16px;
}
.form-signin .form-control:focus {
 z-index: 2;
}
.form-signin input[type="email"] {
 margin-bottom: -1px;
 border-bottom-right-radius: 0;
 border-bottom-left-radius: 0;
}
.form-signin input[type="password"] {
 margin-bottom: 10px;
```

```
  border-top-left-radius: 0;
  border-top-right-radius: 0;
}
</style>
  <body>
    <div class="container">
      <form class="form-signin" id="login" method="post" action="loginUser">
        <h2 class="form-signin-heading">登录</h2>
        <label for="inputUsername" class="sr-only">Username</label>
        <input type="username" name="username" class="form-control"
placeholder="Username" required>
        <label for="inputPassword" class="sr-only">Password</label>
        <input type="password" name="password" class="form-control"
placeholder="Password" required>
        <button class="btn btn-lg btn-primary btn-block" type="submit">登录
</button>
      </form>
    </div> <!-- /container -->
  </body>
</html>
```

21.4.2　登录后端代码

登录后端代码主要负责接收用户输入的 username 和 password，然后在 MongoDB 库 User 集合中查询，能查到则认证通过，登录成功。

在 com.mongodb 下新建 LoginController.java。

LoginController.java 代码如下：

```
package com.mongodb;
import org.springframework.beans.factory.annotation.Autowired;
import org.springframework.data.mongodb.core.MongoTemplate;
import org.springframework.data.mongodb.core.query.Criteria;
import org.springframework.data.mongodb.core.query.Query;
import org.springframework.stereotype.Controller;
import org.springframework.ui.Model;
import org.springframework.web.bind.annotation.RequestMapping;
import org.springframework.web.bind.annotation.RequestParam;


import com.mongodb.entity.User;
```

```
@Controller
public class LoginController {
    @Autowired
    MongoTemplate mongoTemplate;

    @RequestMapping(value = { "login" })
    public String login() {
        //登录页面的路由，跳转到登录页面 login.jsp
        return "/login";
    }


    @RequestMapping(value = { "loginUser" })

    public String loginUser(Model model, @RequestParam String username,
            @RequestParam String password) {
        Query query=new Query();
        query.addCriteria(Criteria.where("username").is(username));
        query.addCriteria(Criteria.where("password").is(password));
        if(mongoTemplate.count(query,User.class)>0){
            //根据账号密码去 MongoDB 数据库中查询 User 集合，数量大于0，则登录成功
            return "/index";//登录成功后进入 index.jsp 页面
        }
        return "/login";//登录失败返回 login.jsp 页面
    }
}
```

21.5 运行测试

完成注册登录后 mongodb 项目目录如图 21-2 所示。

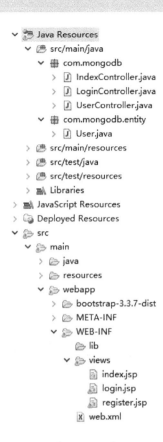

图 21-2　mongodb 项目目录

对着 mongodb 项目名右击，选择 Run As→Run on Server。

使用路径 http://localhost:8080/mongodb/register 在浏览器中访问注册页面，并填入信息，单击注册，如图 21-3 所示。

图 21-3　注册用户

注册成功后页面会跳转到登录页面，这时我们查看数据库中发现已经保存有 User 信息了，如图 21-4 所示。登录页面如图 21-5 所示。

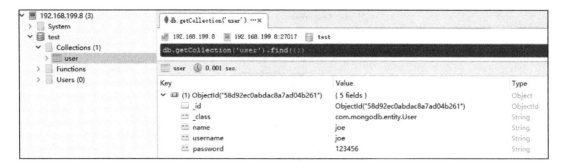

图 21-4　MongoDB 中的 User 信息

图 21-5　登录页面

使用刚才注册的 username 和 password 登录，登录成功后自动跳转到 Index.jsp 页面，如图 21-6 所示。

图 21-6　登录成功

21.6　Sping Data MongoDB 操作

本节记录常用的 Sping Data MongoDB 操作。

更多 Spring Data MongoDB 的用法和信息可以在搜索引擎中搜索关键词 Spring Data MongoDB query，或者参考 Spring Data MongoDB 官网文档链接：

http://docs.spring.io/spring-data/mongodb/docs/current/reference/html/

官网 API 文档链接：

```
http://docs.spring.io/spring-data/data-mongo/docs/2.0.0.M1/api/
```

需要注入 mongodb.xml 中定义的 bean 元素 MongoTemplate，MongoTemplate 中包含了数据库的连接和数据库名等信息：

```
@Autowired
MongoTemplate mongoTemplate;
```

21.6.1　插入数据

```
User user = new User();
user.setName("joe");
user.setPassword("123456");
user.setUsername("joe");
mongoTemplate.save(user);//保存 User 到数据库
```

21.6.2　查询数据

（1）查询第一条记录：

```
mongoTemplate.findOne(new Query(), User.class);
```

（2）查询所有：

```
mongoTemplate.find (new Query(), User.class);
```

（3）与查询：

查询 username 字段为 joe，并且 password 字段为 123456 的文档：

```
Query query = new Query();
query.addCriteria(Criteria.where("username").is("joe"));
query.addCriteria(Criteria.where("password").is("123456"));
mongoTemplate.find(query,User.class);
```

（4）或查询

查询 name 字段为 joe 或者 zoe 的文档：

```
Criteria criteria = new Criteria();
    criteria.orOperator(
                Criteria.where("name").is("joe"),
                Criteria.where("name").is("zoe")
                );
Query query = Query.query(criteria);
mongoTemplate.find(query,User.class);
```

（5）模糊查询

查询 name 字段值有 jo 的文档：

```
String regexName="jo";
 Query query = new Query();
 query.addCriteria(Criteria.where("name").regex(".*" + regexName + ".*", "i"));
 mongoTemplate.find(query,User.class);
```

（6）增加限制条件和排序

查询 name 为 joe 的文档，跳过第 1 条数据，只返回 2 条数据，并且按照_id 降序
（Direction.DESC）排序，升序使用 Direction.ASC。

```
Query query = new Query();
query.addCriteria(Criteria.where("name").is("joe"));
query.skip(1).limit(2).with(new Sort(new Sort.Order(Direction.DESC, "_id")));
mongoTemplate.find(query,User.class);
```

（7）地理信息查询

User.java 增加字段 location 如下：

```
private double[] location;
public double[] getLocation() {
      return location;
    }
    public void setLocation(double[] location) {
        this.location = location;
    }
```

赋值时使用普通坐标对：

```
double[] xy=new double[]{-73.92505, 40.8279556};
user.setLocation(xy);
```

保存到数据库后，创建地理位置索引：

```
mongoTemplate.indexOps(User.class).ensureIndex(new
GeospatialIndex("location"));
```

GeospatialIndex 方法默认是使用平面的 2d 类型索引，如果使用的是 GeoJSON 格式的地
理位置，建立 2DSPHERE 类型的索引可以使用：

```
mongoTemplate.indexOps(User.class).ensureIndex(new
GeospatialIndex("location").typed(GeoSpatialIndexType.GEO_2DSPHERE));
```

查询位置-72.92505, 40.8279556 附近 2 度以内的点，单位的转换可以参考 10.12.2 小节
"管道操作器"中$geoNear 的相关内容，或者附录 A " MongoDB 地理位置距离单位"。

```
Point point = new Point(-72.92505, 40.8279556);
List<User> us =mongoTemplate.find(new
Query(Criteria.where("location").near(point).maxDistance(2)),User.class);
```

21.6.3　更新数据

注意 Update 引入的包是：

```
import org.springframework.data.mongodb.core.query.Update;
```

而不是 com.mongodb.Update。

（1）单条更新

updateFirst 方法第一个参数是查询条件，如果查出多条也只修改第一条，第二个参数是修改条件。

更新单个字段，把 name 为 joe 的第一条数据 username 修改为 joe009：

```
mongoTemplate.updateFirst(new Query(Criteria.where("name").is("joe")),
            Update.update("username", "joe009"), User.class);
```

更新多个字段，把 name 为 joe 的第一条数据 username 修改为 joe009，password 修改为
23456：

```
Update update = new Update();
update.set("username","joe009");
update.set("password","23456");
mongoTemplate.updateFirst(new
Query(Criteria.where("name").is("joe")),update,User.class);
```

（2）多条更新

更新单个字段，把 name 为 joe 的全部文档 username 修改为 joe009：

```
mongoTemplate.updateMulti(new Query(Criteria.where("name").is("joe")),
            Update.update("username", "joe009"), User.class);
```

更新多个字段，把 name 为 joe 的全部文档 username 修改为 joe009，password 修改为
23456：

```
Update update = new Update();
update.set("username","joe009");
update.set("password","23456");
mongoTemplate.updateMulti(new
Query(Criteria.where("name").is("joe")),update,User.class);
```

21.6.4 删除数据

删除 username 为 joe009 的数据：

```
mongoTemplate.remove(new
Query(Criteria.where("username").is("joe009")),User.class);
```

21.6.5 聚合方法执行

（1）执行 count

查询 name 为 joe 的文档数量：

```
mongoTemplate.count(new Query(Criteria.where("name").is("joe")),User.class);
```

（2）执行 distinct

User 集合中 username 有多少不同值：

```
mongoTemplate. getCollection("user").distinct("username");
```

User 集合中 name 为 joe 的文档 username 有多少不同值：

```
Query query=new Query(Criteria.where("name").is("joe"));
mongoTemplate.getCollection("user").distinct("username",query.getQueryObject()
);
```

（3）执行 mapreduce

根据 name 分组后统计每组的数量：

```
String mapFunction = "function(){ emit(this.name,{'count':1});}";
String reduceFunction = "function(key, values){var sum = 0;
    values.forEach(function(doc){sum += doc.count; });   return
    {groupname:key,total:sum} };";
MapReduceOutput mapReduceOutput =
mongoTemplate.getCollection("user").mapReduce(mapFunction, reduceFunction,
            "resultCollection", null);
DBCollection resultColl = mapReduceOutput.getOutputCollection();
DBCursor cursor = resultColl.find();
while (cursor.hasNext()) {
    System.out.println(cursor.next());
}
```

（4）执行 aggregate

注意使用 match 等静态内置方法需要手动添加引入：

```
import static org.springframework.data.mongodb.core.aggregation.Aggregation.*;
```

Aggregation 在较新的 mongo-java-driver 中才有，所以 pom.xml 中 spring-data-mongodb 的 <dependency>前需要加上：

```
<!-- mongo db 驱动-->
<dependency>
    <groupId>org.mongodb</groupId>
    <artifactId>mongo-java-driver</artifactId>
    <version>3.4.2</version>
</dependency>
```

查询出 name 为 joe 的文档按照 username 分组后计算个数赋值给 totalNum，根据 totalNum 降序排序返回结果。

```
TypedAggregation<User> agg = Aggregation.newAggregation(
                    User.class
                    ,match(Criteria.where("name").is("joe"))
                    ,group("username").count().as("totalNum")
                    ,sort(Sort.Direction.DESC, "totalNum")
                    ,project("totalNum")
);

AggregationResults<String> result = mongoTemplate.aggregate(agg,String.class);
for(String dbo : result){
    System.out.println(dbo.toString());
}
```

21.6.6 操作 GridFS

操作 GridFS 需要在 mongodb.xml 中增加 GridFsTemplate 的 bean 声明，同时在需要的地方注入 GridFsTemplate。

mongodb.xml 的头部 beans 中需要加入：

```
xmlns:mongo="http://www.springframework.org/schema/data/mongo"
```

xsi:schemaLocation 参数中需要加入：

```
http://www.springframework.org/schema/data/mongo
http://www.springframework.org/schema/data/mongo/spring-mongo-1.0.xsd
```

如果报错，有可能是版本不匹配，需要检查 spring-context.xsd 是否带有版本号，去掉 spring-context.xsd 的版本号。

mongodb.xml 中<beans></beans>增加：

```
<mongo:db-factory id="mongoDbFactory" dbname="test" mongo-ref="mongo" />
 <mongo:mapping-converter id="converter" />
   <bean id="gridFsTemplate"
class="org.springframework.data.mongodb.gridfs.GridFsTemplate">
     <constructor-arg ref="mongoDbFactory" />
     <constructor-arg ref="converter" />
   </bean>
```

然后在需要的 class 中注入：

```
@Autowired
GridFsTemplate gridFsTemplate;
```

（1）上传文件

上传文件需要指定文件的路径，我们在 src/main/resources 路径下放一个 test.png 图片，发布到 tomcat 时，它的路径与类的路径一样为 classes，所以使用 this.getClass().getResource("/").getPath()获取到 class 的路径即可找到图片。上传文件使用如下方法：

```
InputStream  inputStream = new
FileInputStream(this.getClass().getResource("/").getPath()+"test.png");
String id =gridFsTemplate.store(inputStream, "test.png",
"image/png").getId().toString();
```

（2）查询文件

```
String id = "58e1eea46464ee7be8ac60aa";
GridFSDBFile gridFsdbFile = gridFsTemplate.findOne(new
Query(Criteria.where("_id").is(id)));
```

（3）下载文件

下载文件需要存储在 GridFS 中的文件的_id，最终可以得到 InputStream，用户再自行处理。

```
String id = "58e1eea46464ee7be8ac60aa";
Query query = new Query(Criteria.where("_id").is(id));
GridFSDBFile gridFsDBFile = this.gridFsTemplate.findOne(query);
InputStream inputStream =gridFsDBFile.getInputStream();
```

（4）删除文件

```
String id = "58e1eea46464ee7be8ac60aa";
gridFsTemplate.delete(new Query(Criteria.where("_id").is(id)));
```

21.6.7 运行示例

学习了操作语法之后我们尝试运行它们，我们把需要执行的操作放在 IndexController 的某个路由方法中，然后在浏览器访问项目调用这个路由路径，查看结果。

对着 com.mongodb 包右击，选择 NEW→新建 Class 文件→命令为 IndexController。

IndexController.java 的代码如下：

```java
package com.mongodb;
import org.springframework.beans.factory.annotation.Autowired;
import org.springframework.data.mongodb.core.MongoTemplate;
import org.springframework.data.mongodb.core.query.Criteria;
import org.springframework.data.mongodb.core.query.Query;
import org.springframework.data.mongodb.gridfs.GridFsTemplate;
import org.springframework.stereotype.Controller;
import org.springframework.ui.Model;
import org.springframework.web.bind.annotation.RequestMapping;
import com.mongodb.entity.User;


@Controller
public class IndexController {
    @Autowired
    GridFsTemplate gridFsTemplate;

    @Autowired
    MongoTemplate mongoTemplate;

    @RequestMapping(value = { "/index" })
    public String index(Model model) {

        User user = new User();
        user.setName("joe");
        user.setPassword("123456");
        user.setUsername("joe");
        mongoTemplate.save(user);// 保存 User 到数据库

        Query query = new Query();
        query.addCriteria(Criteria.where("username").is("joe"));
        query.addCriteria(Criteria.where("password").is("123456"));
        System.out.println(mongoTemplate.find(query,
User.class).get(0).getName());
```

```
        return "/index";
    }


}
```

对着项目右击，选择 Run As→Run on Server，启动项目后，通过浏览器访问下面链接：

```
http://localhost:8080/mongodb/index
```

Console 中输出：

```
joe
```

如果测试其他操作，替换 public String index(Model model) {}方法体中的代码即可。

第四部分

管理与开发经验篇

第 22 章
◀ MongoDB开发的经验 ▶

22.1　尽量选取稳定新版本 64 位的 MongoDB

　　MongoDB 32 位的版本受到虚拟内存地址大小的限制，单个实例最大数据空间仅为 2GB，64 位基本无限制（128T），故建议使用 64 位计算机部署 MongoDB。MongoDB 的 32 位版本只用于在 32 位的系统上部署测试和开发，不能在正式生产环境中使用。MongoDB 老版本存在一些问题：全局的写入锁、没有集合连接（多集合查询需要查询多次）、数据丢失、安全方面有漏洞等。2015 年一篇博客《别再用 MongoDB 了！》细数了 MongoDB 的诸多罪证，闹得沸沸扬扬。后来 MongoDB 的联合创始人出来澄清了很多问题的原因是由于用户没有正确地配置 MongoDB。MongoDB 在新版本中优化了那些容易造成问题的默认配置，随着版本发布，全局锁也进化到了文档级的锁，关于多表查询也提供了管道聚合左连接，而且优化了引擎，提供了数据压缩比等。所以，选取稳定新版本的 MongoDB，会有更好的用户体验，更少的坑。

22.2　数据结构的设计

　　MongoDB 弱化了数据结构的模型，也就是我们不需要先设计好每个集合的结构就能使用它，MongoDB 会根据我们的数据自动创建结构，而且提供了内嵌文档等存储方式，非常方便灵活。但是，需要注意的是，数据结构模型的弱化不等于没有数据结构模型。如果要写出好的应用程序以及得到更好的 MongoDB 的性能支持，必须要思考如何来存储数据。

　　我们来看几个例子，如果我们有一个页面要展示用户的信息数据，最方便的用法就是把所有用户的信息组合成一个实体，保存在一个集合中。如下：

```
{
 _id:<ObjectId>,
 username:"123xyz",
 phone:"123-456-7890",
 email:"xyz@example.com"
}
```

但是现实使用场景并不都是那么简单的，因为数据之间会产生关联。比如我们做购买功能时，需要有订单和产品两个实体。订单实体是需要知道购买了哪些产品实体的。按照我们只使用一个实体做展示的思路，就需要把产品内嵌到订单实体中如下：

```
{
_id:<ObjectId>,
name:"订单1",
status:1,
product:{
    _id:<productaId>,
    name:"产品1",
    price:66
  }
}
```

这样保存数据读取订单展示时很方便，只需要查询一次。但是如果产品 1 的信息有变动，比如名称需要变成产品一，就需要修改库中所有包含产品 1 的订单文档。如果订单数量很多，无疑会造成很大的性能消耗，修改速度慢，容易出问题。 针对这种情况 MongoDB 提供了文档引用功能 DBref。详情可查看 2.5.5 小节自动关联内嵌文档 DBRef 相关内容。在Spring-Data-MongoDB 中使用 DBref 也很方便，使用@DBref 标签标明字段即可。使用 DBref保存后的订单文档为：

```
{
_id:<ObjectId>,
name:"订单1",
status:1,
product:{
    "$id":<productaId>,
    "$ref ":"product"
  }
}
```

还需要把产品实体保存在产品集合中：

```
{
    _id:<productaId>,
    name:"产品1",
    price:66
}
```

这时候修改产品名只需要修改产品集合中的 name 即可。订单文档在使用 product 字段时会自动提取最新的数据。DBref 本来是很好的数据结构方式，但是它比较占据数据库的空间，因为它在订单文档中虽然只保存了引用信息，但是需要分配 product 文档的空间，相当于 product 文档在数据库中存储了 2 份（product 集合中有一份），如果 10000 个订单引用了 product，就占据了 10000 个 product 的文档需要的空间。按照这样的增长方式，是很消耗空间的，所以不要引用不断增加的数据。比如用户的评论，如果把一个用户的评论内容全部用引用的方式内嵌在用户 user 集合中，随着用户的评论数量越来越多，消耗的空间是惊人的，对数据库的性能影响也会越来越大，这时候我们就需要重新组织数据的结构了。

我们可以把订单和产品拆分之后只用它们的 id 做弱关联。订单如下：

```
{
 _id:<ObjectId>,
 name:"订单1",
 status:1,
 productId:productaId
 }
```

产品实体保存在产品集合中：

```
{
    _id:<productaId>,
    name:"产品1",
    price:66
}
```

订单和产品通过 productaId 字段和 _id 字段对应起来，这样的数据结构可以很方便地修改产品信息，也不会随着订单量的增加消耗太多的空间。只是查询时有些不方便，需要先查询出订单，再根据关联 id 去查询产品信息才能得到完整的信息。当然，也可以通过管道聚合进行左连接查询。

以上的几种数据结构方式各有优劣，读者需要根据自己应用程序的场景进行设计和选择。

MongoDB 官网中关于数据结构的链接如下：

```
https://docs.mongodb.com/manual/core/data-modeling-introduction/
```

22.3　查询的技巧

（1）限定返回结果条数和字段

MongoDB 提供了 limit 限制返回的条数，并 find 查询时可以设置参数限制只返回哪些字段。

例如：

```
db.user.find({"myName":"joe"},{"age":1}).limit(10)
```

查询 user 集合中 myName 为 joe 的文档，且只返回 age 字段，只返回 10 条记录。

我们在开发过程中如果每次都返回所有文档和所有字段会比较慢，合理地限制返回条数以及只返回需要的字段可以很大程度地提高性能，尤其是单个文档比较大的情况下。

（2）避免使用 skip 跳过大量结果

skip 一般与 limit 配合使用做分页，用 skip 跳过少量的文档是没有问题的。但是，如果文档数量非常多的话，skip 就会变得很慢。因为 skip 会一条一条跳过数据，所以跳过的数据也是需要加载到内存中的，所以会影响性能。这时候我们就要做优化了，文档数量很多的情况下尽量避免使用 skip。通常可以给文档本身内置查询条件，来避免过大的 skip，或者利用上次的结果来计算下一次查询。比如，我们可以根据创建时间排序之后取前 10 个作为第一页。要获取第二页的文档时，把第一页最后的创建时间作为查询条件，就可以获取第二页的文档了，以此类推，我们总可以找到一种方法实现不用 skip 的分页。

（3）避免使用$where

$where 操作符功能强大且灵活，它可以将 JavaScript 表达式和 JavaScript 函数作为查询语句的一部分。在 JavaScript 表达式和函数中，可以使用 this 或 obj 来引用当前操作的文档，所以可以实现非常多的功能。

查询时，$where 操作符不能使用索引，每个文档需要从 BSON 对象转换成 JavaSript 对象后，才可以通过$where 表达式来运行。因此，它比常规查询要慢很多，一般情况下，要避免使用$where 查询。

（4）MapReduce 不能作实时查询

MapReduce 有很好的聚合功能，用来进行统计，非常灵活且易于使用，它可以很好地与分片（sharding）结合使用，并允许大规模输出。但是 MapReduce 在执行过程中需要一定的交互，所以会比较慢。它适合处理大数据量的离线统计分析，不适合需要实时结果的场景。对于大数据的处理，MongoDB 现在可以很好地跟 Hadoop 进行配合使用，有兴趣的读者可以学习。

MapReduce 跟 Hadoop 的结合参见官网链接：

```
https://docs.mongodb.com/ecosystem/use-cases/hadoop/
```

和

```
https://docs.mongodb.com/ecosystem/tools/hadoop/
```

（5）AND 型查询先小后大

假设要查询满足条件 A、B、C 的文档。满足 A 条件的有 60000 个文档，满足 B 条件的有 6000 个，满足 C 条件的有 100 个。如果按照先 ABC 的查询顺序，效率是不高的。如图 22-1 所示。

图 22-1　由大到小的 AND 查询

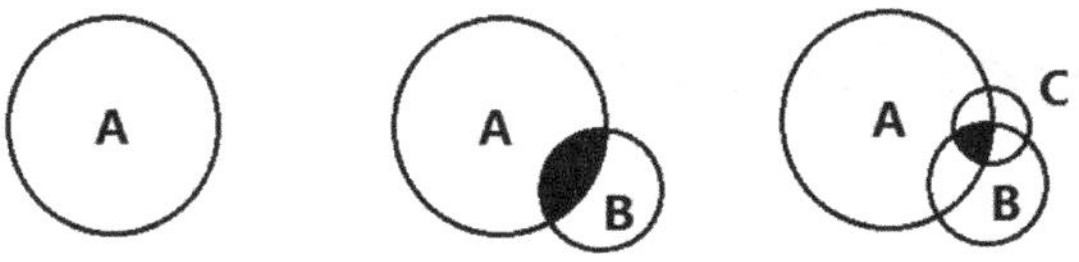

如果把 C 条件放在最前，然后是 B，最后是 A，则只需要查看 100 多个文档即可查询出所需文档，如图 22-2 所示。

图 22-2　由小到大的 AND 查询

根据条件的先后顺序不同，占用的空间不同，MongoDB 的工作量也不同，所以如果已知某个查询条件比较苛刻，可以放在最前面。

（6）OR 型查询先大后小

OR 型查询与 AND 查询正好相反，匹配多的查询条件应该放在最前面，因为 MongoDB 每次都要匹配不在结果集中的文档。

如果按照 C 或者 B 或者 A 的查询顺序，如图 22-3 所示，深色部分为 MongoDB 下一步要搜索的空间。

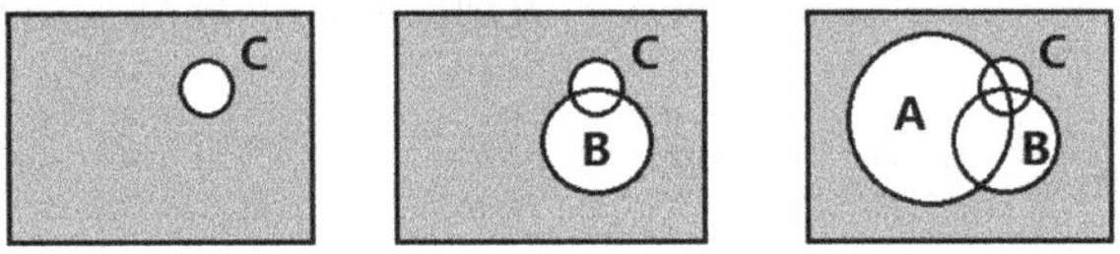

图 22-3　由小到大的 OR 查询

如果先大后小，则可以缩小后续查询条件要搜索的空间，如图 22-4 所示。

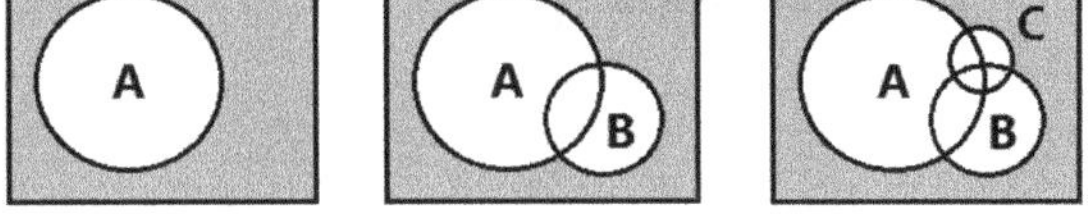

图 22-4　由大到小的 OR 查询

22.4 安全写入数据

（1）使用 getlasterror

为了提高 MongoDB 的工作效率，它对用户发出的更新、插入、删除这些命令都是异步处理的，用户不需要等待返回确认信息。也就是说 MongoDB 的写入操作不返回任何数据库响应，驱动程序也得不到是否成功执行了这个命令的信息。

虽然大多数情况下都是能够执行成功的，在一般的应用开发中不需要关注这个问题，但是有些场景是不能这样处理的。

比如比较敏感的金额操作等，需要得到数据执行操作的确认。针对这种情况，可以使用 getlasterror 命令。

getlasterror 命令返回上一个命令的执行状态。

需要注意的是，getlasterror 在使用时需要和写入请求同时发送才能确保连续执行，期间不会有其他操作插队。驱动程序会自动处理好这些，所以使用者不用特别关心。可以这样理解，如果需要某个写入操作确保操作成功就在使用它时带上 getlasterror 命令，把这样的使用方式当成安全写入即可。

如果有非常重要的数据确保要写入成功，可以使用 getlasterror 搭配 fsync 参数阻塞应用程序的请求，确保数据写入成功。fsync 模式会等待数据都成功写入（至多 100 毫秒），然后才返回成功。要注意的是 fsync 并不是立即将数据写入磁盘，而且阻塞其他请求，直到数据被写入磁盘，所以每次写入数据都使用 fsync，则每平均 100 毫秒才能写入一次。这会让 MongoDB 的性能严重降低，因此要尽量少用 fsync。

（2）MongoDB 的写安全机制

还有另外一种方式确保写入的安全，就是使用 Write Concern（写入安全）机制。写入安全是一种由客户端设置的，用于控制写入安全级别的机制，通过使用写入安全机制可以提高数据的可靠性。

MongoDB 提供 4 种写入级别，分别是：

（1）非确认式写入（Unacknowledged）

默认为非确认式写入，使用命令：{ writeConcern:{w:0}}。

非确认式写入不返回响应结果，如图 22-5 所示。

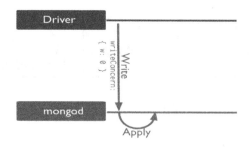

图 22-5　非确认式写入

（2）确认式写入（Acknowledged）

确认式写入返回写入失败的错误信息，比如 DuplicateKey Error。使用命令：{ writeConcern:{w:1}}，如图 22-6 所示。

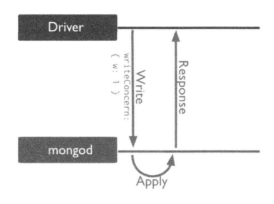

图 22-6　确认式写入

（3）日志写入（Journaled）

一般的写入完成只是写入到内存中，并没有持久化到硬盘，日志写入模式会写入完成之后把记录保存到 journal 日志后才返回响应结果，这种写入方式能够承受服务器突然断电崩溃，更有效地保障数据的安全。

日志写入使用命令：{ writeConcern:{w:1,j:true}}，如图 22-7 所示。

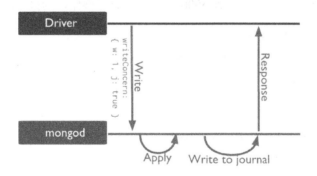

图 22-7　日志写入

（4）复制集确认式写入（Replica Acknowledged）

写操作不仅要得到主节点的写入确认，还需要得到从节点的写入确认，这里还可以设置写入节点的个数。这种方式适用于对写入安全要求更高的场景。

复制集确认式写入命令：{ writeConcern:{w:2}}，如图 22-8 所示。

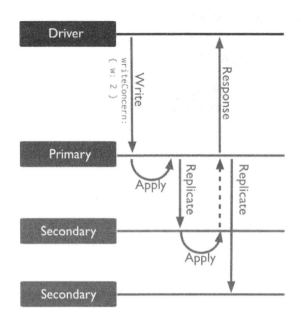

图 22-8　复制集确认式写入

还可以使用以下配置：

```
{ writeConcern:{wtimeout:5000}}
```

用于设置超时处理，本命令设置 5000 毫秒未完成写操作，则报超时错误。

```
{writeConcern:{w:"majority"}}
```

复制集中大多数 slave 写入成功后，才响应给 client。

写入级别可以组合使用，例如：

```
{writeConcern:{w:"majority",wtimeout:5000}})
{writeConcern:{w:1,j:true,wtimeout:5}}
```

更多信息可参考官网链接：

```
https://docs.mongodb.com/v2.4/core/write-concern/
```

22.5 索引设置的技巧

（1）索引的重要

如果某个不用索引，MongoDB 会做全集合扫描，逐个扫描文档，遍历整个集合，才能找到结果。如果数据量非常大的时候，会很慢。比如 260GB 的数据，MongoDB 会把它们加载到内存中扫描（如果操作系统内存是 16GB，系统会自动将旧的内存页面换出去），但是如果有正确的索引，只需要加载索引数据进来（260GB 的数据索引可能只有 60GB），需要加载的数据就小了很多，而且索引有顺序，可以快速定位查询到文档，返回结果。

（2）复合索引

给某个字段建立了索引，如果查询条件中并没有这个字段，那索引文件就白加载了，所以索引的选择很重要，一般要根据常用查询字段来建立。当然有一个技巧是建立复合索引，字段对应上索引的概率就大一些，这样索引才能发挥作用。

需要注意的是，不要给太多的字段建立索引，否则索引文件本身就非常大。

（3）索引的选择

要掌握如何设置最佳的索引是有些难度的，因为每个应用程序的查询场景不同，所以没有一个通用的最佳方案，只能根据实际情况去思考。我们需要知道今后会做哪些查询，哪些内容需要快速查找，以及哪些查询比较慢，需要优化才能更好地选择索引。所以，建立索引时应该考虑以下几个问题：

● 会做什么样的查询?其中哪些键需要索引?
● 每个键的索引方向是怎样的?
● 有没有不同的键排列可以使常用的数据更多地保留在内存中?

如果三个问题都有明确的答案，说明我们能建立一个比较优质的索引。举例来说：我们有一个用户评论集合，里面有字段 username、content 和 date。我们会按照 username 去查询某个用户的评论，username 需要设置索引。对于 content 评论内容字段，我们几乎不会使用它做查询条件，所以 content 不需要建立索引。date 也会作查询条件，比如找到最新的评论，或者会根据 date 作排序，所以 date 需要设置索引。

所以我们可以设置索引为：

```
db.usercontent.ensureIndex({"username":1,"date":1})
```

索引 username 和 date 按升序排序。先按 username 升序排，同组 username 的按 date 升序排。

但是这样的设置 date 键的方向并不是最优的，因为我们查询评论时一般是只展示比较新的评论，date 升序排最新的评论会被排在最后，date 应该按降序排，这样才能更快地查询到我们需要的数据，所以使用的索引应该是：

```
db.usercontent.ensureIndex({"username":1,"date":-1})
```

这样的索引是最优的吗？我们还应该思考键的前后位置。比如我们要查询用户和日期，取出某一用户最近的评论。MongoDB 按照我们索引键的前后顺序先查询到对应的用户名，再在同组用户名中去查询出最近的评论。如果我们要查的用户每次都不相同，则内存中存放的索引页每次都需要替换掉。如果调整一下索引的前后顺序，把 date 放在前面，使用索引：

```
db.usercontent.ensureIndex({"date":-1,"username":1})
```

这种情况下内存中会优先保存有最近几天的用户索引，无论我们查询哪个用户的最近评论，都不需要替换内存中的索引页，可以有效地减少内存交换，这样查询任何用户的最新评论都会快很多。

（4）建索引导致数据库阻塞的解决

建索引就是一个容易引起长时间写锁的问题，MongoDB 在前台建索引时需要占用一个写锁（而且不会临时放弃），如果集合的数据量很大，建索引通常要花比较长的时间，特别容易引起问题。

解决的方法很简单，MongoDB 提供了两种建立索引的方式：一种是 background 方式，不需要长时间占用写锁；另一种是非 background 方式，需要长时间占用锁。使用 background 方式就可以解决问题。

例如，为超大表 posts 建立索引，千万不要使用如下代码：

```
db.posts.ensureIndex({user_id: 1})
```

而应该使用如下代码：

```
db.posts.ensureIndex({user_id: 1}, {background: 1})
```

（5）索引调优

索引设置好了之后，还需要对它进行跟踪优化。explain 是一个很好用的命令，在 find 查询时使用 explain 会输出查询的细节，包括索引的情况、耗时以及扫描文档数的统计信息。有时候我们设置了一个索引，并不知道某个查询会不会使用到它，就需要使用 explain 查看。

设置索引使用命令如下：

```
db.usercontent.ensureIndex({"username":1})
```

设置索引 username。

查询分析使用命令如下：

```
db.usercontent.find({"username":"joe"}).sort({"username":1}).explain();
```

输出如下：

```
{
    "queryPlanner" : {
        "plannerVersion" : 1,
        "namespace" : "test.usercontent",
        "indexFilterSet" : false,
        "parsedQuery" : {
            "username" : {
                "$eq" : "joe"
            }
        },
        "winningPlan" : {
            "stage" : "FETCH",
```

```
                    "inputStage" : {
                            "stage" : "IXSCAN",
                            "keyPattern" : {
                                    "username" : 1
                            },
                            "indexName" : "username_1",
                            "isMultiKey" : false,
                            "multiKeyPaths" : {
                                    "username" : [ ]
                            },
                            "isUnique" : false,
                            "isSparse" : false,
                            "isPartial" : false,
                            "indexVersion" : 2,
                            "direction" : "forward",
                            "indexBounds" : {
                                    "username" : [
                                            "[\"joe\", \"joe\"]"
                                    ]
                            }
                    }
            },
            "rejectedPlans" : [ ]
    },
    "serverInfo" : {
            "host" : "mongodb0",
            "port" : 27017,
            "version" : "3.4.2",
            "gitVersion" : "3f76e40c105fc223b3e5aac3e20dcd026b83b38b"
    },
    "ok" : 1
}
```

indexBounds 结果参数中说明了当前查询具体使用的索引。

如果发现 MongoDB 使用了非预期的索引，或者读者觉得某种情况下使用另一个索引效果会更好，可以使用 hint 参数强制使用某个索引。

设置索引使用命令如下：

```
db.usercontent.ensureIndex({"date":1})
```

需要注意的是，强制使用索引前必须保证已经建立了该索引，否则会报 planner returned

error: bad hint 错误。

强制使用索引使用命令如下：

```
db.usercontent.find({"username":"joe"}).sort({"username":1}).hint({"date":1});
```

强制使用{"date":1}索引。

相关 explain 结果参数和更多信息可查看官网链接：

```
https://docs.mongodb.com/manual/reference/explain-results/
```

（6）不适合使用索引的情况

设置索引的好处显而易见，但是下面两种情况最好不使用索引：

● 集合中的数据每次查询都需要返回大部分的文档。

比如数据集合的大小是 260GB，我们需要查询出 90%的文档，如果使用了索引，则需要把 60GB 的索引先加载到内存中，然后按照索引的指针去加载 230GB 的集合，一共需要加载 290GB 的数据才能返回所需文档。所以，索引一般用在返回结果只是总体数据的一部分的情况。根据经验，一旦要返回大约集合一半的数据时就不要使用索引了。如果已经对某个字段建立了索引，又想在大规模查询时不使用它，可以在查询时加参数禁用索引。使用自然排序{"$natural":1}即可禁用索引：

```
db.test.find().sort({"$natural":1});
```

● 写比读多

如果对该集合的写操作比读操作多时，就尽量不要添加索引，因为索引越多，写的操作就会越慢。比如操作日志集合，我们不要经常去读，只是做一个记录，这种情况不需要设置索引。如果集合读的量非常大，才需要通过创建索引来提高查询效率。

22.6 不要用 GridFS 处理小的二进制文件

GridFS 取文件时需要做两次查询，先查出文件信息的元数据，然后根据元数据去查询出内容。所以 GridFS 比普通的二进制存储会慢一些，GridFS 是用来存放大文件的，至少一个文档（16MB）存放不下的情况适合使用 GridFS。小于文档大小限制的文件，使用一般的二进制存储到 MongoDB 即可，比如图片、声音，甚至小的视频需要一次性加载在页面中的小文件，都应该使用二进制的存储方式以利于加载。而需要用户下载的大文件则适合使用 GridFS 存储，等用户发出下载请求时再去访问 GridFS。

22.7 优化器 profiler

我们在 22.5 节"索引设置的技巧"中讲到可以使用 explain 分析 MongoDB 中的查询操作。除了使用 explain 之外，MongoDB 还提供了优化器 profiler 可以分析读写等操作，主要用于分析慢查询。默认情况下，慢查询指的是查询时间在 100ms 以上的操作，这个值可以更改。

profiler 优化器默认是关闭的，要使用 profiler 必须先开启它。有两种方式可以控制 profiler 的开关和级别。

（1）方式一：在启动 MongoDB 时加上--profile 参数，通过这个参数来设置 profiler 的级别。

（2）方式二：在 mongo 客户端使用 db.setProfilingLevel（级别）命令来实时配置，可以通过 db.getProfilingLevel()命令来获取当前的 profiler 级别。

level 有三种级别：

- 0: 不开启。
- 1: 记录慢命令，默认为>100ms。
- 2: 记录所有命令。

参数为 1 的时候，默认的慢命令是大于 100ms，当然也可以进行设置，使用命令如下：

```
db.setProfilingLevel(1,120);
```

设置慢查询的标准为大于 120ms。

Mongodb Profile 记录是直接存在系统 db 里的，记录位置是集合 system.profile，system.profile 是一个固定集合。我们只要查询这个 Collection 的记录就可以获取到我们的 Profile 记录了。使用命令如下：

```
db.system.profile.find().pretty()
```

当然也可以搭配查询参数来查询，比如查询最新的记录使用命令：

```
db.system.profile.find().sort({$natural:-1}).pretty()
```

还有一种更简洁的查看方式是：

```
show profile
```

该命令可以查看最近的 5 条记录。

profile 提供的信息重要参数如下：

- ts: 该命令在何时执行。
- millis: 执行耗时，以毫秒为单位。
- op: 什么操作。
- query: 设置的查询条件。

- nReturned: 返回的条数。
- docsExamined: 文档扫描条数。

清空还原 profile 集合使用命令:

```
db.setProfilingLevel(0)
db.system.profile.drop()
db.createCollection("system.profile", { capped: true, size:4000000 } )
db.setProfilingLevel(1)
```

更多参数的含义请参考官网链接:

```
https://docs.mongodb.com/manual/tutorial/manage-the-database-profiler/
```

第 23 章
◀ MongoDB管理的经验 ▶

23.1 MongoDB 安全管理

MongoDB 默认情况下没有开启用户认证，MongoDB 安装即用的方便性给我们留下了深刻的印象，分布式集群的功能也是它的特色之一。但是如果不开启用户认证，数据就得不到安全的保证，开启用户认证之后又会给 MongoDB 的使用和维护带来很大的不方便，而且因为 MongoDB 用户是指定到库的，每次创建连接时的密码验证会对 MongoDB 性能造成影响（即使 MongoDB 一直在优化用户认证）。因为开启了之后涉及客户端用户认证访问，以及分布式集群之间的相互访问，用起来就没那么方便了，集群搭建的难度也成几何倍数地上升。

那有没有好的解决办法呢？MongoDB 官方建议将 MongoDB 运行在一个可信任的网络环境中。

我们在生产环境中如果不想启用用户认证，可以使用 Linux 防火墙等功能配合使用进行管理，不把生产环境的数据库暴露在公网上，创造一个可信任的网络环境。

1. 方式一：iptalbes 设置

Linux 防火墙设置只有应用程序所在的服务器 ip 才能访问 MongoDB 所在的服务器。

Linux 禁止某个 IP 地址访问其实非常简单，最常用的办法就是使用 iptalbes 来操作。这个方法跟 MongoDB 本身没有关系，而是借用 Linux 的 iptalbes 功能，限制允许访问 MongoDB 端口的 ip 地址，具体做法（ip 和端口需要读者自己对应）如下：

```
# 拒绝所有访问27017端口的请求
sudo iptables -I INPUT -p tcp --dport 27017 -j DROP

# 允许123.123.123.123服务器访问mongo 端口
sudo iptables -I INPUT -s 123.123.123.123 -p tcp --dport 27017 -j ACCEPT

sudo iptables-save
```

或者

```
vi /etc/sysconfig/iptables
```

把这两句：

```
iptables -I INPUT -p tcp --dport 27017 -j DROP
iptables -I INPUT -s 123.123.123.123 -p tcp --dport 27017 -j ACCEPT
```

加在这两句：

```
-A INPUT -j REJECT --reject-with icmp-host-prohibited
-A FORWARD -j REJECT --reject-with icmp-host-prohibited
```

的前面，然后重启防火墙：

```
service iptables restart
```

查看防火墙状态：

```
service iptables status
```

这样就只允许 123.123.123.123 服务器访问 MongoDB 服务了。

注意命令的顺序不能反了。如果不只限制一个端口，而是限制所有端口的访问，把--dport 27017 去掉即可。

更多详情可参考官网链接：

```
https://docs.mongodb.com/manual/tutorial/configure-linux-iptables-firewall/
```

2. 方式二：hosts.allow 和 hosts.deny

Linux 中的配置文件/etc/hosts.allow 控制可以访问本机的 IP 地址，/etc/hosts.deny 控制禁止访问本机的 IP。执行的顺序是先 deny 再 allow，所以如果两个文件的配置有冲突，以/etc/hosts.allow 为准。

/etc/hosts.allow 和/etc/hosts.deny 两个文件是控制远程访问设置的，通过它们可以允许或者拒绝某个 ip 或者 ip 段的客户访问 Linux 的某项服务。服务用进程名来识别，比如 MongoDB 的服务进程名是 mongod，我们限制所有 ip 访问，除非 ip 是 123.123.123.123。

编辑 hosts.deny：

```
vi /etc/hosts.deny
```

拒绝一切 ip 访问 MongoDB 服务输入内容：

```
# no mongod
mongod:all:deny
```

按 Esc 键，输入:wq，保存离开。

mongod:all:deny 表示拒绝所有 ip 访问 mongod 服务，:deny 可以省略，写成 mongod:all。

编辑 hosts.allow：

```
vi /etc/hosts.allow
```

允许 123.123.123.123 访问 MongoDB 服务输入内容：

```
mongod:123.123.123.123
```

按 Esc 键，输入:wq，保存离开。

修改完后重启拦截器让刚才的更改生效：

```
service xinetd restart
```

经过设置之后需要进行校验，测试限制是否生效。如果是比较重要的数据，不满足于限制 ip 访问，那就把用户认证加上，这个需要读者自己权衡。

对于安全度要求高的数据库，还可以启用 SSL。

如果你没有使用 SSL，那么你在 MongoDB 客户端和 MongoDB 服务器之间的传输的数据就是明文的，容易受到窃听、篡改和"中间人"攻击。如果你是通过公网这样的非安全网络连接到 MongoDB 服务器，那么启用 SSL 就显得非常重要。

详细的 SSL 配置可以查看官网链接：

```
https://docs.mongodb.com/manual/tutorial/configure-ssl/
```

23.2　不要将 MongoDB 与其他服务部署到同一台机器上

MongoDB 的内存使用方式，导致了它很吃内存，所以如果其他服务与 MongoDB 放在同一服务器，会相互影响，导致性能下降。尤其是 NUMA（非统一内存访问），NUMA 是一种用于多处理器的电脑记忆体设计，内存访问时间取决于处理器的内存位置。在 NUMA 下，处理器访问它自己的本地存储器的速度比非本地存储器（本地存储器到另一个处理器之间共享的处理器或存储器）快一些。许多厂商都成功推出了基于 NUMA 架构的服务器，Linux 跟 NUMA 的搭配使用比较常见。NUMA 改变了系统原生的内存使用方式，如果是 Linux+NUMA+MongoDB 的服务器，MongoDB 性能会受到很大影响，所以如果开启有 NUMA 的服务器，最好不要用来安装 MongoDB。在生产环境中，一般用专门的服务器来作为 MongoDB 数据库的服务器。

在使用 NUMA 的机器上运行 MongoDB，MongoDB 日志中会提示警告信息如下：

```
WARNING: You are running on a NUMA machine.
We suggest launching mongod like this to avoid performance problems:
numactl --interleave=all mongod [other options]
```

这种情况下会严重影响性能，请在启动 MongoDB 时关闭 NUMA 功能，按照提示在启动命令前加上 numactl --interleave 选项，启动时使用命令如下：

```
numactl --interleave=all mongod --dbpath=/data/db/ --fork --
logpath=/data/logs/db.log
```

如果系统中没有 numactl 命令，使用 yum 安装：

```
yum install -y numactl
```

再使用命令：

```
echo 0 > /proc/sys/vm/zone_reclaim_mode
vi /proc/sys/vm/zone_reclaim_mode
sysctl -w vm.zone_reclaim_mode=0
```

更多 NUMA 处理信息参考官网链接：

```
https://docs.mongodb.com/manual/administration/production-notes/#production-
numa
```

23.3 单机开启日志 Journal，多机器使用副本集

很多人抱怨 MongoDB 是内存数据库，也没有事务，容易丢失数据，其实这都是对 MongoDB 的误解；MongoDB 有完整的 redolog、binlog 和持久化机制，在正确使用 MongoDB 的情况下，不必太担心数据丢失问题。

Journal 是 MongoDB 中的 redolog，而 Oplog 则是负责副本集的 binlog。

不开启 Journal 的情况下，数据会写入内存，然后等待系统写入硬盘，一般每 60 秒写入一次到硬盘中，如果这段时间里断电或者机器崩溃了，就会损失内存中没有写入到磁盘中的数据。60 秒左右的数据，是难以承受的。

从 1.9.2+ 版本开始，MongoDB 默认打开 Journal 功能，以确保数据安全。

打开 Journal 的情况下，MongoDB 每 100 毫秒左右往 Journal 文件中写入一次数据（Journal 日志和 data 数据在一个磁盘上时每隔 100 毫秒刷新一次，不在一个磁盘上时 30 毫秒刷新一次，建议把 Journal 日志和 data 数据放在不同的磁盘上，提高数据的可靠性），那么即使机器崩溃了，日志文件还在的情况，经过恢复也只丢失了 100 毫秒左右的数据，很给力地保护了数据的安全。而且 Journal 的刷新时间是可以改变的，使用 --journalCommitInterval 命令修改，范围是 2~300 毫秒。值越低，刷新输出频率越高，数据安全度也就越高，但磁盘性能上的开销也更高。

日志 Journal 能保证单个服务器的数据安全，所有的操作记录都被记录在日志中并定期写入磁盘。如果机器崩溃了，但硬盘还是好的，就能重启服务器，数据会自动根据日志完成修复。记住如果是硬盘出现问题，MongoDB 也无能为力了。

条件允许的话，最好使用多机器副本集对数据进行保障，尤其是重要的数据。

非常重要的数据建议副本集和日志 Journal 同时使用。

23.4　生产环境不要信任 repair 恢复的数据

如果数据库崩溃了，而且没有开启--journal 的情况下，千万不要将这些数据拿来就用，因为其中已经有损坏的文档了，另外，也可能由于索引混乱导致返回的结果不完整等。崩溃导致的问题比较严重，而且会潜伏很长一段时间不被发现。

所以需要对数据库进行处理，我们之前在 9.7 节修复未正常关闭的 MongoDB 中说过可以使用 mongod --repair 命令修复一次，再正常启动。修复过程是将所有的文档导出后马上导入，忽略无效的文档，完成后，会重建索引。但是这并不是最优选择，而且会丢失损坏了的文档。

这个过程很耗时，而且需要大量磁盘空间（至少与现在使用的空间相同）。修复之后数据库是正常了，但是可能很多损坏的文档都找不到了，这对重要数据来说无疑是致命的，而且你不知道它都丢弃了哪些文档。

所以我们建议当灾难发生后，生产环境中最好的恢复数据的方法是启动数据库清空它之后，使用完整备份下来的数据备份文件（例如 mongodump 等命令备份的文件）来进行数据库的恢复。mongod --repair 是不得已的最后一招。尽可能稳妥地备份数据库，经常做备份，这些才是最有效的管理数据的手段；不过遗憾的是这种方式的备份恢复还是会丢失备份时间到崩溃时间之间的所有数据。我们可以在清空旧数据库之前先备份一份，然后使用旧数据库中的数据与备份文件恢复的数据进行对比，尽可能地找回备份时间到崩溃时间之间的数据。

比较完美的方法是做好时间节点的完全备份和增量备份。

当然，最好的情况是数据库不崩溃，使用副本集是一个很好的容灾措施，一个实例崩溃之后有另一个实例可以无缝连接使用。

需要注意的是，如果数据量太大，使用 mongodump 备份时的查询会对 MongoDB 数据库的性能产生一些影响；而且如果在 mongodump 备份时还有大量的写入操作，则备份的数据可能缺失这部分新写入的数据。

所以，我们建议在应用程序用户少时才进行 mongodump 备份，而且有一种方式可以保证得到实时完整的所有数据备份，一条写入记录都不丢失。那就使用 fsync 和锁。

MongoDB 的 fsync 命令能够在 MongoDB 运行时复制数据目录还不会损坏数据。fsync 命令强制服务器把所有内存缓冲区的数据写入磁盘，还可以使用 lock 命令选择上锁，阻止对数据库的写入，直到释放锁为止。写入锁是让 fsync 在备份时发挥作用的关键。使用命令如下：

```
use admin
db.runCommand({"fsync":1,"lock":1});
```

这时，磁盘中的数据是实时最新的，而且上了写入锁，不会有新的写入产生了。这个时候使用 mongodump 进行备份数据即可。

备份完毕后需要解锁，使用命令：

```
db.$cmd.sys.unlock.findOne();
```

初次请求解锁会花点时间。

使用{"fsync":1,"lock":1}实现了备份实时的数据，不需要停掉服务器，要付出的代价就是一些写入操作被暂时阻塞了。解锁后被阻塞的写入操作会继续执行，服务器恢复正常工作。

那还有没有更好的备份方式呢，不需要耽误读写还能保证备份的是实时的数据？

那就是从属备份，也就是在从服务器上备份。因为从服务器的数据几乎与主服务器同步，而且不负责接受写入，所以随意使用 fsync 和锁备份，也不会影响到主服务器的读写，应用程序可以正常工作。

23.5 副本集管理

1. 诊断

副本集中的机子，可以使用 db.printReplicationInfo()查看主数据库的复制的状态。

输入如下：

```
configured oplog size:   192MB
log length start to end: 65422secs (18.17hrs)
oplog first event time:  Sun Apr 9 2017 17:47:18 GMT-0400 (EDT)
oplog last event time:   Mon Apr 10 2017 11:57:40 GMT-0400 (EDT)
now:                     Mon Apr 10 2017 14:24:39 GMT-0400 (EDT)
```

输出信息包括了 oplog 的大小和操作的时间范围。这里 oplog 的大小大约是 192MB，可以放置 18.17 小时的操作。日志的长度 log length 是根据 oplog 最早操作时间和最后的操作时间差值得到的。如果刚启动服务器，最早操作会比较新，这时，日志的长度就会很小，即便 oplog 可能还有空闲空间也是如此。所以说，才启动的副本集 log length 是不准确的，需要等服务器跑了一段时间后，日志已经转了几个来回，这时 log length 才能准确地度量记录的时间。

使用 db.printSlaveReplicationInfo()查看从数据库的复制的状态。

输入如下：

```
source: 192.168.199.9:27017
    syncedTo: Mon Apr 10 2017 14:24:27 GMT-0400 (EDT)
    12 secs (0 hrs) behind the primary

source: 192.168.199.10:27017
    syncedTo: Mon Apr 10 2017 14:24:39 GMT-0400 (EDT)
    0 secs (0 hrs) behind the primary
```

输出了从节点的数据源列表，其中有滞后时间，192.168.199.9 滞后了 12 秒，192.168.199.10 没有滞后。

2. oplog 设置和变更 oplog 大小

副本集是使用 oplog 在进行交互的，oplog 是一个固定集合，所以需要密切留意 oplog 大小是否足够完成一次完整的重新同步。否则如果数据写入非常多非常快时，oplog 中的日志有可能被顶掉，从节点想要同步时会发现找不到切入的 oplog 的点了，已经跟不上主节点了，从节点就会停止同步。

怎么判断 oplog 大小是否足够完成一次完整的重新同步呢？就是查看 log length start to end 参数，我们之前是 65422 秒（18.17 小时），还可以放置 18.17 小时的操作。如果这个 log length 变成了 30 秒，已经很接近 192.168.199.9 滞后的 12 秒了，说明就必须要增加 oplog 的大小了，否则 192.168.199.9 有可能跟不上节奏。跟不上节奏停止后的从节点需要手动重新同步，这个同步是完整同步，非常消耗时间，手动重新同步使用命令：

```
{"resync":1}
```

重新同步代价高昂，所以要尽量避免，方法就是配置足够大的 oplog。为了避免从节点跟不上，一定要确保主节点的 oplog 足够大，能存放相当长时间的操作记录，但是大的 oplog 会占用更多的磁盘空间，所以读者需要自己权衡设置多少比较合适。在 64 位系统上，oplog 的默认大小是空余磁盘空间的 5%。如果发现 oplog 的大小不合适了，最简单的做法就是停掉主节点，删除 local 数据库的文件，用新的设置重新启动，使用--oplogSize 参数设置更大的 oplog 大小。

假设 MongoDB 数据目录是/data/db，关闭主节点的 mongod 服务后使用命令：

```
rm /data/db/local.*
mongod --oplog=8038 --master
```

--oplog=8038 把 oplog 设置为 8GB，重启主节点之后，所有的从节点得用--autoresync 参数重启，否则需要手动重新同步。

需要注意的是，太大的 oplog 预分配空间非常耗费时间，有经验的读者可以在数据库开启前，使用 linux 中的/dev/zero 命令手动预分配空间。在启动 MongoDB 时使用了参数--noprealloc 可以关闭空间预分配。

例如，我们要生成 20GB 的文件空间，使用命令：

```
cd /tmp/local
for i in {0..9}
do
echo $i
head -c 2146435072 /dev/zero > local.$i
done
```

然后关闭 MongoDB 主节点进行数据文件移动：

```
mv /data/db/local.*  /safe/place
mv /tmp/local/* /data/db/
```

先将原 local 文件夹中的数据备份到/safe/place 目录下，然后把我们预分配的空间文件 /tmp/local/*移到数据目录/data/db/中，这样就完成了 oplog 的空间手动预分配。

重启主节点时就可以把 oplog 的大小设置成 20GB 了。使用命令如下：

```
mongod --master --oplogSize=20000
```

3. 阻塞复制使用

从节点的复制跟不上主节点的写入操作时，除了变更 oplog 的大小之外，还有一种方式能够解决，那就是阻塞主节点的写入，直到从节点慢慢跟上来之后再放开阻塞，详情可查看 6.2.4 小节"阻塞复制"。使用命令如下：

```
db.runCommand({getLastError:1,w:2});
```

w 的值表示包括主节点在内，至少 2 个服务器记录了写入操作之后才返回写入的结果。w 的值可以修改，值越大阻塞越明显，写操作越慢。它的原理是安全写入机制，读者可以参考 22.4 节安全写入数据。

23.6 副本集回滚丢失的数据

使用副本集是提高系统可靠性及易维护的有效途径。这样的话，弄清节点间故障的发生及转移机制就变得至关重要。

副本集中的成员一般通过 oplog（记录了数据中发生增、删、改等操作的列表）来传递信息，当其中一个成员发生变化修改 oplog 后，其他的成员也将按照 oplog 来执行。如果你负责处理新数据的节点在出错后恢复运行，它将会被回滚至最后一个 oplog 公共点。然而在这个过程中：丢失的"新数据"已经被 MongoDB 从数据库中转移并存放到你的数据目录 rollback 里面等待被手动恢复。如果你不知道这个特性，你可能就会认为数据被弄丢了。所以每当有成员从出错中恢复过来，都必须要检查这个目录。而通过 MongoDB 发布的标准工具来恢复这些数据是件很容易的事情。

总结：故障恢复中丢失的数据将会出现在 rollback 目录里面。

更多回滚数据恢复的信息可查看官网链接：

```
https://docs.mongodb.com/manual/core/replica-set-rollbacks/#replica-set-
rollbacks
```

23.7　分片的管理

我们在第 7 章了解 MongoDB 分片、第 18 章分片部署中已经学习了分片的理论和实践，但是在日常工作中我们还有一些使用分片的注意事项。

1. 避免分片太迟

分片能把数据拆分到多台服务器上，通常用于单例服务器运行过慢时进行性能提升。MongoDB 支持自动分片。在日常工作中我们要提前考虑什么时候要进行分片，因为对数据的拆分和块的迁移需要时间和服务器资源（空间内存等），所以如果当服务器资源基本上耗尽时，很可能会导致在你最需要分片时却分不了片。

解决的方法很简单，使用一个工具对 MongoDB 进行监控。对 MongoDB 的服务器做最准确的评估，并且在占整体性能的 80%前进行分片。相关监控工具可参考 12.4 节使用第三方插件监控。

如果你确定从一开始就要分片处理，那么更好的建议是选用 AWS 或者阿里云服务器进行分片。

总结：尽早地分片才能有效地避免问题。

2. 片键大小和集合分片大小限制

MongoDB 规定片键 shard key 的大小不能超过 512bytes。

MongoDB 对进行分片的集合大小也有限制，随着版本的更新这个限制从 256GB 变成 512GB，目前 3.4 版本这个限制需要根据 shard key 的平均大小和设置的块的大小（chunkSize）来计算。每个 BSON 文档的大小限制是 16MB，约等于 16777216 bytes，如图 23-1 所示。

Average Size of Shard Key Values	512 bytes	256 bytes	128 bytes	64 bytes
Maximum Number of Splits	32,768	65,536	131,072	262,144
Max Collection Size (64 MB Chunk Size)	1 TB	2 TB	4 TB	8 TB
Max Collection Size (128 MB Chunk Size)	2 TB	4 TB	8 TB	16 TB
Max Collection Size (256 MB Chunk Size)	4 TB	8 TB	16 TB	32 TB

图 23-1　分片集合大小限制

分片大小限制计算公式如下：

```
maxSplits = 16777216 (bytes) / <average size of shard key values in bytes>
```

```
maxCollectionSize (MB) = maxSplits * (chunkSize / 2)
```

因为这个限制，我们应该尽早地进行分片，读者应该在集合数据量未达到限制前进行分片。

更多分片的大小限制详情可查看官网链接：

```
https://docs.mongodb.com/manual/reference/limits/#sharded-clusters
```

3. 选择正确的 shard key

MongoDB 需要你选择一个 shard key 来将数据分片，如果选择了错误的 shard key，更改起来将是件很麻烦的事情。

关于 shard key 的选择可以参考 7.2.1 小节数据分流中的三种分片方式。

更多片键的信息可参考官网链接：

```
https://docs.mongodb.com/manual/sharding/#sharding-internals-shard-keys
```

4. 修改 shard key

对于分片设置，shard key 是 MongoDB 用来识别分块对应文件的凭证。当你插入一个文件后，你就不可以再对文件的 shard key 进行更改了，MongoDB 没有提供修改 shard key 的支持。如果非要修改的话，先把数据备份，再删除，然后重新建立 shard key，最后把数据恢复回来。这样就允许把它指定到对应的分块了。

总结：shard key 不可以修改，必要的时候可以删除文件重新建立。

5. 为每个分片部署足够的复制集成员

分片之间的数据互相不复制，每个分片的数据必须在分片内保证高可用。因此，建议对每一个分片至少部署 3 个数据节点副本集，以保证该分片在绝大部分时间都不会因为主节点宕机而造成数据不可用。

23.8 MongoDB 锁

（1）MongoDB 使用的锁

MongoDB 允许多个客户端读写同一部分的数据，为了保证数据的一致性，MongoDB 使用锁和并发控制等机制，防止同一部分数据被几个客户端同时修改。

这些机制确保这部分数据只能在一个客户端中被修改，所有的客户端不会读取到不一致的数据。

（2）锁的粒度

早期 MongoDB 只能提供库级粒度锁，这意味着当 MongoDB 一个写锁处于占用状态时，其他的读写操作都只能等待。

随着 MongoDB 版本的更新，目前 MongoDB 3.4 版本提供了多种粒度的 lock 机制：Global（全局）、Database（数据库）、Collection（集合）级别。在 WiredTiger 引擎中还支持 Document（文档）级别的锁。

每个类型的锁分为 read（读）和 write（写）锁，其中 read 为共享锁（S）、write 为排它锁（X）、意向共享锁（IS）和意向排它锁（IX）。

意向表示 read 或者 write 操作想要获取更细粒度的资源。

（3）锁的兼容

在 MongoDB 中，资源的锁定级别（或次序）依次为：Global→Database→Collection→Document，粒度逐渐变小，并发能力依次更强。如果想获取 Collection 的 write 锁（X，排它锁），那么必须依次在 Global 和相应的 Database 上获取意向排它锁（IX），如果这两个级别上的 IX 锁获取成功，才能在 Collection 上尝试获取 X 锁。对于同一个数据库，可以同时被 IS、IX 两种模式锁定，但是 X 锁不能与其他模式兼容，S 锁只能与 IS 模式兼容。关于意向锁的兼容性，如图 23-2 所示。

Mode	NL	IS	IX	S	SIX	X
NL	Yes	Yes	Yes	Yes	Yes	Yes
IS	Yes	Yes	Yes	Yes	Yes	No
IX	Yes	Yes	Yes	No	No	No
S	Yes	Yes	No	Yes	No	No
SIX	Yes	Yes	No	No	No	No
X	Yes	No	No	No	No	No

图 23-2　锁的兼容

（4）锁的执行顺序

因为锁的颗粒度有多个级别，通过意向锁对资源访问路径进行标记，对于解决锁冲突是非常必要的。锁的获取是公平的，如果锁被占用，那么获取锁的请求将被队列化，不过为了优化吞吐能力，当一个锁请求被准许，那么同时其他相容的锁请求也会一并被准许。例如，当 X 锁释放时，锁队列中有如下请求：

```
IS->IS->X->X->S->IS->入口
```

按照严格意义的 FIFO（公平锁）顺序，只有开头的 IS、S 两个请求被准许（相容）。不过 MongoDB 为了优化并发能力，将会把队列中所有与 IS 相容的请求全部准入（并从队列中移除），即 IS、S、IS、IS。相容锁的处理有计数器，当上述 4 个锁请求全部释放 lock 以后，计数器变为 0，此时即使队列中又有了新的 IS 或者 S 锁请求，但不会再次准许它们，而是开始检测队列的头部，首个请求为 X，不过此锁是排它锁，所以只能逐个执行。如此循环执行。

（5）并发控制

MongoDB 对 WiredTiger 引擎使用了乐观的并发控制，在 Global、Database 和 Collection 级别，只使用意向锁。当存储引擎检测到两个操作有锁冲突时，其中一个操作将会透明地重试（CAS 方式，tryLock），也就是会自动重试直到执行成功。对于有些特殊的操作，仍然会使用排它锁，比如删除 collection 仍会在 Database 上获取 X 锁。乐观的并发控制主要是针对 documents 数据的操作。

对于 MMAPv1 引擎，在 3.0 之后即支持 collection 级别的锁，此前只支持 Database 级别，因此新版本的并发能力将会提升很多。比如一个 Database 中有多个 Collection，那么这些 Collection 可以同时接收 write、read 请求。不过 Database 上如果有排它锁会阻止 Collections 上的读写操作。

所以我们在 MongoDB 的版本选择上尽量选择新版本的 MongoDB，使用最新的引擎，可以提供更好的并发性能。

（6）读写锁的让步 yield

在某些情况下，read 和 write 操作会让步锁。比如一些执行耗时的 update、delete 或者 query，操作执行一段时间或者每隔一定数量的 Documents（例如 100 条）之后会 yield 一次，允许其他操作获取 lock 并执行，那么当前操作重新尝试获取锁（锁请求进入队列尾部）。yield 操作用于减轻锁请求的饥饿程度。

对于某些特殊的操作，即使执行的时间较长，但是为了避免并发问题，仍然不会 yield，比如 index 索引文件的加载和刷新等。

（7）分片的并发

sharding 通过将 collections 数据分布在多个 mongod 实例上提高集群整体的并发能力和吞吐量，允许每个 Servers（比如 mongos、mongod）并行地执行读写操作。Lock 被应用在每个单独的 shard 节点上，而不是在整个 Cluster 上，即每个 mongod 单独维护各自的 locks，在 mongod 上的操作不会干扰其他实例上的 lock。

（8）副本集的并发

对于副本集，所有的 write 操作均首先在主节点上执行，操作也会被写入到 local 数据库的 oplog 中用于其他 secondary 同步，因此每个 write 操作将会同时锁定 collection 的数据库以及 local 数据库，以保证数据的一致性。注意此时 lock 发生在主节点上。

在副本集架构中，MongoDB 不会直接在 secondary 上执行 write 操作，多个 secondary 并行地同步（批量）主节点中的 oplog，然后在各自的本地重现这些操作。在应用程序对主节点 write 操作时，secondary 不允许对主节点的 oplong 进行 read 操作执行，secondary 严格根据同步好的 oplog 顺序对自己执行 write 操作（同步或者回滚）。

（9）哪些操作会对数据库产生锁

常见数据库操作产生的锁如表 23-1 所示。

表 23-1　常见数据库操作产生的锁

操作	锁的类型
查询	读锁
游标	读锁
写入	写锁
删除	写锁
更新	写锁
Map-reduce	读写锁
创建索引	前台模式创建地：库级锁
Db.eval()	写锁，版本 3.0 后不建议使用，db.eval()在执行 JavaScript 脚本时，会造成全局锁，如果要避免全局锁，可以使用参数 nolock: true
eval	写锁，版本 3.0 后不建议使用，db.eval()在执行 JavaScript 脚本时，会造成全局锁，如果要避免全局锁，可以使用参数 nolock: true
aggregate()	读锁

（10）造成库级锁的 admin 命令

某些数据库管理操作会使用排它锁锁住数据库，以下命令需要申请排它锁，并锁定一段时间：

```
db.collection.ensureIndex();

reIndex;

compact;

db.repairDatabase();

db.createCollection();    当创建一个很大的固定集合时,空间预分配会花较长时间

db.collection.validate();

db.copyDatabase(); 这个命令会锁住所有的库
```

以下命令需要申请排它锁，锁定数据库，但锁定很短时间。

```
db.collection.dropIndex();

db.collection.getLastError();

db.isMaster();

rs.status();

db.serverStatus();

db.auth();

db.addUser();
```

（11）会锁住多个库的操作

db.copyDatabase()锁定整个 mongod 实例。

db.repairDatabase()会获取全局写锁，运行期间会阻塞其他操作。

journaling 内部操作，短时间锁定所有数据库，所有的数据库共享一个 journal。

查看锁的情况，使用如下命令：

```
db.serverStatus()
```

```
db.currentOp()
```

或者 MongoDB 提供的监控工具 mongotop、mongostat。

还可以查看 locks 集合或者使用第三方工具查看锁。

（12）解锁

使用 db.currentOp()找出有锁状态的执行操作，找到 opid。根据之前获取的 opid，使用 db.killOp(opid)来 kill 掉对应的操作。

更多关于锁的信息参考如下链接：

```
https://docs.mongodb.com/manual/faq/concurrency/
```

```
https://en.wikipedia.org/wiki/Multiple_granularity_locking
```

附录 A

◄ MongoDB地理位置距离单位 ►

MongoDB 查询地理位置默认有 3 种距离单位：

● 米（meters）。
● 平面单位（flat units，可以理解为经纬度的"一度"）。
● 弧度（radians）。

如果坐标以普通坐标对的格式保存，在不同的查询方式中默认的单位不同，如表 A-1 所示。

表 A-1 不同的查询方式中默认的单位不同

查询命令	距离单位	说明
$near	度	
$nearSphere	弧度	
$center	度	
$centerSphere	弧度	
$polygon	度	
$geoNear	度或弧度	指定参数 spherical 为 true 则为弧度，否则为度

如果坐标以 GeoJSON 格式，则单位都为米。

坐标以普通坐标对的格式保存的情况下：关于距离计算，MongoDB 的官方文档仅仅提到了弧度计算，未说明平面单位（度）计算。

关于弧度计算，官方文档的说明是：

```
To convert: distance to radians: divide the distance by the radius of the
sphere (e.g. the Earth) in the same units as the distance measurement. radians
to distance: multiply the radian measure by the radius of the sphere (e.g. the
Earth) in the units system that you want to convert the distance to.

The radius of the Earth is approximately 3,959 miles or 6,371 kilometers.
```

所以如果用弧度查询，则以千米数除以 6371，如"附近 200 米的餐厅"：

```
> db.runCommand( { geoNear: "places", near: [ 21.4905, 31.2646 ], spherical:
true,
```

```
$maxDistance: 0.2/6371 })
```

那如果不用弧度，以平面单位（度）查询时，距离单位如何处理？

答案是以千米数除以 111（推荐值），原因如下：

经纬度的一度，分为经度一度和纬度一度。

地球不同纬度之间的距离是一样的，地球子午线（南极到北极的连线）长度 39940.67 千米，纬度一度大约 110.9 千米。

但是不同纬度的经度一度对应的长度是不一样的：

在地球赤道，一圈大约为 40075 千米，除以 360 度，每一个经度大概是：40075/360=111.32 千米。

成都，大概在北纬 30.67 度，对应一个经度的长度是：40075*sin(90-31)/360=95.41 千米。

北京在北纬 40 度，对应的是 85 千米。

前面提到的参数 111，这个值是估算值，不完全准确，任意两点之间的距离，平均纬度越大，这个参数则误差越大。

所以"度"这个单位只用于平面，由于地球是圆的，在大范围使用时会有误差。

官方建议使用 sphere 查询方式，也就是说距离单位用弧度。

```
The current implementation assumes an idealized model of a flat earth, meaning
that an arcdegree of latitude (y) and longitude (x) represent the same
distance everywhere. This is only true at the equator where they are both
about equal to 69 miles or 111km. However, at the 10gen offices at { x : -74 ,
y : 40.74 } one arcdegree of longitude is about 52 miles or 83 km (latitude is
unchanged). This means that something 1 mile to the north would seem closer
than something 1 mile to the east.
```

$geoNear 返回的距离值 dis，如果指定了 spherical 为 true， dis 的值为弧度，不指定则为度。

指定 spherical 为 true，结果中的 dis 需要乘以 6371 换算为千米，因为地球的半径约为 6371 千米，所以 1 弧度约为 6371 千米。

坐标以 GeoJSON 格式保存的情况下，单位是米，不需要转化。

所以一般情况下建议使用 GeoJSON 格式保存地理位置信息。

附录 B

◄ 相关网址 ►

1. MongoDB 的官方网址

https://www.mongodb.com/

2. 数据库知识网站 DB-Engines

https://db-engines.com/en/ranking

3. 谁在用 MongoDB

https://www.mongodb.com/who-uses-mongodb

4. MongoDB 数据类型

https://docs.mongodb.com/manual/reference/bson-types/

5. MongoDB3.4 版本的发布日志

https://docs.mongodb.com/manual/release-notes/3.4/

6. MongoDB 官方下载地址

http://www.mongodb.org/downloads

7. VMware Workstation 11 下载地址

https://my.vmware.com/cn/web/vmware/details?productId=462&rPId=11036&downloadGroup
=WKST-1110-WIN

8. CentOS 6.4 下载地址

http://vault.centos.org/6.4/isos/x86_64/

9. CentOS 6.4 官网

https://www.centos.org/

10. MongoDB 安装步骤 Linux 版本

https://docs.mongodb.com/master/administration/install-on-linux/

11. MongoDB 仓库列表

https://repo.mongodb.org

12. MongoDB 的公钥 Key 查看

https://docs.mongodb.com/master/tutorial/install-mongodb-on-ubuntu/

13. openssl 更新包

http://mirrors.163.com/centos/6/os/x86_64/Packages/

14. MongoDB 安装步骤 MacOS 版本

http://docs.mongodb.org/manual/tutorial/install-mongodb-on-os-x/

15. MongoDB 启动配置参数

http://docs.mongodb.org/manual/reference/configuration-options/

16. 聚合运算 count

https://docs.mongodb.com/manual/reference/command/count/

17. 聚合运算 distinct

https://docs.mongodb.com/manual/reference/command/distinct/

18. 聚合运算 group

https://docs.mongodb.com/manual/reference/command/group/

19. 管道操作器

https://docs.mongodb.com/manual/reference/operator/aggregation-pipeline/

20. GeoJSON 信息

https://docs.mongodb.com/manual/reference/geojson/

21. 2d 索引

https://docs.mongodb.com/manual/core/2d/

22. 2dsphere 索引

https://docs.mongodb.com/manual/core/2dsphere/

23. 地理位置操作

https://docs.mongodb.com/manual/reference/operator/query-geospatial/

24. aggregate 管道表达式

https://docs.mongodb.com/manual/reference/operator/aggregation/#expression-operators

25. GUI 工具

https://docs.mongodb.com/ecosystem/tools/administration-interfaces/

26. Robomongo 官网

https://robomongo.org/

27. serverStatus 命令

https://docs.mongodb.com/manual/reference/command/serverStatus/

28. 用户认证

https://docs.mongodb.com/manual/tutorial/enable-authentication/

29. 用户权限参数

https://docs.mongodb.com/manual/reference/built-in-roles/

https://docs.mongodb.com/manual/tutorial/manage-users-and-roles/#view-a-role-s-privileges

30. TIOBE 官网

https://www.tiobe.com/tiobe-index/

31. MongoDB 驱动

https://docs.mongodb.com/ecosystem/drivers/

32. JDK 下载地址

http://www.oracle.com/technetwork/java/javase/downloads/jdk8-downloads-2133151.html

33. Eclipse 官网

http://www.eclipse.org/downloads/

34. 第三方 jar 包管理网站

http://search.maven.org

35. 驱动操作示例

https://github.com/mongodb/specifications/blob/master/source/crud/examples/java/src/main/java/examples/MongoCollectionUsageExample.java

36. Tomcat 官网

http://tomcat.apache.org/

37. MongoDB 数据结构

https://docs.mongodb.com/manual/core/data-modeling-introduction/

38. MapReduce 与 Hadoop

https://docs.mongodb.com/ecosystem/use-cases/hadoop/
https://docs.mongodb.com/ecosystem/tools/hadoop/

39. 写关注

https://docs.mongodb.com/v2.4/core/write-concern/

40. 调优工具 profiler

https://docs.mongodb.com/manual/tutorial/manage-the-database-profiler/

41. 防火墙设置

https://docs.mongodb.com/manual/tutorial/configure-linux-iptables-firewall/

42. SSL 配置

https://docs.mongodb.com/manual/tutorial/configure-ssl/

43. 关闭 NUMA

https://docs.mongodb.com/manual/administration/production-notes/#production-numa

44. 回滚数据恢复

https://docs.mongodb.com/manual/core/replica-set-rollbacks/#replica-set-rollbacks

45. 分片的大小限制

https://docs.mongodb.com/manual/reference/limits/#sharded-clusters

46. 片键

https://docs.mongodb.com/manual/sharding/#sharding-internals-shard-keys

47. 锁

https://docs.mongodb.com/manual/faq/concurrency/